航空类专业职业教育系列教材

航空基础概论

（第 2 版）

主　编　王海宇
副主编　汉锦丽

西北工业大学出版社

西安

【内容简介】 本书是在《航空基础概论》(第1版)的基础上修订而成的,共分6章,内容包括航空发展概况、飞行原理、飞机的基本构造、航空发动机、飞机系统以及飞机生产概述等。本书内容丰富,深入浅出,力求从飞机制造业应用技能人才的职业需要出发,以培养学生(学员)运用知识分析和解决问题的能力,

本书可作为航空类专业职业教育课程教材,也可作为航空企业的专业培训教材,还可供飞机生产操作工人和有关技术人员参考。

图书在版编目(CIP)数据

航空基础概论 / 王海宇主编. — 2版. — 西安：
西北工业大学出版社,2022.5
ISBN 978 - 7 - 5612 - 8161 - 1

Ⅰ. ①航… Ⅱ. ①王… Ⅲ. ①航空学 Ⅳ. ①V2

中国版本图书馆 CIP 数据核字(2022)第 071123 号

HANGKONG JICHU GAILUN

航 空 基 础 概 论

王海宇 主编

责任编辑：杨 军		策划编辑：杨 军	
责任校对：胡莉巾		装帧设计：李 飞	

出版发行：西北工业大学出版社
通信地址：西安市友谊西路 127 号 邮编：710072
电 话：(029)88491757,88493844
网 址：www.nwpup.com
印 刷 者：陕西宝石兰印务有限责任公司
开 本：787 mm×1 092 mm 1/16
印 张：12
字 数：315 千字
版 次：2009 年 8 月第 1 版 2022 年 5 月第 2 版 2022 年 5 月第 1 次印刷
书 号：ISBN 978 - 7 - 5612 - 8161 - 1
定 价：39.80 元

如有印装问题请与出版社联系调换

第 2 版前言

《航空基础概论》(第 1 版)自 2009 年出版以来,在这期间,国内多所职业院校和航空航天企业将该书作为课程教材或员工培训教材使用,产生了良好的社会效益。

为适应职业院校人才培养和素质教育的需要,结合兄弟单位航空航天企业专家和院校教师使用该书后的意见和建议,本着与时俱进的原则,紧跟国际、国内飞机制造业的发展变化,笔者组织了在航空职业教育教学、研究工作的教师和航空企业技术技能专家对《航空基础概论》(第 1 版)进行了修订工作。本次修订力求从飞机制造业应用型技能人才的职业需要出发,着重体现对学生(学员)运用知识分析和解决问题的基本能力的培养,进一步突出课程的科学性、实用性和前瞻性。

本次修订考虑了以下几个方面:

(1)在保持《航空基础概论》(第 1 版)"重基础、有特色、知识够用实用"等特点的同时,对部分章节内容进行了合并、删减与增加,并对课外阅读内容进行了更新。

(2)进一步体现国际、国内飞机制造业的发展变化,具有更强的科学性、实用性和可操作性;教材内部材料供应状态标识和生产企业一致。

(3)本书配有相应的教学课件,需要教学课件请登录工大书苑(http://nwpup.iyuecloud.com/♯/home)下载。

本书由王海宇任主编,汉锦丽任副主编。参加本次修订编写工作的有中航西安飞机工业集团股份有限公司企业专家王晋涛、孙长青。参加本次修订审稿工作的有中航西安飞机工业集团股份有限公司企业专家李卫平、白颖。

本书可以作为航空职业院校教学优选教材和航空航天企业员工培训培训教材使用,也可作为飞机制造业和工艺人员和操作员工自学参考资料。

由于水平有限,书中可能仍然有不当之处,恳请广大读者特别是使用本书的教师指正。

编 者

2021 年 11 月

第1版前言

本书是航空技工院校和中等职业技术学校有关专业的专业基础课教材,也可供从事飞机制造业的操作工人和其他有关技术人员参考。

全书共分6章。第1章简单介绍了航空发展概况,使读者首先对航空的概念、范围、发展历程及飞行器类型有一个全面的了解。第2章介绍了飞机的飞行原理,内容有飞行器活动环境、流动气体的基本规律、空气动力学基本知识、高速飞行、飞机的飞行性能及飞机的稳定性与操纵性。第3章在介绍飞机构造基本要求的基础上,对机翼、机身、起落架、操纵系统等典型结构进行了初步分析。第4章以喷气式发动机为重点,介绍航空发动机的类型和演变,发动机基本构成及工作原理,发动机性能参数及基本要求,航空发动机的燃料。第5章介绍了飞机机载设备的类型和作用,内容有航空仪表、飞机导航系统、电气设备、雷达设备、防护和救生设备、航空军械系统、照相系统、电子对抗系统。第6章介绍了飞机生产基本知识,内容有新机研制和生产的几个阶段、飞机制造的大致过程、飞机制造保证互换性和协调性的工作方法、批生产中的质量和节约问题。

本书在编写过程中,遵从技工院校和中等职业技术学校学生的认知规律,坚持够用、实用的原则,力求书中内容浅显易懂。

本书由王海宇任主编,司智渊任副主编。具体分工为:第1、5章由王海宇、汉锦丽编写;第3、4章由司智渊、井张琦编写;第2、6章由高岚、贺磊编写。全书由司智渊统稿。

在编写本书的过程中,参考了一些国内外文献资料和高等院校的有关教材,在此谨对其作者深表感谢。

由于笔者水平有限,书中难免存在一些缺点和不当之处,诚恳希望读者批评指正。

编　者
2009 年 5 月

目　录

第1章 航空发展概况

内容提示

本章主要讲述航空航天的基本概念与范围,飞行器的分类,世界航空发展简史,中国航空事业发展与无人机概述,等等。

教学要求

(1)了解航空航天的基本概念与范围。

(2)知道飞行器的分类。

(3)了解世界航空发展简史。

(4)了解中国航空事业发展概况。

(5)了解无人机概念、分类与发展。

(6)培养学生的职业素养和工匠精神。

内容框架图

1.1 概　述

航空航天是人类拓展大气层和宇宙空间的产物。航空航天技术的发展会对国民经济和社会生活产生重大影响,而其发展也与军事活动密切相关。民用航空的发展,改变了交通运输的结构,为人们提供了一种快速、方便、舒适、安全的交通工具。航空航天技术用于军事活动,使军事装备和军事技术发生了根本性的变化,使战争从平面向立体转化发展,战争的格局发生巨大变化。从科学技术上看,航空与航天不仅是紧密联系的,有时是难以区别的,航空航天既指进行航空航天活动所涉及的科学技术,又指研制航空航天飞行器所涉及的科学技术。航空航天科学技术领域取得的重大成就标志着人类文明的高度发展,也代表着一个国家科学技术的先进水平。

一、航空

航空是指在地球周围稠密大气层内的航行活动。气球、飞艇是利用空气的浮力在大气层内飞行;飞机则是利用与空气相互作用产生的空气动力在大气层内飞行。

大气层的外缘距地面的高度目前尚未完全确定,一般认为距地面 90～100 km 是航空和航天范围的分界区域。

航空按其使用方向有军用航空和民用航空之分。

军用航空泛指用于军事目的的一切航空活动,主要包括作战、侦察、运输、警戒、训练和联络救生等方面。军用航空可以使用轻于空气的航空器,如气球和飞艇,也可以使用重于空气的航空器,如飞机、直升机和滑翔机等。在现代高技术战争中,夺取制空权是战争取胜的重要手段,也是军用航空的主要活动。现代军用航空活动主要依靠军用飞机来完成。军用飞机是直接参加战斗、保障战斗行动和军事训练的飞机的总称,是航空兵的主要技术装备。它主要包括歼击机、轰炸机、歼击轰炸机、强击机、反潜巡逻机、武装直升机、侦察机、预警机、电子对抗飞机、炮兵侦察校射飞机、水上飞机、军用运输机、空中加油机和教练机等。飞机大量用于作战,使战争由平面向立体化发展,对战略战术和军队组成等产生了重大影响。

民用航空泛指使用各类航空器从事除了军事性质(包括国防、警察和海关)以外的所有的航空活动。根据不同的飞行目的,民用航空分为商业航空和通用航空两大类。商业航空也称为航空运输,是指以航空器进行经营性的客货运输的航空活动。它的经营性表明这是一种商业活动,以营利为目的。它又是运输活动,这类运输服务主要由国内和国际干线客机、货机或客货两用机以及国内支线运输机完成。这种航空活动是交通运输的一个组成部分,与铁路、公路、水路和管道运输共同组成了国家的交通运输系统。尽管航空运输在运输量方面和其他运输方式相比较少,但由于其具有快速、远距离运输的能力及高效益的特点,航空运输在总产值上的排名不断提升,而且在经济全球化的浪潮中和国际交往上发挥着不可替代的、越来越大的作用。航空运输作为民用航空的一个部分划分出去之后,民用航空的其余部分统称为通用航空,因而通用航空包括多项内容,范围十分广泛,可以大致分为下列几类:

(1)工业航空:包括使用航空器进行工矿业有关的各种活动,具体的应用有航空摄影、航空遥感、航空物探、航空吊装、石油航空、航空环境监测等。

(2)农业航空:包括为农、林、牧、渔各行业服务的航空活动。其中如森林防火、灭火、撒播农药,都是其他方式无法比拟的。

（3）航空科研和探险活动:包括新技术的验证、新飞机的试飞以及利用航空器进行的气象天文观测和探险活动。

（4）飞行训练:除培养空军驾驶员外培养各类飞行人员的学校和俱乐部的飞行活动。

（5）航空体育运动:用各类航空器开展的体育活动,如跳伞、滑翔机、热气球以及航空模型运动。

（6）公务航空:大企业和政府高级行政人员用单位自备的航空器进行公务活动。跨国公司的出现和企业规模的扩大,使企业自备的公务飞机越来越多,公务航空就成为通用航空中一个独立的部门。

（7）私人航空:私人拥有航空器进行航空活动。

在一些航空强国,公务航空和私人航空所使用的航空器占通用航空的绝大部分。

二、航天

航天是指在大气层之外的近地空间、行星际空间、行星附近以及恒星际空间的航行活动,又称空间飞行、太空飞行、宇宙航行或航天飞行。航天活动的实现必须使航天器克服或摆脱地球的引力,如想飞出太阳系,还要摆脱太阳引力。从地球表面发射的飞行器,环绕地球、脱离地球和飞出太阳系所需要的最小速度,分别称为第一宇宙速度（7.9 km/s）、第二宇宙速度（11.2 km/s）和第三宇宙速度（16.7 km/s）,是航天所需的三个特征速度。我国著名科学家钱学森认为,人类飞行活动可以分为三个阶段,即航空、航天和航宇。他认为,航空是在大气中活动,航天是飞出地球大气层在太阳系内活动,而航宇则是飞出太阳系到广袤无垠的宇宙中去航行。

按航天器探索、开发和利用的对象划分,航天包括环绕地球的运行、飞往月球的航行、飞往行星及其卫星的航行、星际航行（行星际航行、恒星际航行）。按航天器与探索、开发和利用对象的关系或位置划分,航天飞行方式包括飞越（从天体近旁飞过）、绕飞（环绕天体飞行）、着陆（降落在天体上面）、返回（脱离天体、重返地球）。执行军事任务（具有军事目的）的航天活动,称为军用航天;执行科学研究、经济开发、工业生产等民用任务（具有非军事目的）的航天活动,称为民用航天;执行商业合同任务（以营利为目的）的航天活动,称为商业航天。有人驾驶航天器的航天活动,称为载人航天;没有人驾驶航天器的航天活动,称为不载人航天。

1957 年 10 月,世界上第一颗人造地球卫星"Sputnik 1 号"在苏联发射成功,开创了人类航天新纪元,宇宙空间开始成为人类活动的新疆域,并且将这一年定为第一个国际空间年。如今,航天技术已经在世界范围内取得了巨大的进展,航天技术已经广泛应用于科学活动、军事活动、国民经济和社会生活的许多部门,产生了极其重大而深远的影响。

航天系统是指由航天器、航天运输系统、航天发射场、航天测控网和应用系统组成的完成特定航天任务的工程系统。其中应用系统指航天器的用户系统,一般是地面应用系统,如各类卫星的地面应用系统、载人航天器的地面应用系统、空间探测器的地面应用系统。航天系统按是否可载人可分为无人航天系统、载人航天系统;按用途可分为民用航天系统和军事航天系统;按航天器种类可分为多种,如卫星航天系统、载人飞船航天系统、月球卫星航天系统等。航天系统是现代典型的复杂工程大系统,具有规模庞大、系统复杂、技术密集、综合性强,以及投资大、周期长、风险大、应用广泛和社会经济效益十分可观等特点,是国家级大型工程系统。组织管理航天系统的设计、制造、试验、发射、运行和应用,要采用系统工程方法,在航天工程实践中形成航天系统工程,进一步丰富和发展系统工程的理论和方法。完善的航天系统是一个国家航天实力和综合国力的重要标志,目前世界上只有为数不多的国家拥有这种实力。

1.2 飞行器的分类

飞行器是指在地球大气层内外飞行的器械。飞行器通常分为三类:航空器、航天器、火箭和导弹。

一、航空器

能在地球大气层内进行可控飞行的各种飞行器统称为航空器。任何航空器都必须产生一个大于自身重力的向上的力,才能升入空中。根据产生向上力的基本原理的不同,航空器可划分为两大类:轻于空气的航空器和重于空气的航空器。前者靠空气静浮力升空,又称浮空器;后者靠空气动力克服自身重力升空。航空器的主要分类如图 1.1 所示。

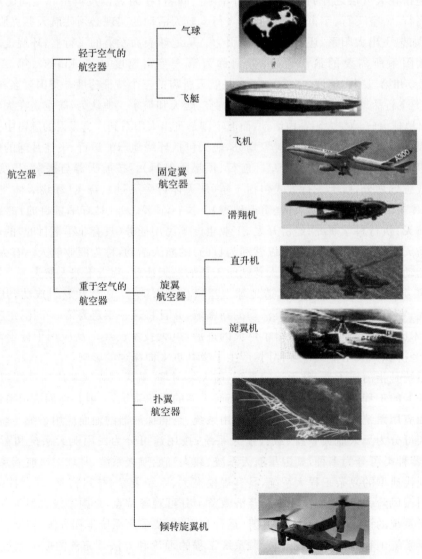

图 1.1 航空器的主要分类

1. 轻于空气的航空器

轻于空气的航空器的主体是一个气囊,其中充以密度较空气小得多的气体(氢气或氦气),利用大气的浮力使航空器升空。气球和飞艇都是轻于空气的航空器,二者的主要区别是前者没有动力装置,升空后只能随风飘动,或者被系留在某一固定位置上,不能进行控制;后者装有发动机、螺旋桨、安定面和操纵面,可以控制飞行方向和路线。

2. 重于空气的航空器

重于空气的航空器的升力是由其自身与空气相对运动产生的。固定翼航空器主要由固定的机翼产生升力。旋翼航空器主要由旋转的旋翼产生升力。扑翼航空器又名振翼机,它是人类早期试图模仿鸟类飞行而制造的一种航空器,它用像飞鸟翅膀那样扑动的翼面产生升力和拉力。但是,由于人们对鸟类飞行时翅膀的复杂运动还没有完全了解清楚,加之制造像鸟翅膀那样扑动的翼面还有许多技术上的困难,因此,扑翼航空器至今还没有获得成功。倾转旋翼机是一种同时具有旋翼和固定翼,并在机翼两侧梢处各装有一套可在水平与垂直位置之间转动的旋翼倾转系统组件的飞机。旋翼倾转系统处于垂直位置时,倾转旋翼机相当于横列式直升机,可垂直起降,并能完成直升机的其他飞行动作;旋翼倾转系统处于水平位置时,相当于固定翼螺旋桨飞机,所以也有人把这种飞机称为"直升机"。

3. 飞机的主要种类

由动力装置产生前进推力,由固定机翼产生升力,在大气层中飞行的重于空气的航空器称为飞机。无动力装置的滑翔机、以旋翼作为主要升力面的直升机以及在大气层外飞行的航天器都不属于飞机的范畴。

由于飞机构造的复杂性,飞机的分类依据也是五花八门,可以按飞机的飞行速度来划分,也可以按结构和外形来划分,还可以按照飞机的性能年代来划分,但最为常用的分类法为以下两种:

(1)按飞机的用途分类。

1)军用机:歼击机(战斗机)、歼击轰炸机、轰炸机、强击机(攻击机)、军用运输机、侦察机、军用教练机、预警机、电子干扰机、空中加油机、隐身飞机、舰载飞机和垂直起落机等。当然,随着航空技术的不断发展和飞机性能的不断完善,军用飞机的用途分类界限越来越模糊,一种飞机完全可能同时执行两种以上的军事任务,如美国的 F-117 战斗轰炸机,既可以实施对地攻击,又可以进行轰炸,还有一定的空中格斗能力。

2)民用机:包括旅客机、货机、民用教练机、农业(林业)机、航空运动飞机、多用途轻型飞机等。

3)研究机:包括试验机、创纪录机等。

(2)按飞机的构造分类。

1)按机翼的不同划分:按机翼数目分为单翼机、双翼机、变翼机;按机翼与机身的相对位置分为伞式单翼、上单翼、中单翼和下单翼。

2)按尾翼的不同划分:按尾翼位置分为正常尾翼、鸭式尾翼;按尾翼数目和形状分为单垂尾、双垂尾、三垂尾、V 形尾翼和无尾(飞翼)。

3)按机身的不同划分:按机身分为单机身、双机身、双尾撑。

4)按发动机的不同划分:按发动机类型分为活塞式、喷气式、涡轮螺旋桨式;按发动机数目分为单发动机、双发动机、三发动机、四或更多发动机;按发动机位置分为机身内、机身后部、翼上短舱和翼下吊舱。

5）按起落装置的不同划分：按起落地点分为陆上飞机、雪上（冰上）飞机、水上飞机、舰载飞机和两栖飞机；按起落方式分为滑跑起落（正常式）、垂直/短距起落。

4. 直升机

以动力驱动的旋翼作为主要升力来源，能垂直起落的重于空气的航空器称为直升机。它既区别于以旋翼作为主要升力来源但不能垂直起落的旋翼机，又区别于不是以旋翼作为主要升力来源的垂直起落飞机。直升机属于旋翼航空器，装有一副或几副类似于大直径螺旋桨的旋翼。旋翼安装在机体上方近于铅锤的旋翼轴上，由动力装置驱动，能在静止空气和相对气流中产生向上的升力。旋翼受自动倾斜器操纵又可产生向前、向后、向左或向右的水平分力。因此，直升机既能垂直上升下降、空中悬停，又能向前后左右任一方向飞行。直升机可以在狭小场地上垂直起飞和降落而无需跑道。在超载情况下，有机轮的直升机也可以滑跑起飞。当发动机在空中停车时，直升机还可以利用旋翼自转下滑，安全着陆。

二、航天器

航天器是指在地球大气层以外的宇宙空间，基本上按照天体力学的规律运行的各类飞行器，又称空间飞行器。世界上第一个航天器是苏联 1957 年 10 月 4 日发射的人造地球卫星"Sputnik 1 号"；第一个载人航天器是苏联航天员尤里·加加林乘坐的东方号飞船；第一个把人送到月球上的航天器是美国"阿波罗 11 号"飞船；第一个兼有运载火箭、航天器和飞机特征的航天飞机是美国"哥伦比亚号"航天飞机。航天器为了完成航天任务，必须与运载器、航天器发射场和回收设施、航天测控和数据采集网以及用户台站（网）等互相配合，协调工作，共同组成航天系统。航天系统是大型的系统工程，而航天器是执行航天任务的主体，是航天系统的主要组成部分。

航天器分为无人航天器和载人航天器，如图 1.2 所示。无人航天器按是否环绕地球运行分为人造地球卫星和空间探测器。人造地球卫星简称人造卫星，是数量最多的航天器，占航天器总数的 90% 以上。它按用途分为科学卫星、应用卫星和技术实验卫星。科学卫星用于科学探测和研究，主要包括空间物理探测卫星和天文卫星等。应用卫星是直接为国民经济和军事服务的人造卫星，按用途分为通信卫星、气象卫星、侦察卫星、导航卫星、测地卫星、地球资源卫星、截击卫星和多用途卫星等。技术实验卫星是进行新技术实验或为应用卫星进行实验的卫星。空间探测器又称深空探测器，按探测目标分为月球探测器、行星探测器和行星际探测器。各种行星探测器和行星际探测器分别用于探测金星、火星、水星、木星、土星和行星际空间。美国 1972 年 3 月发射的"先驱者 10 号"探测器，在 1986 年 10 月越过冥王星的平均轨道，成为第一个飞出太阳系的航天器。

载人航天器按飞行和工作方式分为载人飞船、空间站、航天飞机和空天飞机。载人飞船包括卫星式载人飞船和登月载人飞船。空间站是航天员在太空轨道上生活和工作的基地，又称轨道站或航天站。航天飞机是一种垂直起飞、水平降落的载人航天器，它是以火箭发动机为动力发射到太空，能在轨道上运行，且可以往返于地球表面和近地轨道之间，可部分重复使用的航天器。空天飞机是既能航空又能航天的新型飞行器。它像普通飞机一样起飞，以高超声速在大气层内飞行，在 30～100 km 高空的飞行速度为 12～25 倍声速，并直接加速进入地球轨道，成为航天飞行器，而返回大气层后，又像飞机一样在机场着陆。因此，在此之前，航空和航天是两个不同的技术领域,由飞机和航天飞行器分别在大气层内外活动。航空运输系统是重复使用的,航天运载系统一般是不能重复使用的,而空天飞机能够达到完全重复使用和大幅度降低航天运输费用的目的。

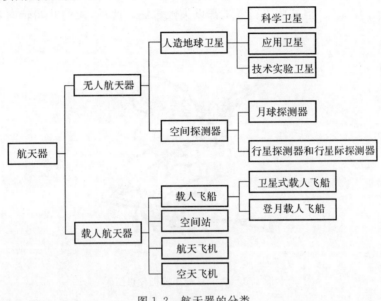

图 1.2　航天器的分类

三、火箭和导弹

火箭和导弹是一类特殊的飞行器,它们在大气层内和大气层外均可飞行,但一般都只能使用一次。

火箭是靠火箭发动机提供推进力的飞行器。火箭发动机自身携带全部推进剂,不依靠空气或其他工作介质产生推力。根据使用的能源不同,火箭可分为化学火箭、核火箭和电火箭。化学火箭又分为固体火箭、液体火箭和混合推进剂火箭。按照用途,火箭又可分为无控火箭弹、探空火箭和运载火箭。

导弹是"导向性飞弹"的简称,是一种依靠制导系统来控制飞行轨迹的可以指定攻击目标,甚至追踪目标动向的无人驾驶武器,其任务是把高爆弹头或核弹头送到打击目标附近引爆,并摧毁目标。简言之,导弹是依靠自身动力装置推进,由制导系统导引、控制其飞行路线,并导向目标的武器。导弹的种类繁多,分类方法各异。根据作战使命可分为战略导弹和战术导弹,按照发射点和目标的相对位置可分为地地导弹、地空导弹、空空导弹和空地导弹四类,其中地地导弹的内涵比较丰富,包括从地面、地下、水面和水下发射的导弹,攻击目标也有地面、水面和水下之分。根据导弹特征还可分为弹道导弹和巡航导弹。

1.3　世界航空发展简史

一、古代的飞行尝试

人力飞行遨游太空是人类的愿望。人类飞行最早受到动物,特别是鸟类飞行的启发。飞行的最初尝试是单纯模仿鸟类飞行的飞人试验。在我国西汉王莽时代,有人用羽毛(鸟羽)

做成两只大翅膀装在身上,并在头和身上粘满羽毛,模仿鸟类飞行,结果飞行了数百步才落地,这是人类最早的飞行尝试。在中世纪,西方也有一些"跳塔人"试图模仿鸟类扑翼飞行。1487年,意大利画家达·芬奇曾画过一个扑翼机设想图,如图1.3所示。1673年,法国锁匠也曾研制过一个"飞行十字架"。但这些飞行尝试都以失败告终。此后,人们开始转向对轻于空气的飞行器的研究。

图1.3 达·芬奇扑翼机设想图

二、古老的飞行器

世界上最早的飞行器是什么?是中国的风筝和火箭,这也是在美国国家航空和空间博物馆陈列的"世界上最早的飞行器"。

中国的风筝是航空器的始祖。风筝又称纸鸢,在中国大约有2 000年的历史,相传最早的风筝出自楚汉相争时的韩信之手,并有两种传说。唐代的传说是:韩信把项羽围困在垓下后,就做了一个很大的纸鸢,让身材轻巧的张良坐其上,高唱楚歌,以瓦解楚军军心。宋代的传说是:韩信利用风筝测量距离,想用地道战法攻进未央宫去。不过风筝载着张良飞上天去,在当时的技术水平较低的条件下,未必能实现。风筝传到西方后,它的滑翔原理成了飞机空气动力学方面最有价值的飞行机理之一。

火药是中国最伟大的发明之一。南宋末年(公元1279年以前)出现了利用反作用力原理以喷气推进的火箭。在明朝时期,有个非常著名的典故叫"万户飞天"(见图1.4),在后来的航天研究中,故事的主人公"万户",被称为中国用火箭载人升天的第一人。在15世纪,一位叫万户的明朝官员手执两张风筝,将自己捆绑在座椅上,椅后加装47枚火箭,用蜡烛点燃火箭后升空,不幸的是,万户最终殒命。相较于神话传说中的嫦娥奔月故事,万户的故事极具现实特征。万户虽未成功,但其行为具有划时代的意义,他被誉为火箭飞行第一人。

几千年来,我国劳动人民在实现飞行这一美好愿望的努力中有过许多重要的创造。在风筝出现之前,春秋战国时期的墨子制造过能飞的木鸟(叫木鸢),和他同时代的鲁班也制造过能飞的木鸟(叫木鹊)(见图1.5)。五代时期出现的孔明灯,又叫松脂灯,被看成是现代热气球的雏形。东晋时,创造了名为"竹蜻蜓"的玩具,其原理和今天的直升机非常类似。此外,走马灯、风车、风扇、陀螺和磁罗盘,也都是世界上各类飞行器和航空设备的雏形。

图1.4　"万户飞天"典故　　　　　　　　　图1.5　木鹊

三、从气球到飞艇

18世纪,法国造纸商蒙哥尔费兄弟因受碎纸屑在火炉中不断升起的启发,用纸袋聚热气做实验,使纸袋能够随着气流不断上升。1783年6月,蒙哥尔费兄弟首次研制出利用热气上升的热气球,如图1.6所示。同年11月21日,两个法国人乘坐蒙哥尔费气球在1 000 m高的空中,飞行了12 km,完成了人类首次乘坐航空器飞行的伟大壮举。随后,法国人查理又研制成功载人氢气球。

气球只能随风飘飞,不能操纵。1852年,法国人吉尔制成了最早的带动力、可操纵的飞艇,如图1.7所示。但由于操纵不良,未能返回原地。直到1900年,德国柏林的硬式飞艇完善了操纵系统,才使飞艇成为第一种空中交通工具。

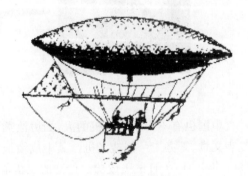

图1.6　最早的热气球　　　　　　　　　图1.7　最早的飞艇

四、滑翔机和第一架飞机的诞生

气球和飞艇的成功,为人类制造飞机积累了丰富的经验。人们逐渐意识到,要使飞行器能够成功飞行,必须解决它的升力、动力和稳定操纵问题。

19世纪初,英国的乔治·凯利爵士仔细研究了风筝和鸟的飞行原理,首次提出升力和阻力的概念。他于1809年制造了第一架滑翔机,并进行了试飞。奥托·李林塔尔是德国工程师和滑翔飞行家,世界航空先驱者之一。他最早设计和制造出实用的滑翔机,被人们称为"滑翔机之父"。他于1891年制作了第一架固定翼滑翔机,两机翼长7 m,用竹和藤做骨架,骨架上缝着布,人的头和肩可从两机翼间钻入,机上装有尾翼,全机质量约为 20 kg,很像展开双翼的蝙蝠。他把自己悬挂在机翼上,从 15 m 高的山冈上跃起,用身体的移动来控制飞行。滑翔机在气流作用下,轻盈地滑翔,在 90 m 外安全降落,从而肯定了曲面翼的合理性。这是世界上第一架悬挂滑翔机,如图 1.8 所示。1891—1896 年,奥托·李林塔尔一共制作了 5 种单翼滑翔机和 2 种双翼滑翔机,先后进行了 2 000 多次飞行试验。1896 年 8 月 9 日,他驾驶滑翔机在里诺韦山遭遇强风而坠落。他留给后人的最后一句话是必须做出牺牲。

图 1.8 奥托·李林塔尔进行滑翔飞行试验

19 世纪末,美国人莱特兄弟潜心钻研奥托·李林塔尔的著作和他的实践经验,终于在 1903 年制造出了第一架依靠自身动力进行载人飞行的飞机——"飞行者"1 号,如图 1.9 所示,并且获得试飞成功。飞机飞了 59 s,最高时速达 46 km,航程为 260 m。

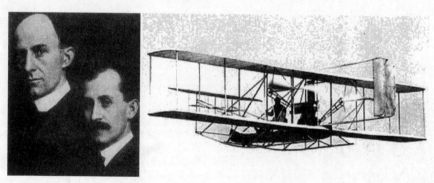

图 1.9 莱特兄弟及"飞行者"1 号飞机

中国也有不少研究飞机的人,如厉汝燕、刘佐成、李宝焌、谭根等,他们积极从事航空活动,发表文章、筹办工厂制造飞机。其中成绩最好的是冯如,他从 1907 年开始设计、制造飞机,到 1909 年 9 月 21 日试飞成功。他造的飞机能飞 200 m 高,时速达 100 km,航程为 30 km,达到世界先进水平,如图 1.10 所示。冯如于 1912 年 8 月 25 日在广州作飞行表演时,不幸飞机失事蒙难,时年 29 岁。

图 1.10 冯如及中国的第一架飞机

五、活塞式飞机发展的三个阶段

1.双翼机时期

飞机发明后不久就爆发了第一次世界大战,所以飞机很快用于战争。1914 年 7 月 28 日,大战一开始,交战双方的飞机上还没装武器,只用于侦察。但不久,飞机就用来攻击目标了。1914 年 8 月 14 日,一架法国双翼机向德国的飞机库投下了炸弹;11 月 21 日,3 架英国飞机轰炸了柏林飞艇的机库;德国飞机于 12 月 19 日也在英国上空投下了 3 枚炸弹。第一次飞机对飞机的攻击没有明确记载,但是在执行侦察任务的飞行员之间曾用手枪和步枪相互射击。第一次世界大战时所用的飞机大多数是双翼机,敞开的座舱、固定的机轮,制造飞机的材料主要是优质木材,外面再蒙上结实的亚麻布或者棉布,飞机的头部装有带螺旋桨的活塞式发动机。为了使飞机的威力更大,在飞机上还装上了机枪和射击协调器。1917 年,德国人首先在飞机上装了装甲,接着又在飞机上装了自动投弹机构和简单的瞄准装置。图 1.11 为第一次世界大战中的双翼机。

图 1.11　第一次世界大战中的双翼机

2.单翼机时期

在航空发展初期,为了解决升力和重力的矛盾,不得不增大机翼的面积,故而采用了双翼机或多翼机的形式。这种形式大约一直保持到 20 世纪 20 年代。随着飞机速度的不断提高,双翼机机翼及支柱的阻力越来越大,成为提高速度的主要障碍。从 20 世纪 30 年代起,双翼机逐渐被单翼机取代,敞开式的座舱改用透明的座舱罩封闭起来,由固定式起落架改为收放式的,飞机外形更加光滑和呈流线型,制造飞机的材料由木材、棉布改为硬铝,出现了全金属飞机。图 1.12 为 1919 年世界上第一架全金属运输机"容克"J.13。

图 1.12　1919 年世界上第一架全金属运输机"容克"J.13

3.活塞式飞机的全盛时期

在第二次世界大战中,飞机作战的规模远远超过了第一次世界大战。1945 年,苏军在攻克柏林的战役中,就集中了 8 400 架飞机,共出动了 91 384 架次,投弹 14 528 t;德国出动了 3 300 架飞机。双方出动的飞机共达 11 000 多架。在 1944 年渡过英吉利海峡进入欧洲的战役中,仅仅美国空军就集中了 10 637 架各式飞机,其中包括战斗机 8 351 架。1939—1945 年,主要作战飞机都是活塞式飞机,从生产上看各国已形成了一个大规模的新型工业体系,许多国家建立了庞大的航空研究机构;从飞机的性能上看,活塞式螺旋桨发动机飞机速度达到 755 km/h,已接近这种飞机的极限速度,飞机的战术、技术性能也达到了顶峰,所以说这段时期是活塞式飞机的全盛时期。

六、喷气式飞机时代

由于活塞式飞机存在外形阻力大、发动机功率小、质量大、螺旋桨在高速时效率低等缺点,其发展必然受到限制,只能用于低速飞行。在活塞式发动机的发展受到限制后,产生了一种新的动力装置——喷气发动机。它具有质量轻、推力大的优点,装在飞机上可以大大提高飞行速度。1939 年,德国制造了世界上第一架喷气发动机 He - 178 型飞机,随后苏联、美国也相继制造出米格 - 15、F - 80、F - 86(见图 1.13)等型号的第一批喷气式飞机,并投入朝鲜战争。

喷气式飞机出现以后,飞行速度很快增加到 900 km/h 以上,当飞行速度进一步增加到接近声速时,飞机突然出现异常,阻力剧增,升力下降,低头失控,而且翼面出现剧烈抖振,甚至导致机毁人亡,形成"声障"。为实现超声速飞行,首先必须突破声障,为此各国都致力于高速气动理论的研究,并对飞机的外形做了很大的改进,如采用大后掠角翼、尖薄翼型、尖头、细长流线机身如蜂腰机身等减阻措施,取得了显著成效。1953 年,美国第一架实用型超声速战斗机 F - 100 型问世,随后苏联也出现了米格 - 19 型超声速战斗机。从此,航空技术又跨越超声速领域,实现了超声速飞行。

喷气式飞机突破声障实现超声速飞行后,随着速度的进一步提高,高速气流的摩擦会使飞机表面温度升高,当飞行速度超过声速 2.5 倍时,飞机表面的温度可以升到 300℃,超过了铝合金材料的极限工作温度,飞机结构的强度和刚度急剧下降,气动外形破坏,危及飞行安全。这种因气动加热而引起的危险障碍,称为"热障"。克服热障的办法是采用耐高温的材料,如不锈钢、钛合金等。美国的 SR - 71 型飞机(见图 1.14)93% 的机体表面都采用钛合金,顺利越过了热障,飞机速度超过了声速的 3.3 倍。

图 1.13 F - 86

图 1.14 SR - 71 型飞机

1.4 中国航空事业发展概述

中国是世界文明古国,中国的风筝和火箭是世界公认的最古老的飞行器。中国古代在航空方面曾有过不少成就,由于长期封建专制的统治和闭关自守的政策,阻碍着经济和科技的发展,因而旧中国的航空事业处于落后状态。

中国的近代航空始于清朝末年。1840年鸦片战争之后,国门打开,西方的大量学说涌入闭关自守的中国,现代航空知识也随之传入,国内出现了许多介绍氢气球、飞艇和飞机的文章及图片。一些有识之士开始摸索中国自己的航空道路。1887年,天津武备学堂数学教习华蘅芳自行设计、制造出了中国第一个氢气球;1910年,留日归来的李宝焌、刘佐成受清政府委派,在北京南苑建立了飞机制造厂棚,并于次年4月造出了一架飞机,但在试飞时因发动机故障而坠毁。辛亥革命之后,在众多先行者的不懈努力下,再加上军阀混战中飞机成了实力的象征,旧中国终于成立了一些飞机修理厂、飞机制造厂,开始仿制国外飞机,但仅局限于机体制造和装配,许多重要部分(如发动机、金属螺旋桨等)则完全依赖于进口国外成品,而且当时中国使用的绝大部分飞机都还是从国外购买的。值得一提的是,在此期间开始了中国航空工程人才的培养,国内成立了一些航空学校和飞行训练机构,更有少数留学生负笈海外,钱学森、吴仲华便是其中的佼佼者。正当中国航空工业的萌芽在逆境中顽强生长时,战乱频起。从1910年清政府在南苑设厂制造飞机到1949年新中国成立,近40年的时间中国虽然在航空方面积累了一些基础,但还算不上是独立的航空工业。再加上抗战中日军的轰炸,解放战争中国民党溃败时的破坏以及战乱中机厂的多次搬迁流离,设备损失殆尽,工厂残破瓦解。到新中国成立时,除了留下一些航空技术人才之外,仅有的一些微薄基础已荡然无存。

中国航空事业的蓬勃发展是从新中国成立之后开始的。1951年4月17日,中央人民政府人民革命军事委员会和政务院联合颁发《关于航空工业建设的决定》,标志着新中国航空工业的诞生。新中国的航空工业是在飞机修理的基础上建立的。从修理到仿制,从仿制到自行设计制造初级教练机到超声速战斗机,从只能制造农业飞机到具备了制造大型客机的能力,新中国的航空工业从无到有、从小到大、从弱到强,已经取得了可以称得上辉煌的成就。

一、军用飞机

1. 歼击机

歼击机又称战斗机,第二次世界大战时期称驱逐机。相对于战略空军的轰炸机,战斗机是指战术空军的机种,即用于在空中消灭敌机和其他飞航式空袭兵器(指无人机、巡航导弹等即主要以巡航状态在稠密大气层内飞行执行作战任务的武器)的军用飞机。歼击机的主要任务是与敌方歼击机进行空战,夺取空中优势(制空权)。其次是拦截敌方轰炸机、强击机和巡航导弹,还可携带一定数量的对地攻击的武器,执行对地的攻击任务。

(1)中国生产的第一种喷气式飞机:歼-5。歼-5于1956年7月首飞。歼-5有歼-5甲、歼教-5等改型。

(2)中国自主生产第一代超声速战机:歼-6。歼-6于1958年12月首飞。歼-6有歼-6甲、Ⅰ、Ⅱ、Ⅲ,歼侦-6和歼教-6等多种改型。

(3)中国主力歼击机:歼-7。歼-7于1966年1月首飞。歼-7有Ⅰ、Ⅱ、Ⅲ、A、B、M、E、

G、P 和双座歼教-7 等众多改型。

（4）中国自主研制的第四代战斗机：歼-10。歼-10 是单发动机、轻型、多功能、超声速、全天候、采用鸭式布局的第四代战斗机，1998 年 3 月首飞。歼-10 目前有 A、B、C、双座的 S 等型号，歼-10 的出现使我国战斗机研制水平跟西方的差距大大缩小。

（5）中国生产的第一种重型战斗机：歼-11。歼-11 于 1998 年 12 月首飞。歼-11 目前有 A、B、BS、BH 等型号。

（6）重型双发舰载战斗机：歼-15。歼-15 于 2009 年 8 月首飞。2012 年 11 月 23 日，歼-15 完成了在辽宁舰上的首次着陆，标志着海军航空兵固定翼战机由陆基到舰基的重大跨越。

（7）中国首架五代战机：歼-20。歼-20 于 2011 年 1 月 11 日首飞。在 2017 年投入使用，从 2020 年逐步形成战斗力。歼-20 的出现，使我国战机跻身世界先进列。

2. 攻击机

攻击机又称强击机，是作战飞机的一种，主要用于从低空、超低空（300 m 以下）突击敌战术或浅近战役纵深内的目标，直接支援地面部队作战的轻型飞机，又称为近距空中支援机。攻击机具有良好的低空操纵性、安定性和良好的搜索地面小目标能力，可配备品种较多的对地攻击武器。攻击机是在战场上最容易受到敌方攻击损失的机种，为提高生存力，一般在其要害部位有装甲防护。攻击机由德国首先使用，另外有些战斗轰炸机也被称为攻击机。所谓强击，即能够不畏敌人的地面炮火强行实施攻击。

（1）强-5 于 1965 年 6 月首飞。强-5 有多个型号，主要担负近距空中支援和对地攻击任务，除我国装备，还出口多国。

（2）歼轰-7 又名飞豹战斗机，该战机于 1973 年开始研发，1988 年 12 月首飞，歼轰-7 的装备使空军和海军航空兵的打击能力大大增强。

3. 轰炸机

轰炸机是一座空中堡垒，除了投常规炸弹外，它还能投掷核弹或发射空对地导弹。轰炸机可以分为轻型轰炸机、中型轰炸机和重型轰炸机三种类型。轻型轰炸机一般能装载炸弹 3～5 t，中型轰炸机能装载炸弹 5～10 t，重型轰炸机能装载炸弹 10～30 t。轰炸机还可分为近程、中程（航程 3 000～6 000 km）、远程轰炸机（航程超过 7 000 km）。

（1）轰-5 于 1966 年 9 月首飞。轰-5 主要担负前线战术轰炸和攻击任务。

（2）轰-6 于 1968 年 12 月首飞。轰-6 有多种改型，新型的轰-6 在作战能力、作战半径等方面已经有很大提高。

（3）水轰-5 是中国研制的第一种水上飞机（多用途两栖飞机），1976 年 4 月首飞。水轰-5 主要担负海上巡逻、反潜、搜索救援等任务。

4. 教练机

教练机是用来训练驾驶员的飞机，因此座舱内至少有学员和教练两个座位和两台相连的操纵系统，可分为初级、中级和高级教练机。

（1）初教-5 于 1954 年 7 月首飞。初教-5 也是我国第一种国产飞机。

（2）初教-6 于 1958 年 7 月首飞。初教-6 除为我国培训大批飞行员，还出口多国，并成为西方飞行爱好者喜爱的机型之一。

（3）教练-8（K-8）于 1990 年 11 月首飞。教练-8（K-8）是架性能优异的教练机，目前已被多个国家采用。

（4）教练-9(FTC-2000)于 2003 年 12 月首飞。教练-9 可承担二代、三代机的训练任务并具有一定作战能力。

（5）教练-10(L-15)于 2013 年 7 月首飞。教练-10 是一种先进的高级教练机,可以承担三代、四代机飞行员的训练任务。

5.军用运输机

军用运输机是用于军事空运、空投和空降的运输飞机。它可以快速空运兵员、武器装备和军用物资到达前沿阵地,也可以在敌后空降伞兵,空投武器。因此它对提高部队作战机动性和加强应变能力具有重要作用。大型军用运输机,可装运大型军事设备,如坦克、大炮、战略导弹、直升机、飞机大部件,还可以驮运航天飞机。军用运输机与民用运输机不同,它尾部上翘,后部开有大货舱门,车辆可直接开入机舱。

（1）中国生产的第一架轻型运输机:运-5。这是我国第一种国产轻型运输机,1957 年 12 月首飞。运-5 可承担人员、物资运输、跳伞、植保等任务,是一种优秀的轻型运输机。

（2）运-7 于 1970 年 12 月首飞。运-7 具有军用型和民用型,运-7 民用型属于 50 座级支线客机,运-7 的出现结束了中国民航全部使用外国飞机的历史。运-7 有多种改型,民用客机"新舟"系列已进入中国国内和国际民航市场。

（3）运-8 于 1974 年 12 月首飞。我国以运-8 为基础先后改装了预警机、电子战、指挥控制、海上巡逻机等飞机,为我军打赢高技术战争打下了坚实的物质基础,除我国装备还出口多国。

（4）运-9 于 2010 年 11 月首飞。运-9 作为一种多用途平台已发展出海上巡逻机、预警机等型号,运-9 是空警-200、空警-500 等型号的飞机平台。

（5）运-12 是轻型多用途 17 座小型运输机,1982 年 7 月首飞。运-12 广泛被我国多家通用航空公司使用,并且出口多国。

（6）中国生产的第一架大型军用运输机:运-20。运-20 是我国自主研发生产的首架大型军用运输机,2013 年 1 月首飞。运-20 的服役使空军的战略投送能力更上一个台阶,可在复杂气象条件下,执行各种物资和人员的长距离航空运输任务。

6.预警机

预警机是用于搜索和监视空中或海上目标的飞机。飞机上装有远程搜索雷达,可在高空搜索远距离或敌后目标,特别是对地面雷达站无法发现的低空飞行目标,可提前发出预警报,还可以作为空中指挥中心,引导和指挥我方歼击机进行拦截和攻击。

（1）中国第一代预警机。由于种种原因空警-1 的研制工作于 1971 年 9 月终止。编号为"4114"的空警-1 飞机,珍藏于中国航空博物馆,2014 年入选国家一级文物。

（2）中国第二代预警机。空警-200 于 2004 年 10 月 28 日首飞成功,2006 年 1 月交付部队试用;主要用于承担空中巡逻警戒任务,弥补地面雷达低空盲区,兼顾对航空兵实施指挥。空警-2000 装备部队,填补了中国空军没有大型预警机的空白。

（3）中国第三代预警机。空警-500 于 2014 年 11 月交付部队服役,2015 年 9 月 3 日,空警-500在中国"纪念反法西斯暨抗日战争胜利 70 周年"阅兵式中正式亮相。空警-500 是集空中预警、指挥引导、电子侦察和情报搜集于一体的多功能飞机。

二、民用飞机

1.中国自主研制的第一架轻型旅客机:北京1号

北京1号是由北京航空学院(现北京航空航天大学)设计和试制的轻型运输机,也是大跃进时期学校制造的第一架飞机。于1958年9月20日制成,9月23日在首都机场首次试飞,24日由北京市委命名为北京1号,并且完成了北京—天津、北京—上海的航线试飞。北京1号采用2台苏制АИ-14P活塞发动机,乘员2人(两名驾驶员),载客8人。现停放在北京航空航天大学学院路校区航空航天博物馆内。

2.中国自主设计的第一架私人商务机:小鹰500

小鹰500于2003年10月首飞成功。该机是我国唯一按CCAR-23-R2《正常类、实用类、特技类和通勤类飞机适航规定》进行设计、生产、试验试飞和适航取证并开始交付用户的4～5座轻型多用途飞机,具有完全自主知识产权,填补了我国通用航空领域4～5座轻小型飞机生产的空白。该机可作为军、民用初级教练机、商务机、旅游用机、农林牧渔业和环保监测用机,也可作为航空探测、摄影、航空俱乐部、私人及军和警用机等。

3.国产大飞机:运-7到C919

(1)仿制阶段:运-7出现。运-7是中国第一个正式投入运营的国产运输机,填补了中短程运输机方面的空白,成为当时国内航线上的最大机群。运-7的出现结束了中国民航全部使用外国飞机的历史。

(2)自行研制:发动机零突破。运-10于1980年9月26日首次试飞;飞机成功搭载涡扇-8国产发动机,最大航程超过8 300 km,实现了中国在大型商用涡扇发动机上"零的突破"。它的研制成功,使中国拥有了自己设计制造大型飞机的复杂技术,不仅填补了中国民族工业以前不能制造大型飞机的空白,而且使中国成为继美、苏、英、法之后,第五个研制出100 t级飞机的国家。

(3)改型研制:"新舟"走向市场。运7-200A型飞机的研制,是运-7飞机十分重要的改进改型项目,运7-200A飞机于1993年12月26日首飞成功;运7-200A飞机0001架机首飞后,很快完成了调整试飞;1998年5月7日,正式批准颁发型号合格证;1998年5月18日,正式宣布运7-200A飞机可以投入航线营运;运7-200A飞机研制历时11年取得成功。

(4)自主研制:ARJ21投入运营。ARJ21是中国首次严格按照国际通用的航空适航管理条例进行研制和生产,也是目前国内唯一申请运输类飞机适航标准型号合格证并获得美国联邦航空局受理的运输类飞机项目。它完全由中国人自己完成总体设计、系统集成、总装和适航取证,座级78～90座。ARJ21飞机同时也是中国第1架外销欧美发达国家的民用涡扇支线飞机。ARJ21为国产大飞机C919试飞打下了坚实基础。

(5)飞上蓝天:C919首飞。C919中型客机,全称COMAC C919,是中国首款按照最新国际适航标准(国际民航规章)自行研制、具有自主知识产权的中型喷气式干线民用飞机,是由中国商用飞机有限责任公司于2008年开始研制的,座级为158～168座,航程为4 075～5 555 km,于2017年5月5日成功首飞。C是中国英文名称"China"的首字母,也是中国商飞英文缩写COMAC的首字母,第一个"9"的寓意是天长地久,"19"代表的是中国首型中型客机最大载客量为190座。

三、直升机

从 1958 年开始涉足直升机生产至今,我国的直升机工业经历了引进专利、改装国产、合作开发和自主研制的发展历程。目前,我国已可自主研制新一代武装直升机,且直升机生产能力已在追赶世界先进水平。

1. 多用途直升机

(1)中国制造的第一款多用途直升机:直-5。直-5 于 1958 年 12 月首飞。直-5 也是我国直升机科研应用的开端,研制了多种改进型,主要有客机型、农林型、航测型、水上救援型等。

(2)只生产了 15 架多用途直升机:直-6。直-6 于 1969 年 12 月首飞。由于存在技术质量问题,只生产了 15 架。

(3)下马的重型直升机:直-7。直-7 是我国研制的一型单旋翼带尾桨式重型直升机。1979 年 6 月停止研制。

(4)超黄蜂国产仿制型:直-8。直-8 于 1985 年 12 月首飞。直-8 有多种改型,可用于运输、反潜、搜救等多种用途。

(5)引进自法国的双发轻型多用途直升机:直-9。直-9 于 1992 年 1 月首飞,有反潜、反坦克等多种型号。

(6)第一个具有自主知识产权的直升机:直-11。直-11 于 1994 年 12 月首飞。直-11 可用于训练、侦察、火力支援等任务,是我国自行设计研制的第一个具有自主知识产权的直升机机种。

(7)中欧合作的多用途中型直升机:直-15。直-15 于 2016 年 12 月 20 日首飞。可搭载 14~16 名乘客,主要用于在近海石油平台输送人员,长航程搜救、国土安全和 VIP 运输等方面。

(8)直-18。直-18 于 2013 年首次露面,预警型于 2014 年露面,陆军型于 2014 年底露面。直-18 可用于反潜、预警、高原运输等用途。

(9)直-20。直-20 是一种 10 吨级双发中型通用直升机,于 2013 年 12 月首飞。直-20 可用于运输、反潜等多种用途。

2. 武装直升机

武装直升机又称攻击直升机,是一种装备进攻性武器的军用直升机,主要用于攻击地面目标如步兵、装甲车辆和建筑,其主要武器为机炮和机枪、火箭以及精密制导导弹,很多武装直升机也可以装备对空导弹,但主要用于自卫。当今的攻武装直升机要有两个用途:为地面部队提供直接和精确的近距离空中支援,摧毁敌军集结的装甲目标。武装直升机有时也会作为轻型直升机之补充,用以执行侦察任务。

(1)中国自行研制的第一款中型武装直升机:直-10。直-10 于 2003 年 4 月首飞。直-10 的问世结束了我军没有专用武装直升机的历史。直-10 最多可携带 8 枚红箭-10 反坦克导弹,具有强大的反坦克能力,最多可携带 8 枚天燕-90 空对空导弹。

(2)直-17。直-17 为纵列双旋翼直升机,可容 56 名士兵或 32 名伞兵或 36 副担架,可一次运输两辆陆军的红旗-7 野战防空导弹发射车,或 3 辆东风猛士高机动越野车。

(3)直-19 军用改进型:直-19 于 2010 年 7 月首飞,直-19 可用于反坦克、火力支援等任务。从该机装备毫米波雷达来看,将主要执行武装侦察任务,在陆航中与直-10 形成高低搭配。

1.5 无人机概述

一、无人机基本概念

无人驾驶航空器(Unmanned Aircraft,UA)是由遥控站管理(包括远程操纵或自主飞行)的航空器,也称遥控驾驶航空器(Remotely Piloted Aircraft,RPA),以下简称"无人机"。

无人机系统(Unmanned Aircraft System,UAS)也称遥控驾驶航空器系统(Remotely Piloted Aircraft System,RPAS),是指无人机、相关的遥控站、所需的指令与控制数据链路以及批准的型号设计规定的任何其他部件组成的系统。

无人机系统驾驶员是指由运营人指派对无人机的运行负有必不可少的职责并在飞行期间适时操纵飞行的人。无人机系统的机长是指在系统运行时间内负责整个无人机系统运行和安全的驾驶员。

与载人飞机相比,无人机具有体积小、造价低、使用方便、对作战环境要求低、战场生存能力较强等优点,备受世界各国军队的青睐。在几场局部战争中,无人机以其准确、高效和灵便的侦察、干扰、欺骗、搜索、校射及在非正规条件下作战等多种作战能力,发挥着显著的作用,并引发了层出不穷的军事学术、装备技术等相关问题的研究。它将与孕育中的武库舰、无人驾驶坦克、机器人士兵、计算机病毒武器、天基武器、激光武器等一道,成为 21 世纪陆战、海战、空战、天战舞台上的重要角色,对未来的军事斗争造成较为深远的影响。无人机与有人机的比较见表 1.1。

表 1.1　无人机与有人机的比较

比较项目	无人机	有人机
人员伤亡情况	执行危险性任务,无人员伤亡	执行危险性任务,可能会有人员伤亡
载人限制	不需要考虑人数及安全措施	需要考虑人数及安全措施
尺寸	体积不受限制	同等情况下,体积要大许多
成本	无驾驶舱,不需要培养飞行员	增加制造成本、飞行员培养成本
机动性	起降要求低	起降要求高
自控性、可靠性	智能化水平不高,抗干扰能力差	飞行员操作为主,抗干扰能力相对强

无人机与航模的区别主要有两点:一是航模是以娱乐、竞技为主,应用为辅;无人机是以应用为主(即无人机+行业应用),以娱乐、竞技为辅。二是航模没有智能化的飞行控制系统,始终需要人通过遥控器在视距范围内操作,才能实现航模的机动和姿态调整,如图 1.15 所示;无人机配有智能化的飞行控制系统,通过程序控制和数据链将地面控制参数与无人机进行交互,控制无人机的姿态和机动,并可以实现自主、超视距飞行,多旋翼无人机系统如图 1.16 所示。多旋翼无人机组装件如图 1.17 所示。

图 1.15　航模需要在人的视线范围内操控

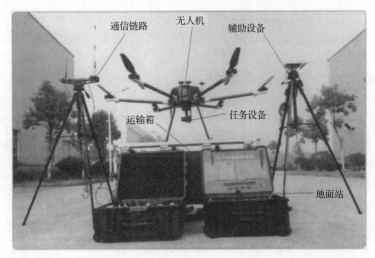

图 1.16　多旋翼无人机系统

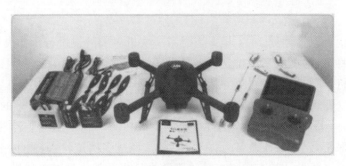

图 1.17　多旋翼无人机组装件

二、无人机分类

美国联合无人机计划局曾对无人机制定过分类标准:消耗型无人机、低成本近程无人机、近程无人机、短程无人机、中程无人机、长航时无人机等。其目的是减少人们对无人机定义的混淆,一些其他名词也通常用于描述无人机系统。这种分类也有很多不完善的地方,比如近程和短程究竟有什么区别,消耗型无人机和靶机有什么不同。

近年来,无人机技术发展迅速,无人机系统种类繁多、用途广泛、特点鲜明。无人机在尺寸、质量、航程、航时、飞行高度、飞行速度以及任务等多方面都有较大差异。由于无人机的多样性,衍生出不同的分类方法,且不同的分类方法又相互交叉,导致边界模糊。

无人机可按照飞行平台构型、用途、尺寸、活动半径和任务高度等方面进行分类。

(1)按飞行平台构型分类,无人机可分为固定翼无人机、旋翼无人机、无人飞艇、伞翼无人机和扑翼无人机等。

(2)按用途分类,无人机可分为军用无人机和民用无人机。军用无人机可分为侦察无人机、诱饵无人机、电子对抗无人机、通信中继无人机、无人战斗机和靶机等;民用无人机可分为巡查/监视无人机、农用无人机、气象无人机、勘探无人机和测绘无人机等。

(3)按尺寸分类(民航法规),无人机可分为微型无人机、轻型无人机、小型无人机和大型无人机。微型无人机是指空机质量小于或等于 7 kg 的无人机。轻型无人机是指空机质量大于 7 kg,但小于或等于 116 kg 的无人机,且全马力平飞中,校正空速小于 100 km/h,升限小于 3 000 m。小型无人机是指空机质量小于或等于 5 700 kg 的无人机,微型和轻型无人机除外。大型无人机是指空机质量大于 5 700 kg 的无人机。

(4)按活动半径分类,无人机可分为超近程无人机、近程无人机、短程无人机、中程无人机和远程无人机。超近程无人机活动半径在 15 km 以内,近程无人机活动半径为 15～50 km,短程无人机活动半径为 50～200 km,中程无人机活动半径为 200～800 km,远程无人机活动半径大于 800 km。

(5)按任务高度分类,无人机可以分为超低空无人机、低空无人机、中空无人机、高空无人机和超高空无人机。超低空无人机任务高度一般为 0～100 m,低空无人机任务高度一般为 100～1 000 m,中空无人机任务高度一般为 1 000～7 000 m,高空无人机任务高度一般为 7 000～18 000 m,超高空无人机任务高度一般大于 18 000 m。

三、无人机发展

1. 诞生

无人机的诞生可以追溯到 1914 年。当时第一次世界大战正进行得如火如荼,英国的卡德尔和皮切尔两位将军,向英国军事航空学会提出了一项建议:研制一种不用人驾驶,而用无线电操纵的小型飞机,使它能够飞到敌方某一目标区上空,将事先装在小飞机上的炸弹投下去。这种大胆的设想立即得到当时英国军事航空学会理事长戴·亨德森爵士的赏识。他指定由A. M. 洛教授率领一班人组成研制小组进行研制。最初的研制是在一个名叫布鲁克兰兹的地方进行的。为了保密,该计划被命名为"AT 计划"。经过多次试验,研制小组首先研制出一台无线电遥控装置。飞机设计师杰佛里·德哈维兰设计出一架小型上单翼机。研制小组把无线电遥控装置安装到这架小飞机上,但没有安装炸弹。1917 年 3 月,在第一次世界大战临近结束之际,世界上第一架无人驾驶飞机在英国皇家飞行训练学校进行了第一次飞行试验。可是飞机刚起飞不久,发动机突然熄火,飞机因失速而坠毁。过了不久,研制小组又研制出第二架无人机进行试验。飞机在无线电的操纵下平稳地飞行了一段时间。就在大家兴高采烈地庆祝试验成功的时候,这架小飞机的发动机又突然熄火了。失去动力的无人机一头栽入人群。两次试验的失败,使研制小组感到十分沮丧,"AT 计划"也就此画上了句号。但 A. M. 洛教授并没有灰心,继续进行着无人机的研制。功夫不负有心人,10 年后,他终于取得成功。1927 年,由 A. M.洛教授参与研制的"喉"式单翼无人机在英国海军"堡垒"号军舰上成功地进行了试飞。该无人机载有 113 kg 炸弹,以 322 km/h 的速度飞行了 480 km,在世界上曾引起极大的轰动。"喉"式无人机如图 1.18 所示。

2.发展

随着无人机技术的逐步成熟,到了20 世纪 30 年代,英国政府决定研制一种无人靶机,用于校验战列舰上的火炮对目标的攻击效果。1933 年 1 月,由"费雷尔"水上飞机改装成的"费雷尔·昆士"无人机试飞成功。此后不久,英国又研制出一种全木结构的双翼无人靶机,命名为"德·哈维兰灯蛾"。在 1934—1943

图 1.18　"喉"式无人机

年,英国一共生产了 420 架这种无人机,并重新命名为"蜂王"。

到了 20 世纪 60 年代"冷战"期间,美国 U-2 有人驾驶侦察飞机前往苏联侦查导弹基地,被击落且飞行员被俘,使得美国的国际处境艰难。美国军方在改用间谍卫星从事相关活动后仍无法达到有人侦察机的侦察效果,由此引发了采用无人机进行侦察的想法。早期的 AQM-34"火蜂"洛克希德 D-21 无人机,主要功能是照相侦察。越南战争期间进一步发展了 BQM-34 轻型无人机,增加了实时影像、电子情报、电子对抗、实时通信和散发传单、战场毁伤评估等功能。1982 年 6 月,有名的贝卡谷地战役中,以色列研制的"侦察兵""猛犬"等无人机,在收集叙利亚的火力配置和战场情况方面取得了突出的战果,引起各国震惊。

随着航空技术的飞速发展,无人机也进入了一个崭新的时代,品类众多、功能各异的无人驾驶飞机,必将成为广阔天空中的"百变幽灵",无处不在。时至今日,世界上研制生产的各类无人机已达数千种。各种性能不同、技术先进、用途广泛的新型无人机,如长航时无人机、无人攻击机、垂直起降无人机和微型无人机不断涌现。而随着计算机技术、自动驾驶技术、遥控遥测技术的发展和在无人机中的应用,以及对无人机战术研究的深入,未来无人机不仅能用于战术和战略等信息侦察,而且可用于防空系统压制、夺取制空权等多种任务中并最终参与空中格斗。

西北工业大学开我国无人机研制之先河,我国第一架小型无人机由西北工业大学自主研制生产,并实现我国第一个整套无人机系统、第一个无人机生产线等出口海外,现拥有我国唯一的无人机特种技术国家重点实验室和无人机系统国家工程中心,建有我国高校首个无人机专业化飞行试验测试基地,全面推进无人机科研与产业发展。国庆 60 周年阅兵中,整个无人机方队由西北工业大学自主研制生产;建军 90 周年阅兵中,西北工业大学自主研制生产的无人机第二次以整个方队入列阅兵式,接受党和人民的检阅;国庆 70 周年阅兵中,西北工业大学自主研制生产的无人机再次通过天安门接受检阅。

随着航空工艺、材料和技术的不断进步,无人驾驶飞机将成为高技术舞台上一颗耀眼的"明星"。

3.反无人机方法

(1)无人机的威胁。无人机已经进入了人们的工作和生活领域,但是由无人机引发的各种威胁也逐渐产生,尤其在安全方面的各种隐患越来越多。无人机闯入军事要地、边境、港口、监狱、化工厂、机场、体育馆、核电站、别墅区、公共场所和靶场等区域,产生很多安全隐患。因此,对于容易引发信息泄露以及造成安全隐患的敏感地区,反无人机便成了迫在眉睫的任务,必须配备相应的无人机防控设备,对非法入侵的无人机进行拦截和打击,保证该地区安全。

(2)反无人机主要方法。世界各国对反无人机技术开展了大量研究,通常采用以下方法对付入侵的无人机。

1)干扰。使用大功率地面站及雷达对目标无人机通信信号进行分析定位,并采取分频段、分时段的方式进行电子干扰(无人机的三路信号:2.4G 遥控信号、5.8G 图传信号、GPS 卫星信号),部分无人机失去控制信号后,被迫降落或悬停;图传信号受到干扰后,无人机操作者将无法依靠回传视频掌控无人机,逼迫中断飞行,如图 1.19 所示。此外,利用声波、电磁波和射频等手段,直接干扰无人机,如图 1.20 所示。

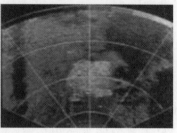
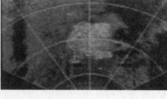

图 1.19 大功率雷达信号干扰　　　　　　　　　图 1.20 射频干扰无人机

2)捕捉。小型无人机飞行高度较低,速度较慢,当其靠近敏感地区时,在视线识别距离内通过操作更大的无人机或采用其他方式对无人机进行撒网抓捕,如图 1.21 和图 1.22 所示。

3)摧毁。空中飞机发射导弹,直接摧毁无人机,如图 1.23 所示;地面发射导弹,直接摧毁无人机,如图 1.24 所示;采用激光设备(见图 1.25)直接摧毁无人机。

图 1.21 准备对无人机进行抓捕　　　　　　　图 1.22 抓捕到无人机

图 1.23 摧毁无人机

图 1.24　地面发射导弹

图 1.25　激光设备

课 外 阅 读

空 天 飞 机

航天飞机的转场运输方式给空天飞机的发射飞行方式提供了有益的启发。空天飞机是航空航天飞机的简称,又称空太飞机。目前正在研究的空天飞机是一种能在普通跑道上起飞和降落的飞行器,它既能在大气层中飞行也能在外层空间轨道上飞行,它是既能航空又能航天的新型飞行器,也是航空技术与航天技术高度结合的飞行器,将把空间开发推向一个新的阶段。

空天飞机上同时有飞机发动机和火箭发动机,起飞时不使用火箭助推器,可以像飞行器一样从飞机场跑道上起飞,以高超声速在大气层飞行,直接进入太空,成为航天器,降落时亦可以像飞机一样在飞机场跑道上降落,成为自由地往返天地之间的运输工具。在此之前,航空和航天是两个不同的技术领域,由飞机和航天飞行器分别在大气层内、外活动,航空运输系统是重复使用的,航天运载系统一般是不能重复使用的。而空天飞机能够达到完全重复使用和大幅度降低航天运输费用的目的。

空天飞机将会是世界各国争夺制空权和制天权的关键武器之一。目前美国、俄罗斯、中国、日本及德国都在研究空天飞机,但还没有实质成功。

图 1.26 为苏联空天飞机的飞行方案构想。该方案主要是利用高超声速载机背驮着轨道器和燃料储箱,从普通机场起飞,达到一定高度后再起动轨道器的主发动机,带着储箱与载机分离,继续飞向太空。载机则飞回机场降落。轨道器完成任务后,与现在航天飞机一样自行滑翔降落。这里用高超声速载机代替了助推火箭,可重复使用,并且载机只需将现有的超声速飞机稍加改动即可实现,其发展风险小,周期快,而载机平时仍可完成它原有的任务,一机两用,节约使用成本。

图 1.27 为德国的"桑格尔"空天飞机方案图,该方案甚至不用燃料储箱。目前"桑格尔"空天飞机的初步数据是:有效载荷为 2~4 人加 2.4 t,起飞总质量为 425 t,空质量为 165 t,轨道器长为 32.8 m,翼展为 17 m。

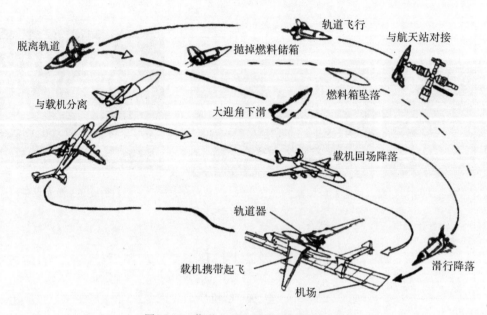

图 1.26 苏联空天飞机的飞行方案构想

图 1.27 德国的"桑格尔"空天飞机方案图

思 考 题

1. 什么是航空？航空按其使用方向分为哪几类？

2. 什么是飞行器？飞行器通常分为哪三类？

3. 什么是航空器？航空器如何分类？

4. 飞机最为常用的分类法是什么？

5. 活塞式飞机发展的三个阶段是什么？

6. 简述无人机概念及分类方法。

第2章 飞行原理

内容提示

本章主要讲述航空器的飞行活动环境,流动气体的基本规律,翼型的升力和阻力等空气动力学简单内容,高速飞行概况,飞机的飞行性能及稳定性、操纵性,等等。

教学要求

(1)了解航空器的飞行活动环境。
(2)了解流动气体的基本规律。
(3)了解空气动力学的简单内容。
(4)理解高速飞行概况。
(5)理解飞机的飞行性能及稳定性、操纵性。

内容框架图

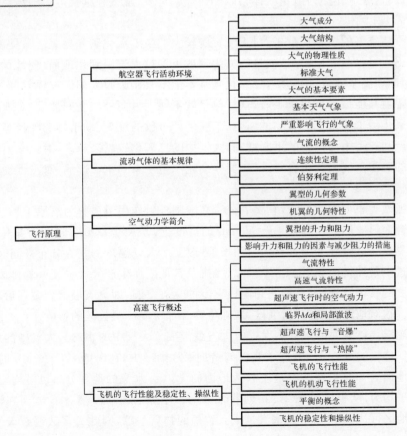

2.1　航空器飞行活动环境

飞行器活动环境对飞行器的飞行轨迹、结构、元件、材料、飞行性能以及作战效果等都有着十分明显的影响。只有熟悉飞行器活动环境,并设法克服或减少飞行器活动环境的影响,才能保证飞行器飞行的准确性和可靠性。包围地球的空气层(即大气)是航空器的唯一飞行活动环境,也是导弹和航天器的重要飞行活动环境。

一、大气成分

飞行所处的大气是环绕地球并贴近其表面的一层空气包层。它是地球相当重要的一个组成部分,就像海洋或陆地一样。然而,空气不同于陆地和水是因为它是多种气体的混合物。它不仅有质量,还有不确定的形状。空气像其他任何流体一样,由于分子内聚力的缺乏,当受到非常微小的压力时就会流动和改变形状。例如,气体会充满任何装它的容器,膨胀和传播直到其外形达到容器的限制。

在讨论大气中的气象现象及天气过程时,可将大气看作一种混合物,它由三个部分组成:干洁空气、水汽和大气杂质(又称大气气溶胶或气溶胶粒子)。

干洁空气是构成大气的最主要部分,一般意义上所说的空气,就是指这一部分。干洁空气主要由氮气和氧气构成,其体积分别约占整个干洁空气的78%和21%,余下的约1%由其他几种气体构成,这些气体称为痕量气体,如二氧化碳、臭氧、氩气和氖气等。干洁空气的这一比例在50 km高度以下基本保持不变。

在构成干洁空气的多种成分中,对天气影响较大的是二氧化碳和臭氧。除臭氧外,大气中的气体几乎不直接吸收太阳辐射,大量的太阳辐射可穿过大气层到达地面,使地面增温。二氧化碳对地球具有"温室效应"的作用,二氧化碳基本上不直接吸收太阳短波辐射,而地面受热后放出的长波辐射却能被二氧化碳吸收,这样热量就不能大量向外层空间散发,对地球起到了保温作用。二氧化碳主要来自有机物的腐烂、工业生产排放的废气、动植物的呼吸等。现在随着社会工业生产和人类生活污染的不断增加,大气中的二氧化碳越来越多,对大气温度的影响已引起了人们的关注。气温变化会对天气、气候变化产生一系列重大影响,对飞行气象条件也会产生相应影响。

臭氧能强烈吸收太阳紫外线,它是氧分子在太阳辐射作用下离解为氧原子,氧原子再和别的氧分子结合而形成的。在海拔15~50 km的高度上,是一个臭氧含量相对集中的层次,称为臭氧层。臭氧通过吸收太阳紫外辐射而增温,改变了大气温度的垂直分布。同时,也使地球生物免受了过多紫外线的照射。由于汽车、飞机及其他工业生产等大量废气的排放,臭氧层已遭到一定程度的破坏,科学家已观测到南极上空的臭氧空洞,即臭氧层遭到破坏后出现的臭氧减少或消失。这对地球上的天气、气候、地球生物等都可能产生长久的影响。

地表和潮湿物体表面的水分蒸发进入大气就形成了大气中的水汽。大气中的水汽含量平均占整个大气体积的0~5%,并随着高度的增加而逐渐减少,在离地1.5~2 km的高度上,水汽含量约为地面的50%,5 km高度上仅为地面的1/10。水汽的地理分布也不均匀,水汽含量(按体积比)平均为:从极区的0.2%到热带的2.6%,干燥的内陆沙漠近于0,而在温暖的洋面或热带丛林地区可达3%~4%。水汽是成云致雨的物质基础,因此大多数复杂天气都出现在中低空,高空天气往往很晴朗。水汽随着大气运动而运动,并可在一定条件下发生状态变化,即气态、液态和固态之间的相互转换。这一变化过程伴随着热量的释放或吸收,如水汽凝结成水滴时要放出热量,放出的热量称为凝结潜热。反之,液态的水蒸发成水汽时要吸收热量。水汽直接冻结成冰的过程叫凝华,而冰直接变成水汽的过程叫升华。

在大气中运动的水汽,通过状态变化传输热量,如甲地水汽移到乙地凝结,或低层水汽上升到高空凝结,就把热量从一个地方带到了另一个地方。热量传递是大气中的一个重要物理过程,与气温及天气变化关系密切。

大气杂质是指悬浮于大气中的固体微粒或水汽凝结物。固体微粒包括烟粒、盐粒和尘粒等。烟粒主要来源于物质燃烧,盐粒主要是溅入空中的海水蒸发后留下的盐核,而尘粒则是被风吹起的土壤微粒和火山喷发后在空中留下的尘埃。水汽凝结物包括大气中的水滴和冰粒。在一定天气条件下,大气杂质常聚集在一起,形成各种天气现象,如云、雾、雨、雪和风沙等,它们使大气透明度变差,并能吸收、散射和反射地面和太阳辐射,影响大气温度。此外,固体杂质还可充当水汽的凝结核,在云、雾、降水等的形成过程中起着重要的作用。

二、大气结构

大气层无明显的上限,它的各种特性在铅垂方向上的差异非常明显,地球大气是地球引力作用下,在地球周围所形成的气体包层。大气随着地球一起运动。大气层总质量的 90% 集中在离地球表面 15 km 高度以内,总质量的 99.9% 在 50 km 高度以内。在 2 000 km 高度以上,大气极其稀薄,逐渐向星际空间过渡,无明显的上界。如果以空气密度接近于星际密度作为大气的顶界,根据人造地球卫星探测到的资料推算,认为大气的顶界为 2 000～3 000 km。空气密度随高度增加而很快趋于稀薄。大气层对飞行有很大影响,恶劣的天气条件会危及飞行安全,大气属性(温度、压力、湿度、风向和风速等)对飞机飞行性能和飞行航迹也会产生不同程度的影响。以大气中温度随高度的分布为主要依据,可将大气层划分为对流层、平流层、中间层、热层和散逸层(外大气层)等 5 个层次,航空器的大气飞行环境主要是对流层和平流层。大气层分布如图 2.1 所示。

1. 对流层(变温层)

对流层是地球大气中最低的一层。对流层中气温随高度增加而降低,空气的对流极为明显,空气温度和湿度的水平分布也很不均匀。对流层的厚度随纬度和季节变化,一般低纬度地区平均为 16～18 km,中纬度地区平均为 10～12 km,高纬度地区平均为 8～9 km。就季节而言,中国绝大部分地区一般都是夏季对流层厚,冬季对流层薄。在对流层内的气象主要有以下的特点:

(1)气温随高度升高而降低,平均每增高 1 km,气温下降 0.65 ℃,因此又叫变温层。

(2)风向、风速经常变化。

(3)空气上下对流激烈。

(4)有云、雨、雾和雪等天气现象,也可以说,一切气象现象大部分发生在这一层面。

2. 平流层(同温层)

平流层位于对流层顶之上,顶界伸展到 50～55 km,大约占全部大气质量的 1/4。在平流层内,随着高度的增加温度最初保持不变或微有上升,到 25～30 km 以上气温升高较快,到了平流层,顶气温升至 270～290 K,平流层的这种气温分布特征同它受地面影响小和存在大量

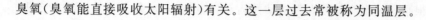

臭氧(臭氧能直接吸收太阳辐射)有关。这一层过去常被称为同温层。

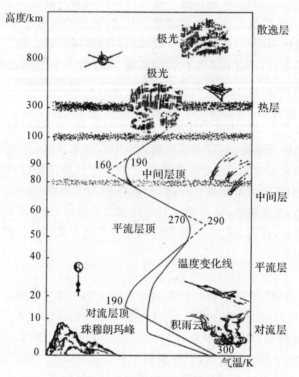

图2.1　大气垂直分层示意图

平流层大气特点如下：

(1)在一定高度范围内,温度大体不变,平均在−56.5℃左右,从25 km高度起,温度又开始增高。

(2)几乎没有水蒸气,所以也没有云、雾、雨和雪等现象。

(3)空气没有上下对流,只有水平方向的风,故又称为平流层。有利于飞机作稳定飞行,但空气较稀薄,飞机反应迟缓,不适宜飞机作机动的飞行。现代飞机所能达到的大气层,是对流层和同温层。

3.中间层

中间层从平流层顶50～55 km伸展到80 km高度。这一层的特点是温度随高度增加先是增加然后下降,一直降到−56.5℃增加到40℃左右,随后又下降,一直要降到−56.5℃以下。温度增加的原因是,在这层大气内有大量臭氧存在,臭氧吸收太阳紫外线而被加热。中间层也有水平方向的风,而且风速相当大。

4.热层(电离层)

热层的范围是从中间层顶伸展到约800 km高度。这一层的空气密度很小,声波也难以传播。热层的一个特征是气温随高度增加而上升。另一个重要特征是空气处于高度电离状态,主要是带负电的电粒子,有很强的导电性,它能吸收、反射或折射无线电波。在电离层范围内,各高度上空气电离的程度是不均匀的,存在着电力强度相对较强的几个层次。有时,在极区常可见到光彩夺目的极光。电离层的变化会影响飞行器的无线电通信。气温从100 km起开始增加,在 200 km 处气温可达 400℃,故称为暖层。因为空气稀薄,传热很慢,飞行器仍然可以保持很低的温度。

5. 散逸层(逃逸层)

散逸层又称逃逸层、外大气层,是地球大气的最外层,位于热层之上。这里的空气极其稀薄,同时又远离地面,受地球吸引力作用较小,因而大气分子不断地向星际空间逃逸。航天器脱离这一层后便进入太空飞行,通常高度为 2 000~3 000 km。

三、大气的物理性质

空气是无色、无味、无臭、透明的混合气体。其中包括氮、氧、二氧化碳、氢、氖和氦等气体,以氮气为主。按体积计算,氮约占大气体积的 78%,氧占 21%,其余的为其他气体。

大气的物理性质包括大气的温度、压强(也常常称为压力)、密度、黏性和压缩性等方面,其中主要介绍以下几方面的内容。

1. 空气密度

空气密度是指单位体积的空气质量。取决于分子数的多少,也就是空气稠密的程度。它的单位是 km/m^3。

$$\rho = m/V$$

式中:ρ 为密度,km/m^3;M 为质量,kg;V 为体积,m^3。

空气的密度大,也就是单位体积内的空气分子数多,比较稠密,物体在空气中运动时,所受到的阻力大;反之,空气密度小,比较稀薄,物体受到的阻力也小。

2. 空气温度

空气温度表示空气冷热程度,是分子不规则热运动的平均速度的表现形式。分子运动速度大,即分子的平均动能大,则空气温度高;分子运动速度小,即平均动能小,则温度低。

温度一般以摄氏温度(℃)或绝对温度(K)表示。空气分子停止不规则的热运动,即分子运动速度为零时,作为绝对温度的零度。二者换算关系是 0 K = −273℃。

3. 空气压强

物体单位面积上所承受的空气垂直作用力,叫作空气压强。产生空气压强的原因是空气分子不规则热运动连续不断撞击物体表面作用的结果。它与分子热运动的平均动能成正比,取决于单位体积内的分子数目、分子质量和分子运动的平均速度。

4. 空气的压强、温度、密度之间的变化关系

空气的压强、温度与密度三个主要参数间是按一定规律互相联系着的,一个参数的改变,会引起另外两个参数也相应改变。其变化规律如下:

定质量的空气,如保持压强不变,当温度升高时,空气膨胀,体积变大,密度减小;反之,当温度降低时,空气收缩,体积变小,密度增大。如保持温度不变,当压力增大时,会使体积缩小,密度增大;反之,当压力减小时,体积增大,密度减小。如果保持体积与密度不变,当温度升高时,压强会增大;反之,温度降低时,压强会减小。

对一定数量的气体,它的压强、温度和密度这三个参数就可以决定它的状态。它们之间的关系可以用气体状态方程表示:

$$P = \rho R T$$

式中:P 为空气的压强,Pa;ρ 为空气的密度,$kg \cdot m^{-3}$;T 为空气的温度,K;R 为气体常数,其值

为 $287.1 \text{ J} \cdot \text{kg}^{-1} \cdot \text{K}^{-1}$。

5.空气的黏性和压缩性

黏性与压缩性,是空气的两种物理性质。飞机在飞行中之所以受到阻力,其原因之一就是空气有黏性,当飞行速度超过或接近声速时,会出现波阻而使飞行器阻力突然增大的现象,则与空气压缩性有关。

(1)空气的黏性:空气的黏性是表示空气自身相互黏滞或牵扯的特性。实际上,黏性是流体内相邻两层间的内摩擦。空气的黏性比水、油类要小得多,把手浸入水中,抽出时就会有水黏附在手上,把手放入甘油或蜂蜜中,附着的就更多,这表明它们的黏性比水大得多。虽然空气的黏性不易察觉,可是对飞机的影响很大,这是因为黏性可以影响到飞机的阻力。空气的黏性和温度有关,温度高,空气黏性就大;反之就小。空气的黏性对飞机飞行的影响主要表现在其与飞行的摩擦阻力有关。

(2)空气的压缩性:空气的压缩性就是当压力或温度改变时,能改变其原来密度和体积的一种特性。空气的压缩性比液体大得多,液体如水几乎不能压缩。

空气流会使压强发生变化,密度也会随着变化,如果气流速度很小,则压强和密度变化不大,空气的压缩性对飞机的飞行影响很小,所以在低速飞行时,可以认为空气是不可压缩的,既可以认为密度是一个不变的数值。这样问题就简单多了,但在高速(超声速)飞行时,就必须考虑空气的压缩性。空气的压缩性可以用马赫数 Ma 来衡量。

四、标准大气

标准大气又称为国际标准大气,从大气的飞行环境可知,大气的密度、温度、压强等诸项参数都随着地理位置、离地面的高度和季节等因素变化而改变,因而使飞机上的空气动力和飞行性能随之变化。因此,同一架飞机在不同的地点飞行,所显示的飞行性能是不一样的。就是同一架飞机在同一地点飞行,只要季节或时间不同,所表现的飞行性能也会不同。至于不同的飞机,所表现的结果就更不同了。这就为比较飞机的飞行性能带来了困难。为了有一个研究空气动力和飞行性能的统一标准,国际航空界以地球中纬度地区大气参数的平均值作为标准。随着航空和宇航技术的发展,标准大气的内容越来越丰富,如增加了大气成分、黏性系数、重力加速度、声速、分子平均自由程、分子碰撞频率和分子量等,高度也已延伸到几百千米的高空,其主要特点如下:

以海平面作为高度 h 来计算的起点。在 $h=0$ 的高度上,国际标准大气的温度 $t_0=15℃$;压强 $P_0=101\,325.6 \text{ Pa}$,密度 $\rho=1.225\,0 \text{ kg/m}^3$。

在高度 11 km 以下,随着高度的增加,温度呈直线下降。高度每增加 1 km,温度下降约 6.5℃。高度在 11～20 km 的范围内,温度保持不变,为 -56.5℃。

高度在 20～32 km 的范围内,温度随高度的增加呈直线上升,每升高 1 km,温度上升约 1℃。

国际标准大气具体规定如下:

温度 $t_0=15℃$

绝对温度 $T_0=288.15 \text{ K}$

压强 $p_0=760 \text{ mmHg}=10\,332.3 \text{ kg/m}^2$

密度 $\rho_0=0.124\,92 \text{ kg} \cdot \text{s}^2/\text{m}^4$

黏性系数 $\mu_0 = 1.824\ 7 \times 10^{-3}\ \mathrm{kg \cdot s/m^2}$

运动黏性系数 $\nu_0 = \mu_0/\rho_0 = 1.460\ 7 \times 10^{-5}\ \mathrm{m^2/s}$

声速 $a_0 = 340.294\ \mathrm{m/s}$

五、大气的基本要素

表示大气状态的物理量和物理现象统称为气象要素。气温、气压、湿度等物理量是气象要素，风、云、降水等天气现象也是气象要素，它们都能在一定程度上反映当时的大气状况，从而在一定程度上影响飞行器的飞行性能。其中气温、气压和湿度，也称为三大气象要素。

1. 气温

气温是表示空气冷热程度的物理量，它实质上是空气分子平均动能大小的宏观表现。一般情况下我们可将空气看作理想气体，这样空气分子的平均动能就是空气内能，因此气温的升高或降低，也就是空气内能的增加或减少。气温通常用三种温标来量度，即摄氏温标（℃）、华氏温标（℉）和绝对温标（K）。摄氏温标将标准状况下纯水的冰点定为 0℃，沸点定为 100℃，其间分为 100 等份，每一等份为 1℃。华氏温度是将纯水的冰点定为 32 ℉，沸点定为 212 ℉，其间分为 180 等份，每一等份为 1 ℉，可见 1℃与 1 ℉是不相等的。将摄氏度换算为华氏度的关系式为

$$1℉ = 9/5℃ + 32 \quad 或 \quad 1℃ = 5/9(1℉ - 32)$$

实际大气中，气温变化的基本方式有气温的非绝热变化和绝热变化两种。非绝热变化是指空气块通过与外界的热量交换而产生的温度变化。气块与外界交换热量的方式主要有以下几种。

（1）辐射。辐射是指物体以电磁波的形式向外放射能量的方式。所有温度不低于绝对零度的物体，都要向周围放出辐射能，同时也吸收周围的辐射能。物体温度越高，辐射能力越强，辐射的波长越短。如物体吸收的辐射能大于其放出的辐射能，温度就要升高，反之则温度降低。

大气系统热量的主要来源是吸收太阳辐射（短波）。当太阳辐射通过大气层时，有 24% 被大气直接吸收，31% 被大气发射和散射到宇宙空间，余下的 45% 到达地表，地面吸收其大部分后，又以发射和辐射（长波）的形式使其回到大气中，大部分被大气吸收。同时，大气也在不断地放出长波辐射，有一部分又被地表吸收。这种辐射能的交换情况极为复杂，但对大气层而言，对流层热量主要直接来自地面长波辐射，平流层热量主要来自臭氧对太阳紫外线的吸收。因此这两层大气的气温分布有很大差异。总的来说，大气层白天由于太阳辐射而增温，夜间由于向外放出辐射而降温。

（2）乱流。乱流是空气无规则的小范围涡旋运动。乱流使空气微团产生混合，气块间热量也随之得到交换。摩擦层下层由于地表的摩擦阻碍而产生扰动，以及地表增热不均而引起空气乱流，是乱流活动最强烈的层次，乱流是这一层中热量交换的重要方式之一。

（3）水相变化。水相变化是指水的状态变化，水通过相变释放热量或吸收热量，引起气温变化。

（4）传导。传导是依靠分子的热运动，将热量从高温物体直接传递给低温物体的现象。由于空气分子间隙大，通过传导交换的热量很少，仅在贴地层中较为明显。

绝热变化是指空气块与外界没有热量交换，仅由于其自身内能增减而引起的温度变化。

例如,当空气块被压缩时,外界对它做的功转化成内能,空气块温度会升高;反之空气块在膨胀时温度会降低。飞机在飞行中,其机翼前缘空气被压缩而增温,后缘涡流区空气因膨胀而降温,对现代高速飞机来说是非常明显的。实际大气中,当气块做升降运动时,可近似地看作绝热过程。气块上升时,因外界气压降低而膨胀,对外做功耗去一部分内能,温度降低;气块下降时则相反,温度升高。气块在升降过程中温度绝热变化的快慢用绝热直减率来表示。绝热直减率表示在绝热过程中,气块上升单位高度时其温度的降低值(或下降单位高度时其温度的升高值)。气块在升降过程中温度的绝热变化过程有两种情况,即伴随水相变化的绝热过程和不伴随水相变化的绝热过程。

引起空气温度变化的绝热因素与非绝热因素常常是同时存在的,但因条件不同而有主次之分。当气块做水平运动或静止不动时,非绝热变化是主要的;当气块做垂直运动时,绝热变化是主要的。

以上的讨论主要是针对某一块空气而言的。而对某一地点的气温(又称局地气温)来说,其变化除了与那里的气块温度的绝热和非绝热变化有关外,还与不同温度气块的移动有关。总体来说,气温对飞机飞行性能的主要影响为空气温度可以使部分机型的巡航速度变化40 km/h以上;温度变化较大时,当飞机短时间进入暖气团或进入冷气团时,推力可能相应减小或增大 5%~10%;气温变化 30 ℃时,飞机单位时间燃料消耗量变化 5%~6%。

2. 气压(空气压强)

在大气处于静止状态时,某一高度上的气压值等于其单位水平面积上所承受的上部大气柱的质量。随着高度增加,其上部大气柱越来越短,且气柱中空气密度越来越小,气柱质量也就越来越小。气压一般随高度的升高而降低,当飞行高度为 5 000 m 左右时,该高度的大气压是海平面气压的一半,如果没有使用任何辅助呼吸工具,人的反应将低于正常水平;在飞行高度接近 10 000 m 时,必须配备氧气设备及增压座舱。航空上常用的几种气压有本站气压、修正海平面气压、场面气压和标准海平面气压。

本站气压是指气象台气压表直接测得的气压。由于各测站所处地理位置及海拔高度不同,本站气压常有较大差异。

修正海平面气压是由本站气压推算到同一地点海平面高度上的气压值。运用修正海平面气压便于分析和研究气压水平面分布情况。海拔高度大于 1 500 m 的测站不推算修正海平面气压,因为推算出的海平面气压误差可能过大,失去意义。

场面气压是指场面着陆区(跑道入口端)最高点的气压。场面气压也是由本站气压推算出来的。飞机起降时为了准确掌握其相对跑道的高度,就需要知道场面气压。场面气压也可由机场标高点处的气压代替。

标准海平面气压使大气处于标准状态下的海平面气压,其值为 1 013.25 hPa 或 760 mmHg。海平面气压是经常变化的,而标准海平面气压是一个常数。

飞机飞行时,测量高度多采用无线电高度表和气压式高度表。无线电高度表所测量的是飞机相对于所飞越地区地表的垂直距离。无线电高度表能不断地指示飞机相对于所飞越地表的高度,并对地形的任何变化都很"敏感",这既是很大的优点,又是严重的缺点。如果在地形多变的地区上空飞行,飞行员试图按无线电高度表保持规定飞行高度,飞机航迹将随地形起伏。而且,如果在云上或有限能见度条件下飞行,将无法判定飞行高度的这种变化是由飞行条件受破坏造成的,还是由地形影响引起的。这样就使无线电高度表的使用受到限制,因而它主要用于校正仪表和在复杂气象条件下着陆。

气压式高度表是主要的航行仪表。它是一个高速灵敏的空盒气压表,但刻度盘上标出的是高度,另外有一个辅助刻度盘可显示气压,高度和气压都可以通过旋钮调定。高度表刻度盘是在标准大气条件下按气压随高度的变化规律而确定的,即气压式高度表所测量的是气压,根据标准大气中气压与高度的关系,就可以表示高度的高低。

3.湿度

从前面我们已经知道,大气中含有水汽,大气中的水汽含量是随时间、地点、高度、天气条件在不断变化的。空气湿度就是用来量度空气中水汽含量多少或者空气干燥潮湿程度的物理量。空气湿度变大,会降低大气密度,发动机的性能会下降,致使飞机的起飞加速力减小,起飞滑跑距离延长。相对湿度为常用的湿度表示方法。相对湿度 f 定义为空气中的实际水汽压 e 与同温度下的饱和水汽压 E 的百分比:

$$f=e/E\times100\%$$

相对湿度的大小直接反映了空气距离水汽饱和状态的程度。相对湿度越大,说明空气中的水汽越接近饱和。相对湿度的大小取决于两个因素:一个是空气中的水汽含量。水汽含量越多,水汽压越大,相对湿度越大。另一个是温度。在水汽含量不变的情况下,温度升高,饱和水汽压增大,相对湿度减小。

当空气中水汽含量不变且气压一定时,气温降低到使空气达到水汽饱和的温度,称为露点。气压一定时,露点的高低只与空气中的水汽含量的多少有关,水汽含量越多,露点温度越高,露点温度的高低反映了空气中水汽含量的多少。

当空气处于未饱和状态时,其露点温度低于气温,只有在空气达到饱和时,露点温度才和气温相等。所以可以用气温露点差来判断空气的饱和程度,气温露点差越小,空气越潮湿。

露点温度的高低还与气压的大小有关。在水汽含量不变的情况下,气压降低时,露点温度也会随之降低。实际大气中作为上升运动的空气块,一方面由于体积膨胀而绝热降温;另一方面由于气压的减小其露点温度也有所降低,但气温降低速度远远大于露点温度的降低速度,因而空气块只要能上升到足够的高度就可以达到饱和(气温和露点趋于一致)。一般而言,未饱和的空气每上升 100 m,温度约下降 1℃,而露点温度约下降 0.2℃,因此气温露点差的减小速度约为 0.8℃/100 m。

六、基本天气气象

国内外多年来的飞行事故统计资料分析表明,由气象因素造成的飞行事故占总事故数的 1/4～1/3。按飞行各阶段划分,巡航阶段的飞行事故较少,其中约有 50% 与气象因素直接相关,主要是巡航途中遭遇恶劣天气,起飞和着陆阶段出现的事故最多,尤其是着陆,使得发生在机场周围的飞行事故约占总事故的 90%。

在飞行各个阶段,影响飞行的主要天气不完全一样,可大致分为:

(1)起飞着陆阶段。侧风、阵风、下沉气流、风的垂直切变、下冲气流、视程障碍、烟幕、雾、霾、降雪、吹雪、沙尘暴、扬沙、低云、大雨、跑道积水、积冰、积雪和霜等。

(2)爬升、巡航、下滑阶段。云中湍流、晴空湍流、局部湍流、地形波、低空急流、急流、雷暴、台风、积冰、沙尘暴、扬沙和浮尘等。

(3)停场未入库阶段。雷暴、冰雹、龙卷风、阵风、山区下坡风和台风等。

(4)其他。如航站站址的选择与建设、备降机场的配置、航线确定以及机场、航线的适航率和社会经济效益分析等,无不同天气条件密切相关,一般属于航空气候的范围。

七、严重影响飞行的气象

1.积冰

飞机积冰是指飞机机身表面某些部位产生冰层积聚的现象,主要是飞机在云中飞行或在降水中飞行时,云中的过冷水滴或降水中的过冷雨滴受到飞机机体撞击后冻结而成的,也可以由水汽在机体表面凝华而成。冬季露天停放的飞机也可能会形成机体积冰或结霜。

(1)积冰的分类。飞机积冰主要分为三种:冰、雾凇、霜。

1)冰:冰有明冰、毛冰(半透明混合体)、白冰(颗粒状冰)。

①明冰:通常是在温度为 $0\sim-10℃$、含有大的过冷水滴的云中或过冷却雨区中飞行时形成的,呈透明玻璃状,平滑而坚固,主要出现在机翼水平安定面的前缘、飞机机头整流罩和发动机进气口。

②毛冰:这种冰通常是在温度为 $-6\sim-10℃$ 的大量过冷水滴、冰晶和雪花组成的混合云中飞行时产生的,其表面粗糙而不透明,色泽如白瓷,冻结得坚固而不透明,是最危险和最严重的一种积冰。

③白冰:在温度为 $-10℃$ 以下由比较均匀的小水滴组成的云中飞行时产生的,呈白色,比较疏松,附在飞机表面,不太牢固。如果飞行时间长,以及冰层厚度增大,也能造成严重威胁。

2)雾凇:通常是在温度低于 $-10℃$ 的云中飞行时形成的一种白色大颗粒冰晶层,表面粗糙不平,附在飞机表面不牢固,容易被气流吹走。

3)霜:这是由水汽凝结产生的白色小冰晶层,振动时容易从飞机表面脱落。霜对机翼空气动力性能有显著影响,当出现在座舱风挡玻璃上时,影响视野,使飞机操纵发生困难。

(2)积冰的形状。积冰的形状主要取决于冰的种类、飞行速度和气流绕过飞行器的不同部位的情况。形状按积冰的一般分为槽状冰、楔状冰和混合冰。根据空勤人员获得的喷气式飞机积冰统计数据,槽状冰约占 30%,楔状冰约占 15%,而混合冰约占 55%。

1)轻度结冰:如果在这种环境下长时间飞行(超过 1 h),可能会影响飞行。如果间断使用除冰/防冰设备除掉,防止冰的积聚,则不会影响飞行。

2)中度结冰:积聚得很快,甚至短时间内就会构成危险,因此需要使用除冰/防水设备或改航。

3)严重结冰:积聚得非常快,除冰/防水设备也不能减少或控制危险,必须立即改航。这种情况需要向 ATC(Authorized Training Center)报告。

(3)空中积冰天气和积冰概率。云是积冰的主要天气现象。

1)积云和积雨云。积云是由从近地面层向上抬升的垂直气流形成的,上行前的气温和湿度比较高。由于垂直运动的绝热变化,未达到饱和的空气达到饱和,形成云,云中水气和水滴都比较大,会发生强烈积冰,同时,由于云中各部位的含水量和水滴大小的分布不同,中、上部是最强的积冰区域。在夏季,由于 $0℃$ 等温线较高,在积云中飞行时,一般不会发生积冰,只有在积雨云和浓积云的中、上部才有积冰,在纬度比较低的地区,$0℃$ 等温线的高度更高,厚度较小的浓积云也不会积冰。在春秋季节,北方的积状云中,通常在下部也有可能积冰,而在南方,开始积冰的高度通常在云的中部。冬季,由于积云和积雨云出现的机会较少,因此由它们引起的积冰机会也不多。

2)层云和层积云。层状云的水汽含量一般都较少,有时在较厚云层云顶附近多一些。因此,积冰强度为轻度或中度,层云和层积云是我国冬季常见的降雨云系,飞行中遇到的机会较多,积冰的机会也随之增多,如果整个云层有过冷却的降水,则云中都可能有中度以上的积冰。

3)高积云。由于高度高、温度低、厚度薄、水量少,因而往往是轻度积冰。

4)雨层云和高层云。这两种云只会形成轻度的积冰,但雨层云和高层云多在锋线(锋面与地面的交线称为锋线,也简称锋)上形成,范围广、厚度大,沿锋面(温度、湿度等物理性质不同的两种气团的交界面称为锋面,或者叫过渡带)伸展可达 1 000 多千米,垂直锋面伸展也可达 200~400 km,其厚度可有 1.5 km 以上,因此,飞机穿过它们所需时间较长,有积厚冰层的危险。由于这两种云的含水量和水滴的分布是随高度的增加而减少的,因而积冰强度也随高度增高而逐渐减弱,在夏、秋季节云中的积冰均在上部,而冬、春季云的各个部位都可能有积冰出现。

飞机积冰的概率取决于很多因素,主要是天气条件、飞行高度上云的概率、云的含水量、气温、云中水滴和冰晶的大小及它们在单位时间内落在单位面积上的数量、水滴的冰结速度、气流绕过飞机各部位的特点(飞机的空气动力特性)以及飞行速度。过冷水滴组成的浓密云中积冰概率最大。

飞行实践表明,在锋面中,当飞行高度上温度适宜时,积冰频率比较大。而锋面中度积冰的频率比均匀气团中高一倍,而强烈积冰则高八倍。

云层温度是影响飞机积冰的主要参数之一,据有关报道,飞行在 0～−40℃甚至更低的云温条件下,都有积冰可能。不过综合英、美、日及苏联的有关积冰发生率统计报告,可以得出下述结论:飞机积冰一般发生在 0～−20℃的温度范围内,尤其在−2～−20℃温度范围内遭遇积冰的次数最多,而强烈的积冰主要发生在−2～−8℃的温度范围内。

就季节而言,不同季节飞机积冰频率不同,在冬、秋两季积冰频率比较高。飞行高度不同,飞机积冰频率也不同。根据有关记载分析:冬季在 3 000 m 以下(含 3 000 m)各高度上飞行时,积冰几乎占 56%,在 6 000 m 以上高度上飞行时,积冰占 21%;而在夏季 3 000 m 以下高度上,积冰现象减少,几乎没有,在 6 000 m 以上,积冰占 62%。

(4)地面积冰的气象条件。

1)冻雨:外界温度在 0℃以下时,过冷状态的雨滴一旦与地面物体接触便容易结冰。

2)冻结的降水,如雪、雨夹雪或冰雹。雪的种类(湿雪/干雪)与温度、露点有关。湿雪:温度和露点之差通常在 1℃以内,外界温度在−4～1℃。干雪:温度与露点相差 5℃以上,两者的外界温度在−8℃以下。

3)过冷的地面雾,冷低云:在寒冷天气条件下,带有过冷水滴的云会在物体表面积冰。

4)温度在冰点或以下,相对湿度很高的情况下,飞机表面会形成霜。飞机停场过夜时以及飞机从巡航高度下降着陆后,飞机表面、燃油温度仍保持在冰点以下时,霜的积聚是很常见的。

5)在有水汽、雪的停机坪、滑行道和跑道上运作。

6)由于地面风、其他飞机或地面辅助设备不断把雪吹起来。

(5)积冰对飞行的影响。

1)升力面积冰。当机翼和尾翼积冰时,能使飞机的空气动力特性和飞行特性显著变坏,由于积冰,流线型部位的形状发生变化,翼型失真(变形),导致摩擦阻力和压差阻力都增大。积冰使翼型变形,破坏空气绕过翼面的平滑流动,使升力明显地减小,失速加快,失速速度增大,临界迎角减小;同时会使飞机的质量增加,阻力增加,耗油率增加。根据有关方面的飞行试验,机翼、尾翼积冰时,其阻力增加占飞机因积冰引起总阻力增加的 70%～80%,当在大迎角下飞行时,更突出,如果积冰层较厚,还会使飞机的重心位置改变,从而影响飞机的安定性,升力中心位移,操纵品质变差。当机翼前缘有 1.3 cm 的积冰时,飞机升力就会减小 50%,阻力增加 50%。由此可见,积冰对飞行安全的影响严重。

2)发动机积冰。在飞机其他部位没有积冰时,喷气式发动机进气道有时会有积冰。因为机翼和尾翼前部的动力增温,比喷气式发动机进气口处要大得多。飞行实践证明,当外界气温等于或小于 5℃ 时,喷气式发动机进气口部分可以发生积冰。进气道积冰将导致内表面气动特性恶化,使进气速度场分布不均匀和使气流发生局部分离,引起压气机叶片的振动,冰屑脱离,进入压气机,而造成压气机的机械损伤,从而使发动机的推力降低,严重时,造成发动机损坏或熄火。

3)空速管和静压孔积冰。空速管和静压孔积冰,会使空速表、气压高度表、迎角指示器、Ma 指示器和升降速度表等一些重要驾驶仪表指示度失真,甚至完全失效,导致自动系统会提供错误信息,使飞行员失去判断飞行状态的依据。

4)天线积冰。天线积冰可能会使无线电通信失效,中断联络。强烈积冰能使天线同机体相接,发生短路,会造成无线电导航设备失灵。

5)风挡积冰。风挡积冰会大大降低其透明度,使目视条件大大恶化,严重影响飞行员视线。特别是在起飞、着陆阶段,影响目视会使飞机着陆发生困难,导致判断着陆高度不准确,进而影响着陆安全,严重时会出现危险。

6)操纵面积冰。如果操纵面的主要区域有冰、雪、霜,会导致操纵面冻结在原有位置或运动受阻。

7)起落架装置积冰。起落架装置上的积冰,会在收轮时损坏起落架装置或设备,积聚在起落架上的冰雪在起飞时脱落,会损坏飞机。

8)飞机在地面积冰。飞机在地面停放和滑行时,也可能积冰。地面积冰时,冰的聚积是不对称的,首先在迎风的一面开始冻结,使飞机表面上冰层的厚度不一样,对安全性和正常性有很不利的影响。根据有关飞行试验,在机翼上有约 0.1 in(2～3 mm)的一层霜,会使失速速度增加约 35%,起飞滑跑距离增长一倍。当积冰的飞机起飞时,气流会从机翼上过早地和明显地分离。所以积冰的飞机离地升力系数比正常飞机小 15%～20%,相当危险。

(6)飞机防冰与除冰技术。为了防止飞机某些部位结冰,或结冰时能间断地除去冰层、保证飞机积冰时安全飞行,人们常常要采取适当的防冰与除冰技术。常见的需要采取防冰与除冰技术的飞机部位主要有风挡、空速管、螺旋桨、直升机旋翼、机身、尾翼、发动机进气道前缘及进气部件。飞机防冰与除冰技术按工作方式可分为机械除冰技术、液体防冰技术和热力防冰技术等,如图 2.2 所示。其中,机械除冰技术又可分为气动带除冰和电脉冲除冰技术;热力防冰技术分别按热源和加热方式又分别分为电热防冰、气热防冰技术,以及连续防冰和间断除冰技术。

采取何种具体的防冰、除冰技术种类,取决于机种、动力装置、电源功率、待保护表面大小以及防冰重要程度等因素。一般来说,对于待保护表面积较大、防冰要求较高的机翼、发动机进气道前缘等部件,常采用气热防冰技术;对待保护表面积较小、防冰要求较低的尾翼、螺旋桨等部件,可采用电热周期除冰技术;对不允许结冰而且耗电功率不大的风挡、空速管等部件,则多采用电热防冰技术。

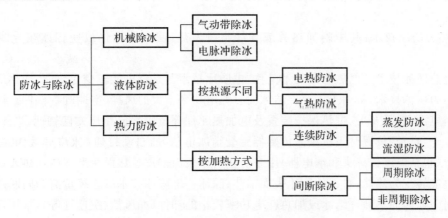

图 2.2　飞机防冰与除冰技术分类示意图

1)机械除冰技术:通过气、电、声、液在飞机的积冰层形成机械力,再利用该机械力打破冰层,使积冰脱落。

①气动带除冰技术。气动带除冰技术又称"膨胀管除冰技术",是利用飞机部件前缘表面上膨胀管的膨胀作用,使其外表面冰层破碎而脱落的机械除冰技术,主要用于除去飞机部件前缘的冰层。该技术系统由空气泵、控制阀、卸压阀、输气管及膨胀管等组成,膨胀管常由涂胶织物制成。用于机翼,尾翼前缘的膨胀管通常有展向、弦向两种形式。周期性地使膨胀管充气而膨胀、卸压而收缩,从而使冰层破裂、脱离管面,然后被气流吹去。

②电脉冲除冰技术。电脉冲除冰技术是采用电容器组向线圈放电,由线圈产生强磁场,在飞机蒙皮上产生一个幅值高、持续时间极为短暂的机械力,使冰发生破裂而脱落。其主要用于除去飞机部件待防护部位的蒙皮表面的冰层。该技术系统一般由电源、电脉冲源、功率存储器,脉冲发生器和控制装置等组成。除冰时常采用以下两种方案:

Ⅰ.将电磁线圈置于十分靠近蒙皮的内表面处,由电容向线圈输入大量静电能,产生高峰值电磁波,使蒙皮鼓动而破冰。

Ⅱ.将不可燃、不导电的液体填充在由部件防冰表面蒙皮制成的腔体内,由浸在液体内的电极释放大量静电能,产生很高的液体压力,经液体传递压力使蒙皮鼓动而破冰。

2)液体防冰技术:是向部件待防护表面喷涂防冰液,与撞击在表面上的过冷水滴混合,液体凝固点低于表面温度而不结冰的飞机防冰技术。其主要用于除去待保护表面积较小、防冰要求较低的尾翼、螺旋桨等部件的冰层。通常采用连续喷射防冰液的防护方式。有时也用周期性喷液方式。该技术系统一般由贮液箱、泵、过滤器、控制装置、输液管及液体分配器等组成。常用乙烯乙二醇,异丙醇、乙醇、甲醇等低凝固点液体作防冰液。在泵的压力作用下,防冰液经液体分配器均匀地送至部件表面。常用的分配方式有以下三种:

①利用螺旋桨、直升机旋翼旋转产生的离心力将防冰液甩到桨叶、旋翼前缘表面。

②由雾化喷嘴将防冰液喷射到风挡、雷达罩外表面。

③用安置在机(尾)翼前缘驻点线附近的多孔金属条渗出(在压差作用下)防冰液,并借助气流作用将防冰液均匀分布到前缘表面。

使用液体防冰技术时,不会在部件防冰表面后形成冰瘤,而且停止供液后,还具有短时间的防冰作用。但因防冰液消耗量较大,使系统质量增加,喷液孔易堵塞,维护麻烦,现已很少采用。

3) 热力防冰技术:利用附加热源或导线自身发热,使积冰融化或使积冰在导线上无法积覆。

①电热防冰技术。电热防冰技术又称"电防冰技术",是将电能转变为热能,加热部件防冰表面的热力防冰技术,常用于不允许结冰而且耗电功率不大的风挡、空速管等部件。该技术系统一般由电源、选择开关、过热保护装置及电加热元件等组成。选择开关有"手动""自动"等位置。当位于"自动"位置时飞机结冰传感器感受结冰电信号,自动接通或断开系统电源。过热保护装置(包括温度传感头和继电器)用来防止防冰表面蒙皮过热而变形。电加热元件将电源所供的电能转变为热能,对部件防冰表面加热、除冰。电防冰技术有连续加热和间断加热两种形式。对防冰表面不允许结冰或加热耗电功率较小的部件(如风挡、空速管等),常用连续加热的防冰方式;对防冰表面允许少量结冰或加热耗电功率较大的部件(如机翼、尾翼等),常用周期加热的除冰方式。

②气热防冰技术。气热防冰是利用热空气加热飞机部件防冰表面的热力防冰技术,常用于待保护表面积较大、防冰要求较高的机翼、发动机进气道前缘等部件。活塞式发动机的飞机,多用汽油加温器等加热冲压空气作热气源;安装喷气发动机的飞机,一般从发动机压气机内引气作热气源。被引出的热压缩空气流过流量限制器、单向活门、防冰控制阀,输入热气表面加热器,对部件表面加热以防冰。由于热空气加热蒙皮时热惯性大,周期加热控制较难,故很少采用周期加热的防护方式,而常用连续加热的防护方式。连续加热方式多用于防冰表面较大的部件,如机翼、尾翼、发动机进气道前缘等。该技术系统使用维护简单,工作可靠,但热量利用率较低。

③蒸发防冰技术。蒸发防冰技术又称"干防冰"技术,是气热防冰技术方式的一种。它是指飞机在云层中飞行时,气热防冰系统对部件防冰表面连续加热,将飞机表面收集的水分全部蒸发的防护技术。这种技术需热量大,一般用在不允许防冰表面后部形成冰瘤的部件,主要用于待保护表面积较大、防冰要求较高的机翼、发动机进气道前缘等部件。

④流湿防冰技术。流湿防冰技术又称"湿防冰"技术,是指飞机在云层中飞行时,热力防冰系统对部件防冰表面连续加热,不能将飞机表面所收集的水量全部蒸发的防护技术。该技术将使部件防冰表面呈流湿状态,而在防冰表面后部常常会形成冰瘤。用这种防护方式传播热量较小,对防冰表面后允许结少量冰瘤而不影响飞行安全的部件(如机翼、尾翼,风挡等),一般都应采用这种技术。

⑤周期除冰与非周期防冰:飞机在云层中飞行时,热力防冰系统对部件防冰表面周期性或非周期性除冰。

气动带除冰和液体防冰技术始于 20 世纪三四十年代,但因膨胀管充气时对飞机气动性能影响较大,目前已很少使用。电脉冲除冰技术兴起于 20 世纪 60 年代末,由于系统质量较轻、耗电功率小、除冰效果良好等特点,许多现代飞机上依然使用该技术。然而,当前飞机上使用最为广泛的是热力防冰技术,该技术已成为现代飞机防冰与除冰技术发展的主流。

(7)预防和处置措施。飞机积冰会改变飞机的流线外型,恶化飞机的气动性能,还会使飞机重心偏移,破坏稳定性,使飞机操纵变得困难,破碎的冰体进入发动机内部还可能打坏发动机叶片。为了避免或减轻其影响,在飞行的不同阶段均应采取相应的防范措施。

1)飞行前了解天气、制订预案。

①飞行前应详细了解飞行区域中的云、降水和温度的分布,特别是 0℃ 层的高度,并结合飞机性能、结构和飞行速度等因素,判断飞行区域积冰的可能性及积冰强度。

②根据分析制订避开积冰区域或安全通过积冰区的最佳方案,确定绕过积冰区的方法。如果必须要通过积冰区域时,应选择积冰最弱和通过积冰区时间最短的航线。

③起飞前要检查除冰装置并彻底清除机身的积冰、积雪或者霜,对除冰效果要进行触摸式检查。

2)入云前与云中飞行的判断与处置。

①入云之前,对云层性质、云温情况有准确判断。避免进入浓积云、积雨云及伴有冻雨的强积冰云层。

②进入可能出现积冰的云层前应提前打开防冰装置,以此提高防冰效果,并且防止机身上融化脱落的冰块打坏发动机或其他部件。

③云中飞行出现飞机积冰,需准确判断积冰强度,根据机型性能采取相应处置措施,表 2.1 是通过资料收集得到的一些建议。

表 2.1 飞机积冰的处置建议

类 型	低速飞机	高速飞机
轻度积冰	间断使用除冰装置	影响较小
中度积冰	使用除冰装置,改变高度、航向脱离积冰区,脱离后方可增加速度	增加飞行速度
强烈积冰		使用除冰装置,改变高度、航向脱离积冰区或增加速度融冰
防冰口诀	风挡模糊、飞机颤抖、调高减速、就是积冰;及早除冰、变高改向、操纵柔和、定能安全	

3)穿冷性低云着陆需防平尾失速。飞机在着陆阶段,平尾积冰是非常危险的,尤其是低速的运输机。

①着陆前应对机场的云层情况有正确判断。温度适宜、云层发暗甚至有雨夹雪或冻雨的低云易引起平尾积冰。

②穿云着陆前应打开加温装置,使机体温度上升,同时清除机翼、尾翼的积冰,尤其是水平尾翼积冰。

③要熟悉平尾积冰引起的"海豚跳"特情的处置方法。如果在水平尾翼积冰没清除干净或情况不明的情况下着陆,要用尽可能小的襟翼着陆,不要把油门完全收尽,以防飞机失速造成危险。放襟翼时,先放小角度襟翼,再放大角度襟翼,并且在放襟翼过程中,手不应离开扳钮,当发现放襟翼后飞机急剧下俯,应迅速收起襟翼,同时拉杆加大油门改平飞机,以此摆脱"海豚跳"。

2. 雷暴

由对流旺盛的积雨云引起的,伴有电闪雷鸣的局地风暴称为雷暴。雷暴是伴有雷击和闪电的局地对流性天气。

(1)雷暴的形成条件。雷暴是由强烈的积雨云产生的,形成强烈的积雨云需要三个条件:

1)深厚而明显的不稳定气层。对流运动是空气内能向动能转化的过程,气层中可转化为动能的这部分内能称为不稳定能量。不稳定能量储存得越多,对流发展越强,雷暴云伸展的高度也越高。大气的内能以气温体现,低层大气温度越高,大气层结越不稳定,不稳定能量越多。

2)充沛的水汽。充沛的水汽,一方面是形成庞大的云体、兴雨降雹的物质基础;另一方面水汽凝结时释放的潜热是气层能量的重要补充。雷鸣、闪电及强风的能量主要来自云中水汽凝结所释放的潜热。从某种意义上说,雷暴是自我发展的。

3)足够的冲击力。低层不稳定的气块,需要在外力作用下上升到自由对流高度,到达此高度后,气块温度高于环境温度,气块才能产生自主的上升运动,实现内能向动能的转变。此外,力即为促使雷暴发生的冲击力。大量不稳定气层和充沛的水汽是雷暴天气发生的前提,而足够的冲击力是雷暴天气发生的触发机制。我国长江以南地区经常受暖湿不稳定空气控制,雷暴形成往往取决于足够的冲击力;在山区,冲击力是经常存在的,雷暴形成取决于是否存在深厚的暖湿不稳定气层。

(2)气象要素的变化。雷暴产生之前,当地一般被暖湿空气所盘踞,所以常会感到闷热;雷暴发生时雷雨云中下沉的冷空气代替了原来的暖湿空气,所以温度骤然降低。夏季,一次强的雷暴过程常可使气温下降10℃以上;随着雷暴远离当地,降水结束,气温又慢慢开始回升。雷暴处于发展阶段,地面气压持续下降,因为积雨云中上升气温使高层辐散大于低层辐合,云中水汽凝结释放的潜热使空气增温、气柱膨胀;到成熟阶段,由于下降冷空气的出现,气压便突然上升,且在积雨云的正下方达到最大,几乎是和气温的下降同时出现;随着雷暴的远离,气压又开始恢复正常。雷暴发生前,地面相对湿度通常是减小的,这是由于气温升高、气压下降、辐合上升气流将一部分水汽带走;随着降水开始,相对湿度即迅速上升到接近饱和状态,但在降水达到最大时,因为云底较干冷的空气被云中下沉气流卷挟到地面,而降落的雨滴又未来得及蒸发,相对湿度反而下降;当雷暴离去或趋于消亡时,相对湿度又可回升到饱和状态。当雷暴处于发展阶段时,地面风很小;在雷暴到达成熟阶段以后,随着积雨云中迅速下沉的冷空气到达地面后,风向突转,风力迅速增大,阵风风速常在20 m/s,有时强烈的可以达到25 m/s或以上,这种现象常常是雷雨即将来临的先兆;随着雷暴的远离,当地风力迅速减小。雷暴所产生的降水是积雨云发展成熟的标志,大都是强度很大的阵性降水,降水的持续时间取决于通过当地的雷暴单体的数目、大小、速度和部位。

(3)雷暴的发展特征。一次雷暴天气过程,可能由一个或多个积雨云云体构成。每一个积雨云云体称为雷暴单体,其生命史根据垂直气流状况可分为三个阶段:积云阶段、成熟阶段、消散阶段。积云阶段:内部都是上升气流,并随高度的增加而增强。因为大量水汽在云中凝结并释放潜热,所以云中温度高于同高度上四周空气的温度。成熟阶段:云中除上升气流外,局部出现有系统的下降气流和降水,产生并发展了强烈的湍流、积冰、闪电、阵雨和大风。消散阶段:下降气流遍布云中,温度低于周围空气。一般雷暴单体的水平尺度为5~10 km,高度可达12 km,生命期大约1 h。

(4)雷暴对飞行的影响。雷暴是严重威胁飞行安全的危险天气之一,被称为飞行禁区。据统计,在全球范围内差不多每秒钟就有近100次雷电奔驰落地,每小时约有1 800场雷雨。雷声隆隆、电光闪闪,它们往往与狂风呼啸、暴雨滂沱交相呼应,显示出大自然无比强大的威力。雷暴是一种极具危险性的天气现象,尽管现代科学技术已经创造了相当成熟的避雷装置和雷击防护措施,然而全球每年仍然存在由雷暴造成的大量灾祸,如影响飞机、舰船、电气机车等的航行(行驶),酿成空难、海难和车祸等交通事故;击毁建筑物、输电和通信线路等设施,造成各种事故;直接击伤、击毙人畜。此外,还可能引起次生火灾等。在这些灾祸中,航行于雷暴天气里的飞机、舰船遭到雷电袭击是最易发生的。雷暴能产生对飞机危害很大的电闪雷击和冰雹袭击、风切变和湍流,使飞机颠簸、性能降低,强降雨使飞机气动性能变差、发动机熄火。虽然现在飞机性能、机载设备、地面导航设施都越来越先进,但这只是为尽早发现雷暴、顺利避开雷暴提供了更有利的条件。到目前为止,要完全消除雷暴对飞机的影响还不可能。图 2.3 为雷暴云中各种恶劣天气的分布示意图。

(5)防范措施。雷暴区中有多种威胁飞行安全的危险天气。飞行基本规则明确规定:"飞行中禁止进入积雨云和浓积云。"但由于天气变化或特殊任务需要,有时需要通过雷暴活动区域。为减少和避免雷暴对飞行安全的危害,飞行准备阶段和飞行实施阶段均应采取必要的措施加以防范。

1)飞行前详细了解天气。

①获取天气预报。了解天气形势,理解气象人员对积状云及雷暴天气的预报内容,掌握飞行区域雷暴的活动情况。

②调整飞行方案。根据飞行任务和

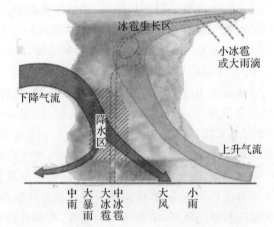

图 2.3 雷暴云中各种恶劣天气的分布示意图

天气情况,调整飞行区域、飞行高度和实施方法,并将天气情况、调整后的飞行计划及注意事项通知有关人员。

③适时侦察天气。为弄清雷暴云对飞行的影响,必要时可指派有经验的飞行员侦察天气,根据空中飞行员报告的天气实况,确定是否执行飞行任务及执行方案。

2)飞行中观察判断天气。在多雷暴活动的季节、地区飞行时,在飞行中,飞行员要敏于观察,及时、准确地判明雷暴的位置及发展情况,这是避免误入积雨云的前提。

①目视观察。观察云的外貌:云体高大耸立,顶部呈砧状,云底铅黑混乱,呈弧状、滚轴状、悬球状或漏斗状,可判断为雷暴云,云砧前伸的方向就是雷暴云顶的移动方向。观察云的颜色:雷暴云主体和云底一般发黑。雹云的云边还可能发黄发红,因此有"黑云镶黄边,必定下雹子""乌云发红向上长,雹子下在午后响"。观察闪电情况:闪电是雷暴的明显标志,闪电最强、最频繁的地方大体是雷暴云最强处。

②异常感知。在云中飞行,有时无法看到云的外形特征,很容易误入隐藏在层状云系中的积雨云。这时候,以下一些异常情况可以起到警示作用。能见度越来越差,光线越来越暗,气流越来越乱,颠簸越来越明显,降水越来越强;飞机上无线电设备受到干扰,一般在距雷暴40~50 km 的时候,耳机中就有"咔咔咔"的响声,甚至使无线电通信中断;无线电罗盘指示异常,接近雷暴云时,无线电罗盘指针会左右摇摆或缓慢旋转,干扰强烈时指针会指向雷暴区。

③雷达探测。装有机载雷达的飞机,在观察和感知到异常时,应通过雷达准确判断雷暴区的位置、强度及活动情况。

3)遇到雷暴活动区合理处置。飞行中遇到雷暴活动区域,可以根据天气条件、飞机性能、飞行员的技术水平和保障措施情况,选择相对安全的区域通过。

①绕过雷暴云或从云隙中穿过。对于孤立、分散、体积小的雷暴云,可采取绕飞方法,选取雷暴移动方向的后方,保持安全高度和安全距离在云外目视绕飞,绕云结束后立即进行绕云后的领航计算,修正各种数据,确定绕云后的飞机位置并及时修正航线;对于范围很广的带状雷暴群,无法绕过时,可找大而稳定的云隙处快速垂直穿过,一般云隙＞50 km 相对安全,从云隙中穿行一定要谨慎,严禁从两块强雷暴之间通过,有雷达设备的飞机,可以从雷达显示器上选择雷暴回波最弱的路径通过。

②从云上越过。对于范围广、单体密集的强雷暴,绕飞困难,穿云隙危险,如果飞机升限较高,油量、氧气又较充足,那么采取从雷暴云上方飞过的方法是较好的;飞行高度一般要高于云顶500 m。如果飞机升限只能勉强达到云顶,不宜采用这种方法,因为飞机如在升限高度上陷入云中,发生颠簸后就可能失速。

③从云下飞过。在雷暴云下穿越是危险的,在山区雷暴云下穿越尤其危险。只有雷暴云发展不是很强大,天气不太恶劣,云底较高,而且地形平坦,飞行员的驾驶技术又允许的条件下,才可以采用从云下飞过的方法。从云下飞过雷暴活动区,在不低于安全高度的前提下,一般可选取从地面至云底 1/3 或 1/2 左右高度飞行,选择光线较亮、降水最弱的地方通过。

必须指出,无论采用上述哪种方法,都应尽量保持云外目视飞行,避免进入雷暴云内。如果上述方法均不宜采用,应果断返航或到备降场降落。一旦误入雷暴云,须沉着冷静,保持一定的航向和平飞状态,采取适当的速度,柔和地操纵飞机,迅速脱离雷暴云。在雷电强烈时,要关闭无线电设备,以免遭到电击而烧坏。

3. 低空风切变

(1)低空风切变的种类。风切变是指风矢量(风向、风速)在空中水平和(或)垂直距离上的变化。低空风切变是指出现在 600 m 以下的风矢量(风向、风速)在空中水平和(或)垂直距离上的变化形象。对飞机起飞和着陆安全威胁最大的是低空风切变,即发生在着陆进场或起飞爬升阶段的风切变。它不仅能使飞机航迹偏离,而且可能使飞机失去稳定。如果驾驶员判断失误和处置不当,则常会产生严重后果。世界上曾因此发生多起机毁人亡的事故。风切变还严重影响火箭飞行的稳定性,火箭设计和发射的环境限制条件包括风切变。风切变主要由锋面(冷暖空气的交界面)、逆温层、雷暴、复杂地形地物和地面摩擦效应等因素引起。为了确保安全,国际航空、航天和气象界都积极开展低空风切变的研究。风切变常分为以下几种:

1)风的水平切变(又称水平风切变)是风向和(或)风速在水平距离上的变化。

2)风的垂直切变(又称垂直风切变)是风向和(或)风速在垂直距离上的变化。

3)垂直风的切变是垂直风(即升降气流)在水平或航迹方向上的变化。下冲气流是垂直风的切变的一种形式,呈现为一股强烈的下降气流。范围小而强度很大的下冲气流称为微下冲气流。

(2)产生低空风切变的天气条件。产生低空风切变的原因主要有两大类:一类是大气运动本身的变化所造成的;另一类则是地理、环境因素造成的。有时是两者综合而成。

1)产生低空风切变的天气背景。能够产生有一定影响的低空风切变的天气背景主要有三类:

①强对流天气。通常指雷暴、积雨云等天气。在这种天气条件影响下的一定空间范围内,均可产生较强的风切变。尤其在雷暴云体中的强烈下降气流区和积雨云的前缘阵风锋区更为

严重。特别强的下降气流称为微下冲气流,是对飞行危害最大的一种。它是以垂直风为主要特征的综合风切变区。

②锋面天气。无论是冷锋(冷气团主动向暖气团移动形成的锋)、暖锋(锋面在移动过程中,暖空气推动锋面向冷气团一侧移动的锋)或锢囚锋(暖气团、较冷气团和更冷气团相遇时先构成两个锋面,然后其中一个锋面追上另一个锋面,即形成锢囚锋)均可产生低空风切变。不过其强度和区域范围不尽相同。这种天气的风切变多以水平风的水平和垂直切变为主(但锋面雷暴天气除外)。一般来说其危害程度不如强对流天气的风切变。

③辐射逆温型的低空急流天气。秋冬季晴空的夜间,由于强烈的地面辐射降温而形成低空逆温层,该逆温层上面有动量堆集,风速较大,形成急流,而逆温层下面风速较小,近地面往往是静风,故有逆温风切变产生。该类风切变强度通常更小些,但它容易被人忽视,一旦遭遇,若处置不当也会发生危险。

2)地理、环境因素引起的风切变。这里的地理、环境因素主要是指山地地形、水陆界面、高大建筑物、成片森林与其他自然的和人为的因素。这些因素也能引起风切变现象。其风切变状况与当时的盛行风状况(方向和大小)有关,也与山地地形的大小、复杂程度,迎风背风位置,水面的大小和机场离水面的距离,建筑物的大小、外形等有关。一般山地高差大,水域面积大,建筑物高大,不仅容易产生风切变,而且其强度也较大。

3)低空风切变对起飞着陆的影响(见图 2.4)。以危害性最大的微下冲气流为例,它是以垂直风切变为主要特征的综合风切变区。由于在水平方向垂直运动的气流存在很大的速度梯度,也就是说垂直运动的风速会突然加剧,并且与地面撞击后转向与地面平行而变成为水平风,风向以撞击点为圆心四面发散,因此在一个更大一些的区域内,又形成了水平风切变。如果飞机在起飞和降落阶段进入这个区域,就有可能造成失事。比如,当飞机着陆时,下滑通道正好通过微下冲气流,那么飞机会突然地非正常下降,偏离原有的下滑轨迹,有可能高度过低造成危险。飞机飞出微下冲气流后,又进入了顺风气流,使飞机与气流的相对速度突然降低,我们知道飞机的飞行速度必须大于最小速度才能不失速,由于飞机在着陆过程中本来就在不断减速,突然地减速就很可能使飞机进入失速状态,飞行姿态不可控,而在如此低的高度和速度下,根本不可能留给飞行员空间和时间来恢复控制,从而造成飞行事故。严重的低空风切变,常发生在低空急流即狭长的强风区,对飞行安全威胁极大。这种风切变气流常从高空急速下冲,像向下倾泻的巨型水龙头,当飞机进入该区域时,先遇强逆风,后遇猛烈的下沉气流,随后又是强顺风,飞机就像狂风中的树叶被抛上抛下而失去控制,因此极易发生严重的坠落事件。1985 年 8 月 2 日,达美航空 191 号航班在美国达拉斯-沃斯堡国际机场坠毁,造成 137 人死亡;2009 年 3 月 23 日,联邦快递 80 号班机在日本成田国际机场降落时,因风切变坠毁,2 名驾驶员遇难:这些都是由于风切变造成的重大事故。

4)低空风切变的识别及避让。及时、准确地判断和识别低空风切变的存在、类型和强度是确保飞机起飞、着陆安全的重要环节。因为某些强风切变实际上是不可抗拒的,避开它才是唯一有效的办法。

①目视判断法。

Ⅰ.雷暴冷性外流前的尘云。在干燥、地表疏松的地区,雷暴冷性外流气流前缘的强烈扰动会把地面尘土吹起相当的高度,形成尘云。尘云随冷流前移,其移速、高度往往能显示外流气流的范围、高度和强度。飞行时见到雷暴云附近的尘云时,应高度警惕,避开此区域。因为紧跟尘云的往往就是风速差平均可达 25 m/s,最大可达 48 m/s 的强风切变,而时间仅几分钟。

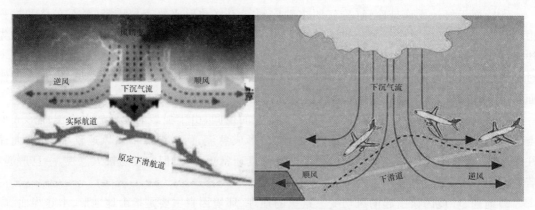

图 2.4　低空风切变对起飞着陆的影响

Ⅱ.雷暴云体下垂的雨幡。雷暴云下垂的雨幡,是雨从云中下降但未到达地面,在空中呈幡状下垂的现象。雨幡的个体性状、颜色深浅、离地高度都和风切变的强度有关。通常雨幡下垂高度越低,个体性状越大,色泽越暗,预示着风切变越强,下冲气流的速度也越大。飞机飞行不能穿越雨幡。所以一旦见到雨幡就应重视,不仅要避免直接相遇而且要保持一定距离,因为其可视雨柱四周相当范围内(1~2 km)可能存在强烈的风切变。

Ⅲ.滚轴状云(见图 2.5)。在雷暴型和强冷锋型风切变中,强型的冷性外流气流往往存在着明显的涡旋运动结构。远处看时,像贴地滚滚而来的一堵云墙,气势磅礴。其色伴有尘云时多为黄褐色,不伴时多为乌黑灰暗的色泽。云底高度一般不太高,几百米以下,这种云状预示着强烈的地面风和低空风切变的来临。

图 2.5　滚轴状云

Ⅳ.大阵风。当出现大阵风时,瞬时风速在短时间内往往有较大的变化,这本身就是风切变的表现,因此,通过大阵风也可以判断低空风切变的存在。大阵风多与大风天气相联系,因此,在大风条件下低空飞行时,要警惕大阵风的影响。

需要注意的是,目视判断法较直观、简便,但也有很大局限性,只能识别严重的风切变。对于一些无明显征兆的风切变,如逆温型风切变、强雷暴的远程外流区的风切变,就不易识别。飞行前,应该关注气象台提供的低空风资料,判断不同高度上有无风速风向明显变化的情况。此外,还可通过机载或地面探测设备来测定。

②仪表判断法。一旦出现飞机遭遇风切变的情况,首先就会反映到仪表上来。如果飞行

员看到飞行仪表有异常指示,并结合飞行员经培训和学习后所具有的风切变知识,就可较好地判断出风切变的存在、类型和强度,并确定风切变危害的严重程度。

Ⅰ.空速表指示的非理性变化。这是飞行员所依据的最重要的飞行仪表之一,也是飞机遭遇风切变时反应最灵敏的仪表之一。一般情况下,飞机遭遇风切变后都会发生空速表在短时间内指示值改变很大的现象。所以一旦出现空速表偏离正常值即应警惕风切变危害。所有风切变飞行事故都证实空速表指示值的迅速改变确系风切变危害存在的重要特征。需要特别注意的是,速度改变,在穿越微下冲气流的情况下往往是先逆风使空速增加,紧接着就是顺风使空速迅速减小,而真正的危害发生在空速迅速下降的时刻。作为飞行员来说,不能被短时间的增速和"飞机往上拱"所迷惑。

Ⅱ.高度表的不正常变化。正常下滑高度是飞行员进近着陆的重要数据。飞机遭遇风切变的高度越低,也就越危险。如果高度表在下滑过程中指示出现异常,发生急剧掉高度,使飞机大幅度偏于正常值时,必须立即采取相应措施,特别是要在决断高度以上做出决定,应该及时拉起。当然也应注意在遭遇微下冲气流时,会出现短暂的遇强逆风使飞机高于正常下滑高度的现象,因为紧接着就会发生危险的掉高度,必须要提高警醒。

Ⅲ.升降速度表波动。遭遇风切变时,升降速度表指示变化明显。如果见到升降速度表指示异常,特别是下降率骤然加大时,必须充分注意。如果发现在短时间内,升降速度表指示变化达到 500 ft/min(3 m/s)时,即应认为遇到严重风切变而采取相应措施,立即拉升复飞。

Ⅳ.俯仰姿态指示器。遭遇风切变时,俯仰角指示将马上发生变化,变化越快、越大则说明危害越大。俯仰角指示改变值突然超过 5°时,即应认为遭遇强烈风切变,应停止进近而复飞。

③机载专用设备探测。如果飞机上配备了机载气象雷达,目视或感受到异常后,可以利用雷达设备准确探测雷暴天气和强烈湍流的范围和强度,以避开危险区域。有的飞机安装了机载低空风切变探测系统,这样的设备可判断和预警低空风切变天气。需要注意的是,此类设备分为反应式(现状式)和预报式(前视式)两种类型。前者的传感器(加速度计)只能感应飞机所在空间的风切变状况,说明已进入低空风切变区域;后者的传感器(红外、微波、激光)可感应前方一定距离的风切变状况,具有预警功能。

除了以上介绍的方法外,飞行员还要善于使用来自地面或空中的关于风切变的报告来判断低空风切变。

5)防范建议。飞行前,要熟悉机场的地理环境,尤其是周围的高大地形和水域分布,认真仔细地了解和研究天气预报和天气实况,预判在飞行中可能遇到的低空风切变,思想上预有准备;当判定有强风切变时,要尽量设法避开,不要冒险起飞或着陆,条件允许的情况下,可以推迟起飞或着陆,直到风切变减弱或消失,或到备降机场着陆;起飞和着陆过程中,注意观察机场风、云等天气表现,应不间断地认真扫视空速表、高度表、升降速度表等的变化,密切观察有无异常现象;飞行中,要注意收听地面的气象报告和其他飞机关于风切变的报告,利用一切手段判别风切变出现的位置、时间、强度和高度,飞机若遭遇低空风切变,飞行员应立即将风切变出现的区域、高度、空速变化的大小等报告指挥员,以避免其他飞机误入其中。

4.山地气流对飞行的影响

(1)山地气流的概念。我国有很多地方是起伏不平的山地和丘陵,这些地方除受纬度和海、陆的影响以外,还由于山的高度、大小、坡度和坡向等种种因素的影响而具有独特的气候状态,称为山地气候。山地对风的影响有两方面:一方面是山体本身的障碍影响,使气流被迫改变运行方向，一般山顶和峡谷风口的风速增大，例如我国新疆西部的阿拉山口每年平均有 8 级以上大风 164 天，最大风速超过气象站测风仪的最大刻度（40 m/s）。由于山体的机械影响还可以产生布拉风、焚风（干热风）等。另一方面山地还可因热力影响形成山谷风，如图 2.6 所示。

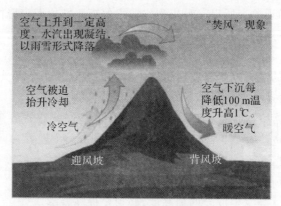

图 2.6　山地对风的影响

因山坡和谷地上空自由大气的热力变化不同而引起的一种在山地常见的局地环流，称为山谷风。白天山坡上空气比同高度上自由大气增热厉害，空气密度小，暖空气沿坡上升，同高度谷底的自由大气较冷，空气密度大，冷空气下沉并沿山坡流向山顶，补充暖空气的位置，称为谷风，山顶有从山坡上空流向山谷上空的气流称为反谷风。夜间由于山坡上辐射冷却，比同高度自由大气降温快，邻近坡面的空气迅速变冷、下沉，沿坡流向谷地称为山风，而同高度自由大气温度相对较暖被挤上升，在上空流向坡地上空予以补偿称为反山风。由于这种风一般沿坡面吹，又称上坡风（谷风）和下坡风（山风）。山谷风的周期为一昼夜，在晴朗少云的静稳天气条件下，山谷风比较明显。同时，由于白天山坡受热造成的温差比夜间辐射冷却所造成的温差大，因此一般谷风风速大于山风风速。

山地湍流可由地表摩擦作用和风的垂直切变引起，此为动力湍流；也可由地表热力差异和坡向不同所产生的热力效应引起，此为热力湍流。动力湍流主要出现在山顶和背风坡上空以及山坡两侧绕山涡旋（绕垂直轴），湍流强度取决于风速大小和风向相对山脊的夹角以及气层稳定度。

在风向与山脊近似于正交，风速较大，且气层稳定度随高度趋于稳定的大气层条件下，易形成背风风波（山波），即表现为在山脊背风侧上空形成波动气流，底层出现绕水平轴的强大涡流（滚轴流或滚转流），其中最强的阵风可达 12 m/s 以上。若气层比较潮湿，可见结构清晰的低层云系统，表现为几个强局地湍流区，影响到各种飞机的飞行。滚轴流区通常位于山脊背风侧后第一或第二波之下，当飞机在产生波动的背风坡山地表面附近下降或爬升时，应避开滚轴流区，而山脊附近的湍流区并非总能通过特殊云状来察觉，当然偶尔也可通过山脊附近，尤其是下风的尘暴来发觉。

（2）山地气流对飞行的影响。山地飞行的关键在于一定要在安全高度以上，高度就是生命。飞过山脊后不应立即下降高度，以免坠入滚轴湍流中。在山谷飞行时，常靠近迎风坡飞行，飞出山口也不要过早地转弯，以免误入立轴湍流中。当飞机遭遇下沉气流，并超过其爬升能力而碰撞山体时，飞机往往不能区分地形，也不能完全扭转当时的危境。在上升/下沉气流区,遭遇颠簸的严重性是飞机地速的函数,因为这种波动是驻波;当在下风位置飞行时,要比上风飞行遭遇的中等至强烈湍流的机会更多;当在上风位置飞行时,可能有较长时间暴露于湍流之中,并遭遇分片性波动湍流,这种波动湍流,当移向下风区时,将会逐渐衰减。在云中飞行,应保持与山的安全高度,同时注意云内负温情况,避免飞机积冰。山地飞行,气压高度表因升降气流影响误差较高,可偏至数百米,应把握飞行高度,避免迷航。同时山区中午常出现局地雷暴,飞行时注意不要误入积雨云。山地风向变化大,起飞、降落必须注意当时风的情况。

5. 能见度

(1)能见度的概念和种类。能见度是反映大气透明度的一个指标,航空界定义为具有正常视力的人在当时的天气条件下还能够看清楚目标轮廓的最大距离。能见度和当时的天气情况密切相关。当出现降雨、雾、霾、沙尘暴等天气时,大气透明度较低,因此能见度较差。测量大气能见度一般可用目测的方法,也可以使用大气透射仪、激光能见度自动测量仪等测量仪器测试。气象学中,能见度用气象光学视程表示。气象光学视程是指白炽灯发出色温为2 700 K的平行光束的光通量,在大气中削弱至初始值的5%所通过的路径长度。白天能见度是指视力正常(对比感阈为0.05)的人,在当时天气条件下,能够从天空背景中看到和辨认的目标物(黑色、大小适度)的最大水平距离,实际上也是气象光学视程。夜间能见度是指:假定总体照明增加到正常白天水平,适当大小的黑色目标物能被看到和辨认出的最大水平距离;中等强度的发光体能被看到和识别的最大水平距离。所谓能见,在白天是指能看到和辨认出目标物的轮廓和形体;在夜间是指能清楚看到目标灯的发光点。凡是看不清楚目标物的轮廓,认不清其形体,或者所见目标灯的发光点模糊,灯光散乱,都不能算"能见"。在航空学中,能见度的定义如下:以暗色作为背景,1 000烛光(Candelas)能够被识别的最远距离。常用的能见度分类如下:

1)航空能见度:分为地面能见度和空中能见度。地面能见度是指在昼间以靠近地平线的天空为背景,能分辨视角大于$20'$的地面灰暗目标轮廓的最大距离。例如,一个宽度为58 m、距离眼点10 km的物体,其视角为$20'$,正常视力的人用肉眼刚好能够看得见,则能见度为10 km。空中能见度是指在空中飞行时,透过座舱玻璃观测地面或空中目标的能见度。

2)有效能见度:指观测点四周一半以上的视野内能达到的最大水平距离。中国民航观测和报告有效能见度。

3)主导能见度:指观测点四周一半以上的视野内能达到的最大水平距离。

4)跑道能见度:指从跑道的一端沿跑道方向可以辨认跑道本身或接近跑道的目标物(夜间为指定的跑道边灯)的最大距离。

5)垂直能见度:指浑浊媒质中的垂直视程。

6)倾斜能见度:指从飞行中的飞机驾驶舱观察未被云层遮蔽的地面上的明显目标物(夜间为规定的灯光)时,能够辨认出来的最大距离。从地面向斜上方观察时能见度也称为倾斜能见度。

7)最小能见度:指能见度因方向而异时,其中最小的能见距离。

(2)影响能见度的因素。在空气特别干净的北极或是山区,能见度能够达到$70\sim100$ km,然而能见度通常由于大气污染以及湿气而有所降低。霾(干)或雾(湿)会严重影响能见度,可将能见度降低至零。同样沙尘暴、森林大火、雷雨、暴风雪等也对能见度造成巨大影响。国际上对烟雾的能见度定义为不足1 km,薄雾的能见度为$1\sim2$ km,霾的能见度为$2\sim5$ km。烟雾和薄雾通常被认作是水滴的重要组成部分,霾和烟的粒径相对要小一些,这表明一些探测器如热影像仪(Thermal Imagers,TI/LIR)利用远红外,其波长为 $10~\mu m$ 左右,这个能更好地穿透霾和一些烟雾。因此红外辐射既没有被明显地改变方向,也没有被颗粒物完全吸收。能见度不足 $100~m$ 通常被认为零。

(3)能见度对飞行的影响。地面低能见度影响飞机起飞与着陆,尤其威胁飞机的着陆安全,也给低空目视飞行造成很大困难。空中能见度差会影响到空中编队、空中加油等飞行任务的执行。

1)对起飞的影响:由于视线受阻,难以辨别远方参照物,飞行员保持起飞滑跑方向困难,只能借助跑道中心线、边界线和跑道附近标志(如灯光)来保持方向和判断状态。随着飞机速度的迅速增大,可供飞行员修正方向偏差的时间缩短,如果目视稍有误差或操纵动作粗猛,就容易发生偏离跑道或小速度离陆等危及飞行安全的问题。

2)对着陆的影响。低能见度是影响飞机安全着陆的主要因素之一。在低能见度条件下,飞行员着陆中看不清跑道和地标,目视判断方向和高度困难,使飞机偏离跑道或过早、过晚接地,同时由于飞行员只能凭感觉和仪表飞行,易增加飞行员心理压力诱发操纵错误。另外,飞行指挥员看不到飞机,容易造成指挥失误。虽然在现代技术条件下有先进的导航设备,但是在着陆过程中最重要的接地阶段仍需要飞行员目视和手动操纵。因此,着陆阶段对能见度仍然有一定的要求。

3)对低空飞行的影响。由于飞行高度低,视野窄,飞行员发现地标时机晚、距离近,若能见度变差,则使领航和对目标物的搜索观察及识别变得复杂化,给地标领航带来困难。在山区低空飞行,一些高大的山峰隐藏于云雾中不易发现,直接威胁飞行安全。

4)对空中加油、编队等任务影响。空中能见度差会给空中加油、编队、空战等任务执行带来困难,易发生空中飞机丢失、相擦、相撞等险情,在防空作战中不易发现目标。

(4)防范措施。由于各种视程障碍天气的形成是有一定条件的,其发展也有一个过程,因此防范低能见度天气影响,可从下面几个方面着手:

1)飞行前应注意是否存在某种视程障碍天气产生的条件,做好相应的预案措施。

2)飞行中要经常注意观察飞行区域内能见度、湿度、风向的变化。如发现有雾、风沙、烟幕等天气现象移来的征候时,应立即报告,及早返航。

3)准备降落而能见度急剧变差时,飞行员要沉着冷静,听从指挥员指挥,按预案处置。

6.飞机颠簸

在航空气象中,飞机颠簸是指飞行中遇到扰动气流(空气局部不规则的升降与涡旋运动,称为扰动气流,又称大气湍流),飞机忽上忽下、左右摇摆及机身抖振等现象。在扰动气流区飞行时,由于受到一个又一个不规则的升降气流、水平气流和涡旋的作用,飞机的升力发生不规则的变化,飞机的运动随之发生不规则的变化,于是就发生了颠簸。

(1)颠簸对飞行的影响。强烈颠簸易造成飞行员操纵困难、机上仪表不准等现象,对飞行安全产生重大影响。

1)对仪表指示的影响。飞机颠簸时,仪表受到不规则的振动,指示常会发生一些误差。特别是在颠簸幅度较大、飞机忽上忽下变动频繁的时候,由于仪表指示往往要落后一些,升降速度表、高度表、空速表等全、静压系统仪表的指示都会产生较大的误差,不能准确地反映出瞬间的飞行状态。此时,若依靠仪表飞行,就可能带来一些不良后果。

2)对操纵飞机的影响。飞机颠簸时,飞行高度、速度以及飞行状态都会发生不规则的变化。颠簸强烈时,飞机高度的变化可达数十米以至数百米,这样就会给飞行员操纵飞机带来很大的困难,需要用很大的精力来保持飞行状态,因而体力消耗大,易于疲劳。

3)对飞机结构的影响。一般颠簸对飞机结构影响不大,但是,如果飞机长时间受到强烈颠簸时,飞机的某些部位(如机翼、尾翼)就可能产生变形甚至折毁。例如,1958 年 10 月 17 日,一架图-104 飞机在莫斯科附近 9 000 m 高空突然遇到强烈颠簸,机翼折断,造成机毁人亡的事故。

4)对飞机发动机的影响。颠簸造成的机身震颤会使进入发动机进气道的空气量显著减少,燃料消耗增大,严重时会导致发动机自动停车。这种现象在高空飞行时最可能遇到。因为在高空,发动机对空气流量的变化特别敏感。

此外,中等强度以上的颠簸,还影响空中射击、投弹的准确性,使空中摄影、编队、空中加油等难以顺利进行。

(2)防范处置建议。

1)防范建议。熟悉机型飞行手册关于颠簸区飞行的要求;飞行前预判飞行区域或航线上产生颠簸的可能性;飞行中加强观察,尽可能避免进入有强烈湍流的区域。

2)处置建议。一旦遭遇较强的颠簸,应保持冷静、沉着,可采取下列措施:按规定速度飞行,防止失速;操纵动作要柔和,保持好飞机平飞状态;飞行速度和飞行高度选定后,不必严格按仪表保持;准确判断颠簸原因,适当改变高度和航线,脱离颠簸区。

在低空遇到强颠簸时,可上升高度脱离,要注意安全高度;在高空遇到颠簸时,可根据飞机与急流轴的相对位置,考虑飞机性能,确定脱离的高度和方向,但应注意飞机的升限;误入积雨云中发生颠簸时,应迅速脱离云体,在云外绕行。在本机场上空遇到强颠簸,影响飞机降落时,应飞往备降场。

2.2　流动气体的基本规律

一、气流的概念

1. 流体

气体和液体统称为流体。气体和液体的共同特性是不能保持一定的形状,具有流动性;气体和液体的不同点表现在液体具有一定的体积,不可压缩,而气体可以压缩。

需要指出的是,当研究的问题并不涉及压缩性时,所建立的流体力学规律既适合于液体也适合于气体。当涉及压缩性时,气体和液体就必须分别处理。气体虽然是可压缩的,但在许多工程中,气体的压力和温度变化不大(如低压等)、气流速度远小于声速(如速度 $v<0.3a$,a 为声速),可以忽略气体的压缩性,这时可以把气体看作是不可压缩的流体。这样近似能使问题简化并不会引起太大的误差。

2. 流场

我们把流体所占据的空间称为流场。用以表征流体的物理量如速度、温度、压强、密度等,称为流体的运动参数的场。

3. 流线

流线是流场中某一瞬间的一条空间曲线,在该线上各点的流体质点所具有的速度方向与曲线在该点的切线方向重合(见图2.7)。图中所示为几何意义上的奇点,是无限小且不实际存在的"点"。当一维空间(如线),或二维空间(如面),或三维空间无限小时,取极限小的最后的一"点",这一个不存在的点,即奇点。

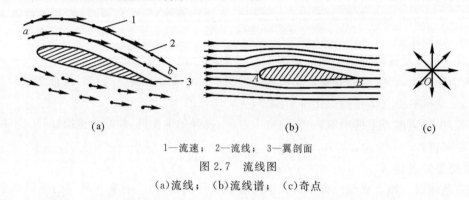

1—流速; 2—流线; 3—翼剖面

图 2.7 流线图

(a)流线; (b)流线谱; (c)奇点

4. 流管和流束

在流场中任画一封闭曲线,在该曲线上每一点作流线,由这许多流线所围成的管状曲面称为流管,如图 2.8 所示。

由于流管表面是由流线所围成的,而流线不能相交,因此,流体不能穿出或穿入流管表面。这样,流管就好像刚体管壁一样把流体运动局限在流管之内或流管之外。在稳定流动时流管好像真实管子一样,充满在流管内的流体,称为流束。

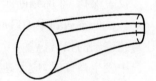

图 2.8 流管

5. 相对气流

影响空气动力的一个重要因素是飞机同空气之间的相对速度,例如飞机以每小时 300 km 的速度(v_1)在静止的空气中飞行,或者气流以每小时 300 km 的速度(v_2)流过静止的飞机,二者的相对流速都是每小时 300 km,也就是说,在飞机上流过的气流速度是相等的,这个气体的流速叫相对气流。这个相对气流产生的空气动力是相等的,这两种运动情况是可以转换的,称为"可逆原理"。风洞试验就是建立在这个原理基础上的。

6. 稳定气流

空气的流动有稳定流动和不稳定流动两种形式。空气的稳定流动简称稳定气流。

在桥上观察稳定流动的河水和漂浮着的一些树叶、杂草,有时会发现,它们流经桥墩的某一点时,都以同样大小的流速向着同一方向流去。这表明,河面上任一点水的流速不随时间而变化,这种流动就是水的稳定流动。

二、连续性定理

空气流过粗细不同的管子,由于管子任何一部分的空气都不会中断或者堆积起来,因此,在单位时间内,流过管子任意截面的空气质量都保持不变,这就是气流的连续性定理。为了说明该定理,先举一些生活中的例子。我们在河岸上可以看到,在河道宽阔的地方,河水流得比较缓慢,而在河道窄的地方,却流得比较湍急。我们还知道这样一个道理,"过堂风"比别处更凉快。在山区,你可以感觉到山口中的风通常比平原开阔地方的风刮得大。这些现象都是流体连续性定理在自然界中的表现。下面我们来推导连续性定理。

质量守恒定律是自然界的基本定律之一,它说明物质既不会消失,也不会凭空增加。如果把这个定律应用在流体的流动上,就可以得出这样的结论:当流体低速、稳定、连续不断地流动时,流管里的任一部分流体都不能中断或积聚;在同一时间内,流进任何一个截面的流体质量和另一个截面流出的流体质量应当相等。

如图 2.9 所示,设截面 I 的面积为 A_1,气流速度为 v_1,空气密度为 ρ_1,则单位时间内流进该截面的气体质量为

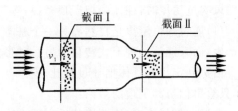

图 2.9　流体连续原理——质量守恒

$$m_1 = \rho_1 v_1 A_1$$

同理,设截面 II 的面积为 A_2,气流速度为 v_2,空气密度为 ρ_2,则单位时间内流出该截面的气体质量为

$$m_2 = \rho_2 v_2 A_2$$

根据质量守恒定律,$m_1 = m_2$,即

$$\rho_1 v_1 A_1 = \rho_2 v_2 A_2$$

由于截面 I 和截面 II 是任意选取的,所以可以认为,单位时间内流过任何截面的气体质量都是相等的,故得

$$\rho v A = 常数$$

式中:v 为流管截面上的气流速度,m/s;A 为所取截面的面积,m^2。

它说明了气流流动速度和流管截面积之间的关系。由此看出,当低速定常流动时,气流速度的大小与流管的截面积成反比,这就是连续性定理。也可以粗略地说,截面积小的地方流速快,而截面积大的地方则流速慢。

流体流动速度的快慢,可用流管中流线的疏密程度来表示,如图 2.10 所示。流线密的地方,表示流管细,流体流速快;反之则慢。

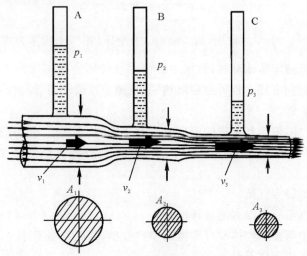

图 2.10　容器和管道中流体的流动

需要指出的是,连续性定理只适用于低速(流速 $v<0.3a$, a 为声速)范围,认为密度不变,不适合于亚声速,更不适合于超声速。

三、伯努利定理

在日常生活中,我们会观察到一些在流体的速度发生变化时,压力也跟着变化的情况。例如,在两张纸片中间吹气,两张纸不是分开,而是相互靠近;两条船在水中并行,也会互相靠拢;当飓风吹过房屋时,往往会把屋顶掀掉;等等。

(1)能量守恒定律是自然界另一个基本定律。它告诉我们,能量不会自行消灭,也不会凭空产生,而只能从一种形式转化为另一种形式。

伯努利定律的具体推导过程比较复杂,涉及的物理概念也比较多,因此我们在此不作推导,只给出伯努利定理的结论:

在稳定的气流中,流速快的地方压力小,流速慢的地方压力大,这就是伯努利定理的基本内容。伯努利定理便是能量守恒定理在空气动力学中的具体应用。

(2)静、动压:所谓静压,即是气流流动时作用于管壁的压强。动压为气体流动时由流速产生的附加压强,或者说是单位体积流体所携带的动能,它并不作用于管壁上。总压是速度等于零时的静压。

所谓动压是蕴藏于流动的空气中的一种能量,它是由于空气具有运动速度而产生的,所以也叫速压。数学演算和试验都证明,动压的大小与空气密度 ρ 的一次方和气流速度 v 的二次方成正比,即

$$动压 = \frac{1}{2}\rho v^2$$

气流具有的动压只有当气流受到阻挡,流速减慢,动压转为静压时才以静压的形式表现出来,施加于物体表面。例如,逆风前进时能感受到迎面有压力,就是迎面气流受到人体阻挡,流速减慢,动压转为静压的结果。

空气在流动中的总能量叫全压。全压等于静压与动压之和,即

$$p + \frac{1}{2}\rho v^2 = p_0$$

式中:p 为静压,kg/m^2;$\frac{1}{2}\rho v^2$ 为动压,kg/m^2;p_0 为全压(相当于流速为零时的静压),kg/m^2。

从上式可知,在低速定常流动时,流场中的任一点气体的静压与动压之和为一常量,且等于其总压,这就是伯努利定理。也可以粗略地说,低速定常流动时,流速小的地方压强大,而流速大的地方压强小。

同连续性定理一样,伯努利定理的应用也是有条件的,它只适用于低速,即认为密度不变,不适用于亚声速和超声速,并且要求流场中的气体不与外界发生能量交换。具体应用条件如下:

(1)气流是连续的稳定气流。

(2)在流动中空气与外界没有能量转换。

(3)空气在流动中与接触物体没有摩擦或摩擦很小,可以忽略不计。

(4)空气密度随流速变化不计。

连续性定理和伯努利定理是气体动力学中两个最基本的定理,它们说明了流管截面积、气

流速度和压强这三者之间的关系。综合这两个定理,我们可以得出如下结论:

低速定常流动的气体流过截面积大的地方,流速小,压强大;而流过截面积小的地方,流速大,压强小。这一结论是解释机翼上空气动力产生的依据。

2.3　空气动力学简介

飞机在空气中之所以能飞行,最基本的事实是有一股力量克服了它的质量把它托举在空中,而这种力量主要是靠飞机的机翼产生的。

一、翼型的几何参数

1. 翼剖面

沿着与飞机对称面飞行的平行的平面在机翼上切出的剖面称为机翼的翼型,又叫翼剖面。

2. 翼型各种不同的形状和特点

翼型各种不同的形状和特点如图 2.11 所示。

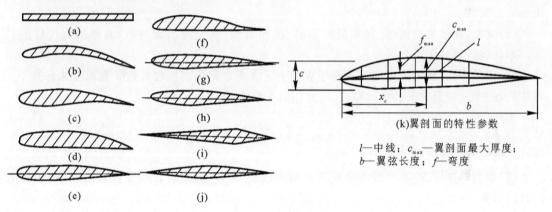

图 2.11　翼型图

(1)平板翼剖面,如图 2.11(a)所示。

特点:空气动力特性不好。

(2)后来人们在飞行实践的过程中,发现可以把翼剖面做成像鸟翼那样的弯拱形状,即薄的单凸翼剖面,如图 2.11(b)所示。

特点:对升力特性有改进。

(3)随着飞机的发展,人们认识到加大翼剖面的厚度,也会改善升力特性,因而就有了凹凸形翼剖面,如图 2.11(c)所示。

特点:这种翼剖面的升力特性虽然较好,但阻力特性却不好,只适用于速度很低的飞机上。另外,因为后部很薄而且弯曲,在构造方面不利,因而目前已很少应用。

(4)平凸形翼剖面,如图 2.11(d)所示。

特点:在构造上和加工上比较方便,同时空气动力特性较好,所以目前在某些低速飞机上还有应用。

(5)不对称的双凸形翼剖面,如图 2.11(e)所示。

特点:升力和阻力性能都比较好,在构造方面也有利,所以被广泛应用在活塞发动机的飞机上。

(6)S形翼剖面,它的中线呈S形,如图2.11(f)所示。

特点:尾部稍稍向上翘,使得压力中心不会前后移动。

(7)对称的双凸形翼剖面如图2.11(g)所示,常用于各种飞机的尾翼面上。

(8)如图2.11(h)所示的是所谓的"层流翼剖面"。

特点:压强分布的最低压强点(即最大负压强点)位于翼剖面靠后的部分,可降低阻力。这种翼剖面常用于速度较高的飞机上。

(9)菱形翼剖面如图2.11(i)所示,双弧形翼剖面如图2.11(j)所示,它们常用在超声速飞机上。

特点:前端很尖,相对厚度很小,也就是很薄,因超声速飞行时阻力很小,比较有利,然而在低速时的升力和阻力特性不好,使飞机的起落性能变坏。

3.翼型的主要几何参数

确定翼型的主要几何参数有弦长、相对厚度、最大厚度位置和相对弯度,如图2.11(k)所示。

(1)弦长:连接翼型前缘(翼型最前面的点)和后缘(翼型最后面的点)两点的直线段的长度,称为弦长,通常用符号 b 表示。

(2)相对厚度:翼型的厚度是垂直于翼型上下表面之间的直线段长度。翼型最大厚度 c_{max} 与弦长 b 之比,称为翼型的相对厚度,并常用百分数表示,即

$$\overline{C} = \frac{c_{max}}{b} \times 100\%$$

现代飞机的翼型相对厚度为3%~14%。

(3)最大厚度位置:翼型最大厚度离开前缘的距离 x_c,称为最大厚度位置,通常也用弦长的百分数表示,即

$$\overline{X}_c = \frac{x_c}{b} \times 100\%$$

现代飞机的翼型最大厚度位置为30%~50%。

(4)相对弯度:翼型弯度系指翼型中线的弯度,而翼型中线乃是各翼型厚度中心的连线。翼型中线与翼弦之间的垂直距离,称为进行的弯度 f,而最大弯度与弦长的比值称为相对值弯度 $\overline{f}$,通常用百分数表示,即

$$\overline{f} = \frac{f_{max}}{b} \times 100\%$$

翼型的相对弯度说明翼型上、下表面外凸程度的差别。相对弯度越大,翼型上、下表面弯曲程度中线与翼弦重合,翼型将是对称的。现代飞机翼型的相对弯度为0~2%。

(5)安装角 φ:翼型弦线和飞机轴线的夹角叫安装角,一般为0°~4°。

二、机翼的几何特性

表示机翼平面形状的主要参数有机翼面积、翼展、展弦比、根梢比和后掠角(见图2.12)。

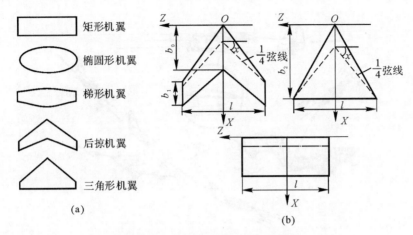

图 2.12　机翼平面形状及几何参数

(1)机翼面积:机翼平行形状所围的面积,称为机翼面积,用 A 表示。

(2)翼展:机翼两翼尖之间的距离,称为翼展,通常用 l 表示。

(3)展弦比:机翼翼展与机翼平均几何弦长 $b_{平均}$ 之比,称为机翼的展弦比,用符号 λ 表示,即

$$\lambda = \frac{l}{b_{平均}}$$

而机翼的平均几何弦长,又等于机翼面积 A 与翼展 l 之比,即 $b_{平均} = \frac{A}{l}$,将此关系代入上式,可得

$$\lambda = \frac{l}{b_{平均}} = \frac{l \cdot l}{b_{平均} \cdot l} = \frac{l^2}{A}$$

(4)根梢比:机翼的翼跟弦长(b_0)与翼尖弦长(b_1)之比,称为机翼的根梢比,用符号 η 表示,即

$$\eta = b_0 / b_1$$

(5)后掠角:机翼各翼型离开前缘 1/4 弦长点的连线与垂直于飞机对称平面的直线之间的夹角,称为机翼的后掠角,并用符号 x 表示。现代高速飞机的后掠角 $x = 35° \sim 60°$。

(6) 机翼的前视形状:机翼的前视形状可用机翼的上反角来说明。垂直于飞机对称平面的直线与机翼下表面(有的定义为与机翼翼弦平面)之间的夹角,称为机翼的上反角,并用符号 Ψ 表示。通常规定上反角为正,下反角为负。

三、翼型的升力和阻力

1.迎角的概念

相对气流方向与翼弦之间的夹角,称为迎角(见图 2.13),又称"攻角"或"冲角",用 α 表示。

根据气流指向不同,迎角可分为正迎角、负迎角和零迎角。当气流指向下翼面时,迎角为正;当气流指向上翼面时,迎角为负;当气流方向与翼弦重合时,迎角为零。

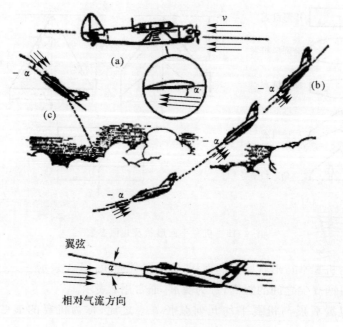

图 2.13　飞机在不同飞行状态下的迎角

(a)平飞；　(b)俯飞；　(c)仰飞

2.飞机上的升力

根据我们已经讨论过的运动的转换原理,可以认为在空中飞行的飞机是不动的,而空气以同样的速度流过飞机,这样可以使问题简化。如图 2.14 所示,当气流流过翼型时,由于翼型的上表面凸些,这里的流线变密,流管变细,相反翼型的下表面平坦些,这里的流线变化不大(与前方流线相比)。根据连续性定理和伯努利定理可知:

在翼型的上表面,由于流管变细,即流管截面积减小,气流速度增大,故压强减小;而在翼型的下表面,由于流管变化不大使压强基本不变。这样,翼型上、下表面产生了压强差,形成了总空气动力 R,R 的方向向后向上。按平行四边形法则,根据它们实际所起的作用,可把 R 分成两个分力:一个与气流速度 v 垂直,起支托飞机质量的作用,就是升力 F_y;另一个与流速 v 平行,起阻碍飞机前进的作用,就是阻力 F_x。此时,产生的阻力除了摩擦阻力外,还有一部分是由于翼型前后压强不等引起的,称为压差阻力。总空气动力 R 与翼弦的交点叫作压力中心(见图 2.14),好像整个空气动力都集中在这一点上,作用在机翼上。

根据翼型上、下表面各处的压强,可以绘制出机翼的压强分布图(压力分布图),如图 2.15 所示。图中自表面向外指的箭头,代表吸力;指向表面的箭头,代表压力。箭头都与表面垂直,其长短表示负压(与吸力对应)或正压(与压力对应)的大小。由图中可看出,上表面的吸力占升力的大部分。最靠近前缘处稀薄度最大,即这里的吸力最大。

由图 2.15 可见,机翼的压力分布与迎角有关。在迎角为零时,上、下表面虽然都受到吸力,但总的空气动力合力 R 并不等于零。随着迎角的增加,上表面吸力逐渐变大,下表面由吸力变为压力,由于空气动力合力 R 迅速上升,与此同时,翼型上表面后缘的涡流区也在逐渐扩大。在一定迎角内,R 是随着迎角 α 的增加而上升的。但 α 大到某一程度后,再增大迎角,升力不但不增加反而迅速下降,这种现象我们叫作"失速"。失速对应的迎角就叫作"临界迎角"

或"失速迎角"。

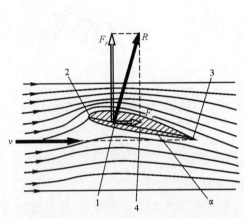

1—压力中心； 2—前缘； 3—后缘； 4—翼弦
图 2.14　小迎角 α 下翼剖面上的空气动力

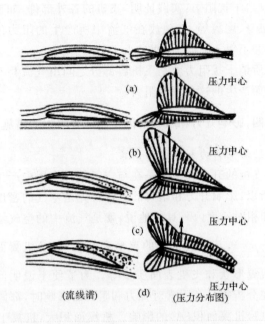

图 2.15　迎角对机翼压力分布的影响
(a)零迎角； (b)小迎角； (c)大迎角； (d)失速迎角

3.飞机上的阻力

阻力(F_x)也是一种空气动力,它起阻碍飞机前进的作用。阻力的方向与升力垂直,与飞机运动方向相反。一般来讲,用机翼的升力代表飞机的升力,而机身、机翼、起落架、尾翼等都会产生阻力。机翼的阻力占总阻力的 25%～35%。

4.阻力类型

在低速飞行中,飞机的阻力按其产生原因的不同,可分为摩擦阻力、压差阻力、诱导阻力和干扰阻力。

(1)摩擦阻力:由于空气有黏性,当其流过飞机时,贴近飞机表面的地方有一层气流速度逐渐降低的空气流动层,这个流动层称为附面层(又称边界层)。附面层内的气流速度在附面层的边缘,与附面层外的主流速度 v 相等,从此处向里,越临近飞机表面,气流速度越小,直到紧贴飞机表面时,气流速度降低为零。

既然紧贴飞机表面的一层空气被飞机表面所"黏住",使流速降低为零,所以这层空气必然受到飞机表面给它的向前的作用力 F_1。根据作用力与反作用力定律,空气必然要给飞机表面一个反作用力 F_2,这就是向后的摩擦阻力。

(2)压差阻力:凡是与空气有相对运动的物体因前后压差而形成的阻力,称为压差阻力。

飞行中,空气流过机翼时,在机翼前缘受到阻挡,流速减慢,压力增大;在机翼后缘,由于气流分离形成涡流区,压力减小,由此形成压差阻力。

(3)诱导阻力:诱导阻力是伴随升力产生的,如果没有升力,诱导阻力也就不存在。

飞机的诱导阻力主要来自机翼。当机翼产生升力时,下表面的压力比上表面的压力大,空气从下表面绕过翼尖部分向上表面流去。于是,翼尖部分的气流发生扭转,形成翼尖涡流(见图2.16)。

(4)干扰阻力:实践证明,飞机的各外部件,如机翼、机身、尾翼等,单独放在气流中所产生的阻力的总和并不等于总阻力,而是小于总阻力。

所谓干扰阻力就是飞机各部分之间由气流相互干扰而产生的这种额外阻力。

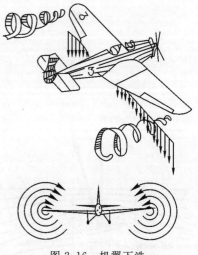

四、影响升力和阻力的因素与减少阻力的措施

1.影响升力和阻力的因素

飞机的升力和阻力是在与空气相对作用中产生的,所以,影响升力和阻力的因素首先是空气的密度(ρ)和相对速度(v),具体地说,就是气流中的空气动压($\frac{1}{2}\rho v^2$),其次是机翼的翼型和迎角,以及机翼面积、机翼形状和飞机表面质量等。为了便于说明问

图 2.16 机翼下洗

题,在分析每一个因素对升力和阻力的影响时,都假定其他因素不变。

(1)机翼面积(A)的影响。机翼面积大,机翼上、下表面压力差的总和增大,升力增加,另外与空气摩擦的面积也大,因而阻力也大。实验证明,升、阻力同机翼面积成正比例关系。

(2)飞行速度(v)的影响。飞行速度越大,升力和阻力越大。这是因为飞行速度增大时,机翼上表面的气流速度将增加得越大,从而使压力降低得越多;机翼下表面气流速度减小得越多,从而压力升高得也越多。于是,飞机速度大,机翼上、下表面压力差相应增大,升力也就越大。

从阻力产生的原理分析可知,飞行速度增大时,摩擦阻力与压差阻力都要增大,所以总阻力也就随着飞行速度的增大而增大。

实验证明:升力和阻力与飞行速度的二次方成正比。飞行速度增大到原来的 2 倍,升力和阻力就增大到原来的 4 倍;飞行速度增大到原来的 3 倍,升力和阻力就要增大到原来的 9 倍。

(3)空气密度(ρ)的影响。空气密度越大,升力和阻力也就越大。这是因为空气密度越大,在相同的时间内,流过机翼的空气越多,上、下压力差和前后压力差以及空气对机翼表面的摩擦力都要增大。实验证明,升力和阻力与空气阻力成正比关系。也就是说,空气密度增大到原来的 2 倍时,升力和阻力也增大到原来的 2 倍。

(4)机翼剖面形状和迎角的影响。机翼剖面形状和迎角大小不同,升力和阻力的大小也不同。这两项因素的影响通过两个系数 C_y 和 C_x 表现出来。C_y 叫升力系数,C_x 叫阻力系数。

归纳影响升力和阻力大小的因素,可写成升力和阻力的计算公式如下:

升力公式:

$$F_y = \frac{1}{2}C_y \rho v^2 A$$

阻力公式:

$$F_x = \frac{1}{2}C_x \rho v^2 A$$

式中:F_y 为升力,N;F_x 为阻力,N;ρ 为空气密度,kg/m³;v 为飞行速度,m/s;A 为机翼面积,m²;C_y 为升力系数;C_x 为阻力系数。

升力、阻力公式综合表达了影响升力、阻力的诸因素与升力、阻力大小的关系。

升力、阻力系数,其数值通过实验测定。它们分别表示迎角、机翼形状和飞机表面质量等因素对升力和阻力的综合影响。从公式中可以看出,空气密度、飞行速度和机翼面积可以用其本身的数值大小来直接表达它们对升力、阻力的影响。但是迎角、机翼形状和表面质量对升力和阻力的影响就比较复杂,它是通过流线谱的改变来影响升力、阻力的,所以必须通过风洞实验准确地测出升力、阻力和动压,然后才可以利用升力和阻力公式计算出升力系数和阻力系数来。

在飞行中,机翼形状和飞机表面质量一般是不变的,这时,升力系数和阻力系数的变化几乎全由迎角的大小来确定。迎角越大升力系数越大,阻力系数也增加,升力系数最大时的迎角称为临界迎角。当飞机超过临界迎角时升力系数急剧下降。飞机处于失速状态时的迎角称为失速迎角。

现在人们发现,飞机采用震荡机翼和蜂腰形机身等都可以提高升力。

2.减少阻力的措施

根据各种不同的阻力,飞机上采用了相应的减小阻力的措施。

(1)空气的黏性越大,飞机表面越粗糙,气流与机体表面接触面积越大,那么,摩擦阻力越大。因此,为了减小摩擦阻力,应尽量减小飞机的表面积,并把飞机表面做得平整、光滑一些,即在表面采用埋头铆钉及整体壁板等。

(2)压差阻力和物体的形状有很大的关系,把一块圆形的平板,垂直地放在气流中,由于平板前面的气流受到阻挡,速度降低,压力增大,后面产生大量的旋涡,压强减小,因而前后形成很大的压差阻力。如果在平板的前面加一个圆锥体,压差阻力可减小 80%。实验证明,如果前后都加圆锥体,压差阻力将会进一步降低 95%。这说明,物体的形状是流线型的,对气流的阻挡作用越小,后部的旋涡区也越小,所产生的压差阻力也越小。因此,将飞机整体部分都做成流线型有利于减小阻力。现代飞机采取了很多措施,如增加整流罩等来保持飞机整体的流线型。

(3)诱导阻力的大小与机翼的平面形状、展弦比和升力等因素有关。在其他因素相同的条件下,椭圆形机翼的诱导阻力最小,矩形机翼的诱导阻力最大,梯形机翼的诱导阻力介于二者之间。椭圆形机翼虽然诱导阻力最小,但制造工艺复杂,因此一般多使用梯形机翼。

(4)干扰阻力和飞机不同部件之间的相对位置有关,可以在不同的部件之间连接处加装流线型的"整流片",使连接处圆滑过渡,尽可能地减少旋涡的产生,从而减少干扰阻力。

2.4 高速飞行概述

一、气流特性

所谓气流特性,就是指流动中的空气,其压力、密度、温度以及流管粗细同气流速度之间相互变化的关系。在气流速度由低速转变为高速,或者由低声速转变为超声速的过程中,这个关系越来越不相同。在气流速度低于声速阶段,这种不同还只限于量的差别。但是,当气流速度超过声速以后,空气的压力、密度等发生了显著的变化,气流特性将与低速情况产生质的差别。例如,这时会产生压力突然升高的激波,流管收缩不使气流加速,反而使气流减速等现象。

二、高速气流特性

1. 声波、声速

空气是可压缩的弹性介质,一处受到扰动,这个扰动便通过空气一层一层相互作用,向四面八方传播。这个过程和我们耳朵听到敲锣打鼓的声音是一样的。锣鼓的震动传给空气,空气又一层一层相互作用,把它传给了我们的耳膜,因此我们听到了锣鼓声。锣鼓的震动,对空气来说是一种扰动,因为这种震动引起空气压强变化很微弱,所以是一种弱扰动。我们知道在空气中传播这种扰动,即声音,需要一定的时间,就是说,有一定的传播速度,这个速度就是声速。

2. 马赫数 Ma

流场中任一点处流速或飞行速度与当地声速之比,定义为马赫数 Ma,即

$$Ma = v/a$$

式中:v 为流速或飞行速度;a 为当地声速。

$Ma<1$,称为亚声速;$Ma>1$,称为超声速;$Ma<0.3$,一般称为低声速。

有时更详细地划分,把 Ma 在 1 附近的,称为跨声速;Ma 小于 1 但接近于 1 的(比如 Ma 在 0.7~0.9 范围内),称为高亚声速。

Ma 的大小不仅可以说明飞机周围扰动的传播情况,而且还可以作为空气密度变化程度或者压缩性大小的衡量标志。Ma 越大,则表示空气密度的变化以及压缩性的影响也越来越大;反之,Ma 越小,则密度变化和压缩性影响也越小。

根据 Ma 的大小,在航空上把飞机的飞行速度划分为五个范围,即

低声速范围——$Ma<0.6$;

亚声速范围——Ma 从 0.67~0.85;

跨声速范围——Ma 从 0.85~1.3;

超声速范围——Ma 从 1.3~5;

高超声速范围——$Ma>5$(另一规定为 6~8)。

3. 超声速气流的加速特性

低声速气流($Ma<1$)的加速特性是:流速加快,流管必须变细。

超声速气流($Ma>1$)的加速特性是:流速加快,流管必须变粗。

为什么两者的加速特性不同呢?根据连续性方程得知,沿同一流管,空气每秒钟内流过各截面的质量保持不变。故在低声速气流中,由于流速和压力变化时空气的密度变化不大,所以流速快的地方,流管要收缩,即其截面面积减小;流速慢的地方,流管扩张变粗,即其截面面积增大。

但在超声速气流中,气流在加速的过程中,密度的变化率大于速度的变化率。也就是说,空气要剧烈地膨胀而占据更大的体积,故流管截面扩大。假如流管截面积不扩大,空气就无从膨胀加速了。

上述关系还可以运用气流连续性方程进一步分析:

$$pvA = m[\text{常数}]$$

从上式可以看出,如果空气密度不变,则流管截面面积 A 与流速 v 成反比。

在高速气流中,流速改变,密度同时也有明显的变化。比如,流速加快,压力降低,引起密

度减小,这时流速加快是要求流管截面面积减小的因素,而密度减小又是要求流管截面面积增大的因素。流管截面面积究竟是增大还是减小,就要视流速与空气密度各自变化的百分比谁大谁小而定,见表 2.2。

表 2.2　流速与空气密度、流管面积变化关系表

气流 Ma	0.2	0.4	0.6	0.8	1.0	1.2	1.4	1.6
流速增加的百分比/(%)				皆为 1				
空气密度变化的百分比/(%)	−0.04	−0.16	−0.36	−0.64	−1	−1.44	−1.96	−2.56
流管截面面积变化的百分比/(%)	−0.96	−0.8	−0.64	−0.36	0	0.44	0.96	1.56

表 2.1 中列举了气流在不同的 Ma 下,速度同样增大 1% 所引起密度减小的百分比。表内正值表示增大,负值表示减小。

从表 2.1 中可以看出,在亚声速气流($Ma<1$)中,速度增加得快,密度减小得慢,也就是说,速度增大 1%,而密度减小不到 1%。在这种情况下,速度变化的影响居于主导地位。为了保持空气流量一定,流管截面面积必然减小。例如当 Ma 为 0.8 时,流速增加 1%,密度减小 0.64%,流量要保持一定,流管截面面积必须减小 0.36%。

但是,在超声速气流($Ma>1$)中,流速增加得慢而密度减小得快。在这种情况下,空气密度变化的影响跃居主导地位,流量保持一定,流管截面面积必然增大。例如,气流 Ma 数为 1.4 时,速度增加 1%,空气密度减小 1.96%,流量保持一定,流管截面面积就必须增大 0.96%。

知道了超声速气流的加速特性以后,就不难理解下述现象了。

当空气以超声速沿外凸钝角的物体表面流动时,如图 2.17(a)所示,空气流到转折点 O,因为表面转折,流动空间扩大,流管变粗,于是气流膨胀加速。当空气以超声速流过外凸曲面[见图 2.17(b)]时,这也可以看成是连续流过许多转折角很小的外凸钝角的物体,流管逐渐变粗,气流就连续膨胀,流速不断增大。超声速气流经过机翼表面时就是这种情形。

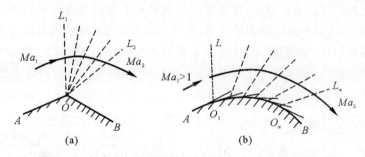

图 2.17　超声速气流流过外凸角和外凸曲面时的流动情形

4. 超声速气流的减速特性——激波现象

(1)激波及其定义。激波是强烈的空气压缩波。

当飞行器以超声速在大气中飞行时,飞行器前面的大气还来不及让开,就被飞行器突然地压缩起来,产生一种强压缩波,即激波。波后的压强、密度及温度都突然升高。激波是有一定厚度的,为 $10^{-3}\sim10^{-4}$ cm 量级,由于这个厚度很小,所以可完全不计这一厚度,而把激波看作是突跃面。

超声速气流和亚声速气流减速,其变化规律是不同的。亚声速气流减速是逐渐减慢的,而超声速气流减速则要产生激波现象。气流经过激波其速度是突然减慢的。

假定有个扰动源,扰动了平静的空气,造成了疏密波——声波,以一定的声速向四面八方传播出去。

1)随着扰动源运动速度的不同,扰动波的传播方式也有所不同。图 2.18 表示扰动源静止不动的情况,这时的扰动波是一系列的同心球面。

2)图 2.19 表示扰动源以等于 0.5 倍声速(即 $Ma = 0.5$)的速度运动时的情况。这时,扰动波变成一系列的偏心圆球面了。也就是说,一个运动速度低于声速的扰动源总是落在它所造成扰动波的后面。因此,扰动源一路前进所遇到的都是被它扰动过的空气,不会和前面未扰动的空气骤然相碰。

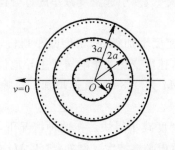
图 2.18 扰动源静止不动的情况

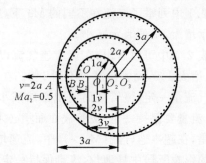
图 2.19 扰动源的速度等于 0.5 倍声速的情况

3)图 2.20 表示扰动源的速度等于声速的情况。这时扰动波相切于一点,该点就是扰动源 A,这也就是说,扰动源一路上所造成的扰动波,都和它同时到达 A,这样就造成了有无数个扰动波在 A 点相切,并且都叠聚在一起,造成了扰动波的集中,形成了一个波面。在这个波面之前的空气都未受到扰动,在这之后则受到扰动。于是,它就成为区分受过扰动和未受过扰动空气的分界面,这个分界面叫"边界波"。

4)如果扰动源的速度大于声速,那么扰动波就赶不上扰动源而落在后面了,形成图 2.21 那样的图形。因此,在超声速运动的情况下,扰动源总是跑在扰动波的前面。它一路上所造成的无数扰动波都相切在一个圆锥上,这个圆锥面称为扰动锥。Ma 越大,扰动锥拉得越长,前端越尖锐。扰动锥之外,空气没有受扰动,是完全无声宁静的区域,因而这个扰动锥就成为把被扰动的和未被扰动的空气分开来的分界面。

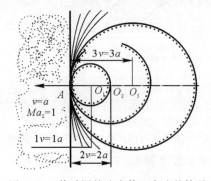
图 2.20 扰动源的速度等于声速的情况

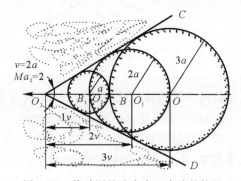
图 2.21 扰动源的速度大于声速的情况

这个分界面,同等声速运动的分界面都叫"边界波"(又叫马赫波、压缩波)。它是一种弱扰动波,其特点是它两边空气的压强、密度等的变化十分微弱。

不但扰动源在空气中造成的弱扰动(声波)传播的情况是这样,就是飞机或导弹运动时所造成的强扰动(即引起的压强和密度的变化比声速大),在空气中传播的情况也是这样。在等声速和超声速运动时,也会出现边界波,然而不同的是,这时的边界波是由无数较强的波叠聚而成的,在这里空气受到强烈的压缩,空气的物理特性发生了突变。实验和理论都证明,在这个波面之后,空气的压强突然加大,密度和温度也都随着上升,而气流速度却大为降低,这样的边界波就是"激波"。

激波的物理本质是受到强烈压缩的一层薄薄的空气,其厚度缩小,只有 0.001~0.000 1 mm。气流通过激波时,空气受到很强的阻滞,气流速度锐减。同时,其他物理特性也发生急骤的变化,如激波前的气流速度、压强、温度和密度。这些参数都是在通过激波的短瞬时间内,突然发生变化。

(2)激波的分类。波面与气流方向垂直的激波称为"正激波",空气流过正激波压强突然升高,流速由超声速减小到亚声速。波面沿气流方向倾斜的激波称为"斜激波"。空气流过斜激波,压强也突然升高,流速减小,但不像通过正激波那样强烈。

钝头的飞行器会产生正激波,尖头的飞行器多产生斜激波。决定激波强度的一个重要因素是飞行器的飞行 Ma。Ma 越大,激波越强。决定激波强弱的另一个因素是波面的角度,正激波最强,斜激波的倾斜度越大,则激波越弱。

值得注意的是,激波不是由静止的空气组成的,其中不断地进行着新陈代谢的过程。旧的空气被不断排除,新的空气不断地补充进去。而这个整个空气的薄层——激波,又一直随着物体(飞机)以同样高的速度向前进,就和快艇头部形成的浪花相似,它总以同样的速度随着快艇一起向前进。

三、超声速飞行时的空气动力

1. 机翼升力

由于超声速气流和低声速气流的特性有所不同,因而升力产生的原理也各不相同。

例如在图 2.22(a)(b)中,在迎角 α 等于零的情况下,气流对称地流过菱形超声速翼型,在前缘上形成斜激波,由于气流与前缘相交的角度相等,它们的强度也相等,气流流过机翼上部和下部,其速度、压强和密度的变化都一样。在翼型前半部上、下翼面形成的都是压力,在后半部上、下翼面形成的都是吸力[见图 2.22(b)],由于上、下翼面的气流对称,不管是压力或吸力,上、下翼面都相等。因此,这时只有波阻,而无升力。

菱形翼型有了正迎角,就会产生升力 F_y,当然波阻仍然是有的。由于机翼有正迎角,气流流过翼型时是不对称的[见图 2.17(c)(d)],在前缘上,气流流过下翼面时向内偏,直接冲击到下翼面上,形成的斜激波较强。它后面气流的压强和密度升高得较多,速度减小得较多,能量损失也较多。气流流过上翼面的情况却恰恰相反,气流向外偏,气流对上翼面的冲击较小,形成的斜激波较弱,它后面的气流压强和密度升高得较少,速度减少得也较小。因此,翼型前部作用在翼面上的虽然都是压力,但下翼面的压力比较大。

在翼型后半部,气流在越过膨胀波后,开始膨胀,速度增大,压强和密度都降低,于是在上、下翼面形成了吸力[见图 2.17(d)]。但由于上翼面的压强和密度减小得比下翼面多,所以上翼面的吸力也比下翼面的吸力大。这样,在整个翼型上,上、下翼面所形成的压力和吸力的综合结果,就构成了向上的合力,这个合力是向上的,而且与相对流速 v 垂直的那一部分就是升力 F_y。

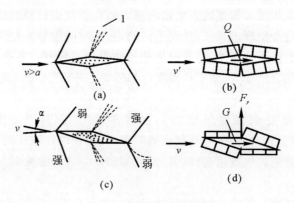

1—膨胀波; Q—波阻

图 2.22 菱形剖面上的升力

从以上情况可以看出,超声速飞机的升力和迎角 α 有关,这和亚声速飞行是一样的。在一定迎角范围内,升力与迎角成正比。

2. 超声速飞行的波阻

因激波的出现而产生的额外阻力称为波阻。

在超声速飞行中,气流首先在机翼前缘地方通过头部激波而压力升高,然后在机翼上、下表面速度加快而压力降低,最后通过尾部激波离开机翼后缘。在这种情况下,机翼头部压力很高,而机翼后缘压力小,越接近机翼后缘,压力也越低。于是机翼前、后方构成很大的压力差,这就是超声速飞行中的波阻。

波阻的大小与物体的形状有密切的关系。在飞行 Ma 超过1时,如果物体的头部尖削,像矛头或刀刃似的,形成的是斜激波;如果物体的头部是方的或圆钝的,在物体的前面形成的则是正激波,正激波沿着上、下两端逐渐倾斜,而在远处成为斜激波,最后逐渐减弱为弱扰动的边界波。在正激波之后的一小块空间,气流穿过正激波,消耗的动能很大,总是由超声速降低到亚声速,在这里形成一个亚声速区。

Ma 的大小也对激波的形状有影响。当 Ma 等于1或稍大于1(如 $Ma = 1.042$)时,在尖头物体前面形成的是正激波。当 Ma 超过1相当多(例如 $Ma = 2.479$)的时候,形成的则是斜激波。

3. 超声速飞机的外形特点

超声速飞机的主要矛盾就是遇到了强大的波阻。解决这个矛盾的办法,首先要有推力大的发动机,同时还要求飞机外形能够适应超声速飞行的要求,以降低飞机的阻力。

(1)采用前缘尖的翼型。超声速飞行时,如机翼的前缘较尖,则在同一飞行马赫数下产生的激波,将比钝头前缘的机翼所产生的激波的强度小。而且随着 Ma 的增大,会逐渐变成斜激波,所以产生的波阻小。因此,超声速飞机的翼型前缘应尽量采用曲率半径小的前缘或尖头前缘。

(2)使翼型的相对厚度减小。机翼的相对厚度对阻力的影响较大。相对厚度越大,机翼表面弯曲得越大(即流管扩张得越多),超声速飞行时,迎面气流经过机翼头部斜激波后沿机翼表面流动时,流速增大和压力降低也越多,因而机翼前、后的压力差大大增加,阻力变大。所以超声速飞机通常都采用相对厚度更小(更薄)的翼型,以减小超声速飞机的波阻。

综上所述,可以得出结论:在超声速飞行中,为了减小波阻,最有利的机翼翼型形状应尽可能薄,尽可能尖。

(3)采用小展弦比机翼。展弦比小,机翼短而宽,在超声速气流中,也可减少波阻。这种机翼在保持为产生升力所必需的一定的机翼面积下,可以在翼弦方面加长,在翼展方面缩短,因而可以减少波阻。因为激波面是沿着机翼前缘和后缘产生的,既然缩短了翼展的长度,自然也就减少了激波面的长度,因而也就减少了波阻。

(4)采用大后掠角机翼。大后掠角机翼在它前缘和后缘形成的激波是一个斜面,而且整个激波面也像一个箭头,以锐角对着气流,所以比平直机翼上形成的正对气流的激波面产生的波阻要小些,但后掠角过大又产生不利的因素。因此,目前超声速飞机的机翼后掠角一般不大于 60°。

(5)采用三角形的机翼。三角形机翼的减阻效果和大后掠角机翼大体相似。这种机翼的特点是:

根部翼弦比较长,在同样的相对厚度下,机翼的结构强度比较高,因此可以做得更结实、更坚固而又比较轻。

因此,为了减小波阻,在超声速飞机的机翼平面形状方面,应采用像燕子似的大后掠角,三角形或小展弦比——短而宽的机翼。

(6)采用细长的机身。超声速飞机的机身比较细长,而且机身的头部较尖锐,这样有利于减小波阻。

四、临界 Ma 和局部激波

在低速飞行中,气流流过飞机机翼时,由于机翼上部圆拱,气流在这里收缩,速度增加,到圆拱度最大的地方流速增加到最大。若飞机前方的气流速度增高,即飞机的飞行速度增高,那么气流速度也跟着增高,而且总比前方的速度高。如果前方的速度不断增高,一直增高到后方的局部速度达到那里的局部声速 a,那么此时的飞行速度(即前方的气流速度)就称为"临界速度"(即 $v_临$)。与 $v_临$ 相对应的 Ma 就称为"临界 Ma",即

$$Ma_临 = v_临 / a$$

式中:$Ma_临$ 为临界 Ma;$v_临$ 为临界速度;a 为当地声速。

如果飞机飞行速度稍大于 $v_临$,即飞行 Ma 稍大于 $Ma_临$,机翼上就出现一个局部超声速区,在那里就要产生一个局部激波。在局部激波的前面是局部超声速区,局部激波后面的气流速度则小于声速。

有激波的产生,必然有波阻的产生,因而飞机的阻力在超过临界 Ma 后,要急剧地增大。

在超过临界 Ma 后,如果飞行速度再继续增大,则机翼表面的局部超声速区逐渐扩大。同时激波后移且强度增大,因此波阻最大。

为了提高临界 Ma 和减小近声速飞行时的波阻,通常在飞机外形上采取以下措施:

1. 减小机翼的相对厚度

相对厚度小,翼型比较薄而扁平。相对厚度小的翼型就可推迟机翼上局部激波和波阻的

发生,改善了飞行的性能。

2.采用大后掠角机翼

大后掠角机翼不但能降低波阻,而且对提高临界 Ma 很有效。

大后掠角机翼之所以能提高 $Ma_{临}$ 和推迟局部激波及波阻的产生,主要是由于降低了机翼的有效速度。

当气流以速度 v 吹到平直机翼上时,整个速度都可用于产生升力。但当气流以同样速度 v 吹到后掠机翼时,由于机翼相对于速度 v 是偏斜的,对于产生升力来说,只有垂直于机翼的分速 v_1,而沿着机翼的分速 v_2 只能产生摩擦阻力,对产生升力没有什么作用。由于 v_1 是 v 的一部分,总是比它小,所以作用到后掠机翼上的实际有效速度减小了。对后掠翼来说,还得把 v 再提高一些,这样才能达到临界速度。因此,后掠机翼可以提高飞机的 $Ma_{临}$,推迟局部激波和波阻的产生。

可以看出,迎面气流吹过后掠机翼时,有一个沿机翼前缘方向的分速 v_2,使一部分气流沿机翼流动,这对飞行性能是十分不利的。为了阻碍大后掠角机翼上气流以分速 v_2 沿机翼流动,可以采取几种有效措施,其中之一是给后掠机翼装上"翼刀"。翼刀是在机翼上顺气流安装的有一定高度的薄片,一般每只机翼可安装一两片,根据需要而定。

五、超声速飞行与"音爆"

飞机在超声速飞行时,在飞机上形成的激波可能对地面的居民和建筑物造成损害,这就是所谓的音爆问题。这时飞机机头和机尾上的激波传到地面,使那里的空气压强急剧增大,其强度大约为 $78\ Pa(8\ kgf/m^2)$,持续约 $0.2\ s$ 的时间,人们会听到巨大的爆炸声响。如果飞机的飞行高度比较低,激波在地面上的压强增长得就可能太猛太快,以致把房屋震倒或使人受伤。即使在比较轻微的情况下,也会把房屋的玻璃震碎,造成一定的损失。不过音爆作用时间短,对地面的影响在户外一般不大,对室内则因多次反射引起共鸣,持续时间增长,影响较大。

超声速飞机通过声速区的高度越低,对地面造成的危害就越大。因此,为了保护人们的生命财产安全,一般规定在有人地区,在一万米以下高度不得进行超声速飞行。

六、超声速飞行与"热障"

当飞机以超声速飞行时,飞机表面上附面层中的空气受到了强烈的摩擦阻滞和压缩,速度大大降低,动能转化为热能,飞机的表面受到了剧烈的加热,使温度急剧升高。

所谓热障,实际是空气动力加热的问题。空气动力加热,只有在超声速飞行的情况下才变得严重起来。低速飞行时,产生的热量很少,很快在空气中消散,温度增加不大,热障问题是不存在的。

速度的增加和飞机被加热的程度,两者之间的关系又是怎样的呢? 如果飞机在同温层高度飞行,那里的气温大约为 $-56℃$,可是飞行 Ma 为 2 时,在正激波与机体表面之间的气体温度可达 $100℃$。被压缩的高温气体,其温度要通过附面层传给机体,因此,机体温度要低得多。尽管如此,飞机周围受到如此高温的影响,人在飞机里也受不了。除了人员外,飞机上的设备如无线电、航空仪表、雷达、橡胶、有机玻璃、塑料等也有其极限温度,其余结构上的各种金属材料,在高温时也会受到影响。

由此可见,所谓热障实际上是飞机在高速飞行时,附面层内空气动力加热,使得飞机表面温度过高,这种情况与飞机内人员、设备及结构材料耐高温能力之间的矛盾。

为了解决这个矛盾,目前采用的办法有:用耐高温的结构材料如钛合金、不锈钢来制造飞机上重要的受力构件,用隔热层来保护飞机内部的构件、设备和人员,还可采用水或其他冷却液来冷却飞机结构的内表层。这些措施对防热都可产生良好的效果,可是却增加了飞机的质量和复杂性,这是不利的一面。

2.5　飞机的飞行性能及稳定性、操纵性

一、飞机的飞行性能

飞机的飞行性能是评价飞机好与不好的主要指标。飞机的飞行性能包括以下几项。

1. 飞机最大平飞速度($v_{最大}$)

飞机的最大平飞速度常指发动机在大油门状态下,飞机进行定常水平直线飞行时所能达到的最高速度。

影响飞机最大平飞速度的主要因素是发动机的推力和飞机的阻力。由于发动机的推力、飞机的阻力与高度有关,所以在说明最大平飞速度时,要明确是在什么高度上达到的。同时它有空速和地速之分,常说的飞行速度是指空速。

通常飞机不用最大平飞速度做长时间飞行,因为耗油太多,而且发动机容易损坏,缩短使用寿命。除作战或特殊需要外,一般以比较省油的巡航速度飞行。

对歼击机来说,$v_{最大}$更重要一些。歼击机以此来追上敌机,予以歼灭。同时也靠它变被动为主动。创造速度世界纪录的飞机,都是以最大平飞速度作为评定标准,其速度单位是 km/h。

2. 巡航速度

巡航速度是指发动机每千米耗燃油最少情况下的飞行速度。这时飞机的飞行最为经济,航程也最远,发动机也不大"吃力"。对于远程轰炸机和运输机,巡航速度也是一项重要性能指标,其单位也是 km/h。

3. 爬升率

飞机的爬升率是指单位时间内飞机所上升的高度,其单位是 m/s。

爬升率越大,说明飞机爬升越快,上升到预定高度所需时间越短。爬升率是歼击机的一项重要性能。

爬升率与飞行高度有关。随着飞行高度增加,空气密度减小,发动机推力降低,所以一般最大爬升率在海平面时,随着高度增加而减小。

4. 升限

飞机上升能达到的最大高度称为升限。升限对战斗机是一项重要性能。歼击机升限比敌机高,就可以居高临下,取得主动权。

飞机的升限有两种:一种叫理论升限,它指爬升率等于零时的高度,没有什么实际意义;另一种常用的是"实用升限"。所谓实用升限就是飞机的爬升率等于 5 m/s 时的高度。此外还有动力升限,它是靠动能向上冲而获取最大高度的,一般创纪录的升限是指动力升限。

5. 航程及航时

航程是指在无风和不进行空中加油的情况下,飞机沿预定方向连续飞行耗尽其可用燃料

量时所经过的水平距离,其单位为 km。增加航程的主要办法是多带燃料,减少发动机的燃料消耗和增大升阻比。

飞机沿预定航线飞行,包括上升、巡航飞行和下滑 3 个阶段,如图 2.23 所示。与各段对应的水平距离分别以 $L_上$,$L_巡$,$L_下$ 表示,三者之和就是完成此航线飞行的航程,即

$$L = L_上 + L_巡 + L_下$$

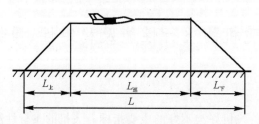

图 2.23　飞机的航程图

航程远,表示飞机的活动范围大,对军用机来说,可以直接威胁敌人的战略后方,远程作战能力强;对于民用客机和运输机来说,可以把客货运输到更远的地方,而减少中途停留加油的次数。

航时就是续航时间,是在不进行空中加油的条件下,飞机耗尽其可用燃料时所能持续飞行的时间,单位为 h。这一性能对侦察机、海上巡逻机和反潜机是很重要的,歼击机的航时长,也有利于对敌作战。

增加航时的措施同增加航程的措施相似。

现代作战飞机大都挂有副油箱,就是为了多带燃料,以增大航程和航时。某些作战飞机为了增大航程,并减少起飞时的载油量,以缩短滑跑距离或增加其他载重,可用空中加油的办法,在飞行途中用加油机补给燃料。

6. 作战半径

作战半径又称"活动半径"。在无风和不进行空中加油并考虑安全备用燃料和其他用油(如集群编队所耗燃油、在敌区作战所耗燃油等)的条件下,飞机携带正常作战载荷自基地起飞,沿给定航线飞行又能返回基地所能达到的最远水平距离。

理论上"作战半径"应该是航程的一半,但一般情况下它并不等于航程的一半,约为航程的 25%～40%。

7. 起飞

飞机自起飞开始至越过安全高度点(不同国家对安全高度数值有不同的规定,例如英美规定为 10.7 m 或 15 m,苏联和我国规定为 25 m)所经历的过程叫起飞。起飞过程中飞机一直处于加速状态。一般喷气式飞机的起飞包括三个阶段:起飞滑跑、拉起(即离陆)和加速爬升。

飞机的起飞距离越短越好,以便减少跑道的长度,降低建筑机场的费用,同时也可使军用飞机更快地升空以利作战。

为了缩短起飞距离,可以加大发动机的功率或推力,减小飞机的起飞质量,还可以采用增升装置来提高最大升力系数。此外,采取火箭助推器也可以使飞机迅速起飞。

8.着陆

着陆又称"降落"，即飞机自通过安全高度起至停机时所经历的过程。一般包括五个阶段，即下滑、拉平、平飞减速、飘落和地面减速滑跑。

整个着陆过程的距离越短越好。缩短着陆滑跑距离和减小着陆速度的措施有：在机轮上安装刹车，可采用增升装置来降低着陆速度，采用减速板、阻力伞、反推力装置和反桨装置等。

二、飞机的机动飞行性能

飞机的机动飞行性能是指飞机改变飞行速度、高度及飞行方向的能力。飞行速度、高度和方向改变得越快，飞机的机动性就越好。

机动飞行性能可以迅速改变飞机的高度、速度和方向，是歼击机空中战斗技术的基础。飞机机动飞行性能，即飞机的特技飞行性能，是评价军用飞机战斗性能的重要指数。下面介绍几种常见的机动飞行性能。

1.盘旋

飞机在水平面内连续改变飞行方向的曲线运动称为盘旋。通常把坡度小于 45° 的盘旋称为小坡度盘旋；把坡度大于 45° 的盘旋称为大坡度盘旋。

盘旋一周所需要的时间越短和盘旋半径越小，飞机的盘旋性能越好。因此，常取盘旋一周所需的最短时间和最小盘旋半径作为机动性能指标。

2.筋斗

筋斗是飞机在近于沿垂面内进行的一种绕自身横轴旋转 360° 的曲线飞行动作。它是作战和训练飞行的基本动作之一（见图 2.24）。例如在一次空战中，我空军飞行员以寡敌众，单机同 4 架敌 F-86 飞机进行缠斗，曾反复使用筋斗和盘旋等动作，咬住敌机不放，一举击落两架敌机。

3.战斗转弯

飞机在迅速做 180° 转弯的同时又尽可能地增加高度的飞行，称为战斗转弯，又叫急上升转弯（见图 2.24）。战斗转弯既能迅速改变飞行方向，又能迅速上升高度，是空战中迅速取得高度优势，占据有利位置攻击敌机的重要战术动作。

4.俯冲

俯冲是飞机沿较陡的倾斜轨迹做直线加速下降飞行（见图 2.24）。

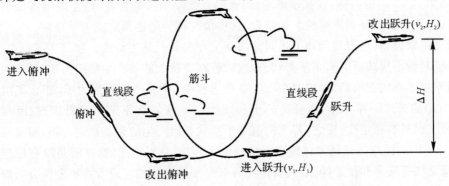

图 2.24　俯冲、筋斗和跃升

三、平衡的概念

飞机在飞行时,所有作用于飞机的外力与外力矩之和都等于零的状态称为飞机的平衡状态,这是等速直线运动时飞机的一种平衡状态。

当飞机处于平衡状态时,飞机速度的大小和方向都保持不变,也不能绕飞机中心转动。反之,飞机处于不平衡状态时,飞机速度的大小和方向都将发生变化,并能绕中心转动。

飞机平衡的条件:推力 $P=$ 阻力 F_x;升力 $F_y=$ 重力 G;各力矩之和 $\sum M=0$。

飞机处于平衡状态时是靠惯性向前飞行的。

四、飞机的稳定性和操纵性

1. 稳定性

飞机在飞行过程中,常常会碰到一些偶然的、瞬时作用的因素,例如突然的扰动或偶尔触动一下驾驶杆或脚蹬等,也会使飞机的平衡状态遭到破坏。而且,在这种情况下,飞机运动参数的变化比较剧烈,驾驶员很难加以控制,会影响预定任务的完成和飞行安全。因此,便对飞机本身提出了稳定性的要求。

为了更好地说明稳定性的概念和分析具备稳定性的条件,首先来研究圆球的稳定性问题。如图 2.25 所示的 3 种情况,设圆球原来处于平衡状态,现在给它一个瞬时小扰动,例如推它一下,使其偏离平衡状态,重点讨论在扰动去除后,圆球是否能回到原来的平衡状态。

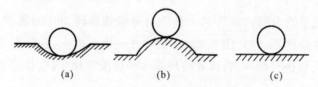

图 2.25　圆球的 3 种稳定状态
(a)稳定;　(b)不稳定;　(c)中立稳定

(1)如图 2.25(a)的圆球,在扰动取消后,其在弧形槽中经过若干次来回摆动,最后自动地恢复到原来的平衡位置,这种情况称为稳定。

(2)如图 2.25(b)的圆球,在扰动取消后,其沿弧形坡道滚下,离原来的平衡位置越来越远,不能自动地恢复到原来的平衡位置,这种情况称为不稳定。

(3)如图 2.25(c)的圆球,在扰动取消后,就停在扰动消失的位置,既不能继续偏离原来的平衡位置,也不自动恢复到原来的平衡位置,这种情况称为随遇稳定或中立稳定。

对于飞机来说,其稳定与否和上述圆球的情况在实质上是类似的。如果在飞行中,飞机由于受外界瞬时微小扰动而偏离了平衡状态,这时若在飞机上能够产生稳定力矩,使飞机具有自动恢复到原来平衡状态的趋势,同时在飞机摆动过程中,又能产生阻尼力矩,那么飞机就能像如图 2.25(a)的圆球一样,无须驾驶员的干预就能自动恢复到原来的平衡状态,因而是稳定的,或者说飞机具有稳定性;反之,若飞机偏离平衡状态后产生的是不稳定力矩,那么飞机就会像如图 2.25(b)的圆球一样越来越偏离原来的位置,因而是不稳定的,也就是没有稳定性。显然,为了保证飞行安全和便于操纵,飞机应当具有良好的稳定性。通常将稳定性分为静稳定性和动稳定性。

2.飞机的操纵性

飞机之所以有稳定性,首先有偏离原来平衡状态时出现的稳定力矩,使飞机具有自动恢复原来平衡状态的趋势;其次是在摆动过程中,又出现了阻尼力矩,促使飞机摆动减弱以致消失。可见,飞机的稳定,就是飞机在空中飞行时,受微小扰动偏离了原来的平衡状态,在扰动消失后,不经飞行员的操纵,自动恢复原来平衡状态的特性。

飞机的操纵性与其相反,当飞机处于平衡状态飞行时,驾驶员通过飞机操纵面(方向舵副翼等)使飞机产生一个外力矩,以改变飞机原来的飞行状态。飞机飞行状态的变化,是飞机上各种力矩互相作用的结果。

所谓飞机的操纵性,就是指飞机在驾驶员的操纵下改变其飞行状态的特性。操纵性的好坏与飞机稳定性的大小有密切关系,若稳定性太大,也就是说飞机保持原有飞行状态的能力越强,则要改变它也就越不容易,操纵起来也就越费劲。若稳定性过小,则操纵力也很小,驾驶员很难掌握操纵的轻重程度,也是不理想的。因此,要正确处理好稳定性与操纵性之间的关系。

飞机的操纵主要是通过 3 个航面(操纵面)——升降舵(有时是全动平尾)、方向舵和副翼来实现的。

3.飞机的重心和机体轴

飞机在空中绕重心转动的姿态是多种多样的。为了便于表示飞机转动的姿态以及研究飞机转动状态的变化,在飞机上设有"机体坐标系",简称"机体轴系"或"体轴系"。它是固联于飞机的动坐标系(飞机运动时坐标轴系与飞机无相对运动)中的一种,原点在飞机重心 O,三根轴互相垂直(见图 2.26)。

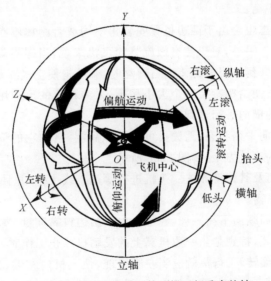

图 2.26 穿过飞机重心的三根互相垂直的轴

机体纵轴(OX)——位于飞机对称面内,与机身轴线平行,指向飞机前方为正,后方为负。

机体竖轴(OY)——在飞机对称面内,通过重心指向座舱上方为正,下方为负。

机体横轴(OZ)——垂直于飞机对称面,通过重心指向右翼为正,指向左翼为负。

(1)飞机的纵向平衡及其保持方法。飞机在纵向平面内进行等速直线飞行,并且不绕横轴转动的这样一种平衡运动状态,称为纵向平衡。

飞机在飞行中,其飞行状态不是一成不变的,经常会因为各种因素的影响而遭到破坏。例如由于燃油消耗、收放起落架、收放襟翼、发动机推力改变或投掷炸弹等,都会使飞机的平衡状态发生变化。

当驾驶员操纵驾驶杆偏转升降舵之后,飞机绕横轴转动而改变其迎角、速度等飞行状态的特性,称为飞机的纵向操纵性。

因此,要使飞机保持纵向平衡状态,就必须克服这个不平衡力矩,克服的方法是操纵升降舵。例如,由于某种原因,飞机产生了附加的不平衡上仰力矩,使平衡状态被破坏,此时驾驶员应当向前推杆,使升降舵向下偏转,于是在水平尾翼上产生向上的附加升力(见图 2.27),该力对飞机重心形成下俯力矩,若其大小刚好和不平衡上仰力矩相等,飞行员也可以用向后拉杆使升降舵向上偏转的办法克服下俯力矩,飞机便重新回到纵向平衡状态,继续飞行。

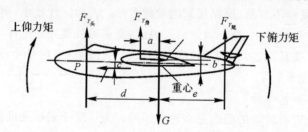

图 2.27 作用于飞机上的对纵轴的力矩

(2)飞机的横向平衡及其保持方法。飞机进行等速直线飞行,并且不绕纵轴滚转的这样一种飞行状态,称为横向平衡。

飞机的横向平衡状态也会由于两边机翼安装角不同或者副翼不在中立位置,或者机翼两边装载不同而遭到破坏。另外,对于装有螺旋桨的飞机来说,当螺旋桨旋转时,还会产生与旋转方向相反的滚转力矩。例如当螺旋桨向右转动时,桨叶迫使空气亦跟着向右旋转,根据作用力与反作用力原理,空气便给螺旋桨一个大小相等、方向相反的反作用滚转力矩,它使飞机向左倾斜,这也会使飞机的横向平衡遭到破坏。

为了保持飞机的横向平衡状态,驾驶员可以操纵副翼,借助它的偏转,使飞机产生横向平衡力矩,来克服不平衡的滚转力矩,如图 2.28 所示。

(3)飞机的航向平衡及其保持方法。飞机进行等速直线飞行,并且不绕立轴转动的这样一种飞行状态,称为航向平衡。

飞机的航向平衡如同纵向平衡一样,经常会由于两边机翼质量、气动特性以及发动机工作状态的不对称而遭到破坏,特别是当一边机翼上的发动机停止工作时,表现出的不平衡状态更为严重。假如飞机向右偏转,飞行员就应当左脚蹬舵,使飞机向左偏,在垂直尾翼上产生向右的侧向力,使飞机保持原有的航向平衡状态,如图 2.29 所示。

飞机的操纵性和稳定性有密切的联系,在要求上往往互相矛盾。很稳定的飞机,操纵往往不灵敏;操纵灵敏的飞机,则往往很不稳定。此时,对于不同的飞机,应有不同的要求,例如歼击机,操纵应该很灵敏,对于客机,应该在稳定性方面要求高一些。

飞机的操纵与飞机的另一种特性“机动性”也有很大的关系。所谓飞机的机动性,是飞机的一种品质,体现驾驶员为改变飞机飞行状态(速度、高度、飞行方向等)所用的操纵量(驾驶位移、驾驶力)及飞机相应的反应特性。驾驶员用的操纵量越小,飞机改变飞行状态的时间越短,改变的范围越宽,飞机的机动性就越好。飞机的机动性与飞机的翼载荷、大迎角气动特性、结构允许的过载数值等因素有关,同时还与飞机的操纵性紧密相关。

一架战斗机在格斗中,机动性比对方好是战胜对方的一个关键性的因素;而它的操纵是否灵敏,在很大程度上决定了机动性的好坏。

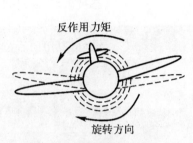

图 2.28　螺旋桨的反作用力矩

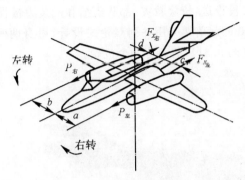

图 2.29　作用于飞机上的对立轴的力矩

课 外 阅 读

运-20

运-20"鲲鹏"是我国自主研制的"三个大飞机"(运-20、AG600 和 C919)之一,是西安飞机制造厂研制的大型多用途运输机,也是国产首架大型军用运输机,于 2013 年 1 月 26 日首飞成功。运-20 的服役使空军的战略投送能力更上一个台阶,可在复杂气象条件下,执行各种物资和人员的长距离航空运输任务。

运-20 飞机研发参考伊尔-76 的气动外形和结构设计,融合 C-17 的部分特点。对于此前大型运输机一直依赖进口,且可选产品种类极其有限的中国空军而言,运-20 不仅是验证航空工业水平的"争气机",更是满足中国空军大型运输机数量的关键型号,代表了中国航空工业的最新水平。2004 年,中国工程院院士、航空动力专家刘大响提交了《关于尽快开展大型飞机研制的建议》的提案;2006 年初,"发展大飞机"作为国家决策被写进《国家中长期科技发展规划纲要》和《"十一五"规划发展纲要》;2007 年 3 月,中国宣布启动大飞机工程,6 月 20 日,大型运输机项目(即运-20)正式立项。

1. 运-20 性能先进方面

(1)机体布局合理:运-20 采用宽体设计(见图 2.30),具有新一代军用运输机普遍的外观特征,其加宽、加高的货仓方便运输大量超宽、超高的货物。

(2)对起降场地的适应能力强:采用了复杂的三缝机翼设计,液压可收放前三点式起落架,能依靠重力应急自由放下,短跑道起降性能优异。

(3)应用大量先进技术:采用轻质材料,运用了 3D 打印技术生产的零部件,突破了数百项关键技术。

2. 运-20 运用前景

(1)战略运输:可将装甲车、坦克甚至武装直升机等武器装备迅速部署到"一线战场",将会和运-8、运-7将形成合理搭配,进一步完善国产军用运输机体系。

(2)预警机:可作为预警机、空中加油机和大型电子侦察机等"特种机"的平台。

(3)加油机:可将现有的空中加油系统整合到运-20上,研发出一款专用的大型空中加油机。

(4)战役投送:抢险救灾、部队集结和武装力量投送。

运-20的起落架采用并列双轮式设计,机身两侧各有3个双轮式起落架,主起落架有12个机轮(见图2.31),前面有2个机轮。

图 2.30　运-20

图 2.31　运-20并列双轮式起落架

思 考 题

1.简述低空风切变与积冰对飞行影响及应采取的措施。

2.大气的物理性质包含哪些内容?

3.什么是气流连续性定理?

4.伯努利定理的内容是什么?它的具体应用有哪些?

5.翼型的几何参数包括哪些?如何确定翼型的几何参数?

6.机翼的几何参数有哪些?

7.飞机上的升力和阻力是如何形成的?

8.影响升力和阻力的因素有哪些?可以采取哪些措施减小阻力?

9.简述高速气流特性。

10.什么是激波现象?超声速飞行时的空气动力有什么特点?

11.超声速飞行时须注意哪些要点?

12.飞机的飞行性能包括哪些内容?

13.什么是飞机的机动飞行性能?

14.什么是飞机的稳定性和操纵性?如何实现飞行过程中的平衡?

第3章　飞机的基本结构

内容提示

本章主要讲述飞机结构的基本要求、主要材料、布局形式及飞机结构工艺分解,机翼、机身及尾翼等功用、结构,飞机起落架的基本组成、配置形式、结构形式、收放形式、减震机构、刹车装置及改善起降性能装置,等等。

教学要求

(1)了解飞机结构基本要求及飞机结构工艺分解。
(2)基本掌握机翼、机身、尾翼的功用与结构。
(3)了解飞机起落装置的配置形式、结构形式、收放形式及改善起降性能装置等。

内容框架图

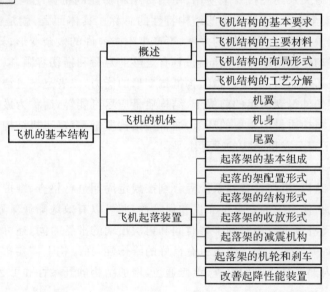

3.1　概　　述

常规型飞机由机身、机翼、尾翼、起落装置、动力装置等五大部件组成,通过机载设备、燃油系统、电气系统、操纵系统等必要的系统构成飞机的全部。对于一些特殊的飞机会省略某些部件,如滑翔机没有动力装置,无尾布局的歼击机没有水平尾翼,一些无人驾驶飞机没有起落架,等等。

飞机结构是机上各受力部件和支撑构件的总称，是构成飞机外形与承力的基础，也是武器及其他系统的载体，并保护机内人员和设备不受外界环境变化的影响。飞机结构既是对飞机不同气动布局形式的具体实现，又反映出飞机结构设计和制造水平，还对飞机飞行性能和结构强度提出了明确要求。机体和起落架是飞机结构的主体，机体由机身、机翼和尾翼等组成，飞行中承受着作用于其上的全部载荷。机身主要用来装载人员、货物、燃油和武器，安装各系统和设备，连接机翼、尾翼和起落架等部件成为一架整机；机翼主要用来产生升力，并使飞机具有横向稳定性和操纵性；尾翼用来保证飞机的俯仰和方向稳定性、操纵性。起落架结构主要用来支撑飞机停放、减小着陆撞击与颠簸等，机轮刹车减速、起落架收放等归类于起落架系统。

一、飞机结构的基本要求

飞机结构应满足飞机性能指标对其提出的各项基本要求。

1. 空气动力和设计一体化要求

当结构与气动外形有关时，应使结构外形满足飞机总体外形的准确度；不容许机翼、尾翼与机身结构有过大变形，使飞机有良好的气动升力和阻力特性、良好的稳定性和操纵性。隐身性要求促使军用飞机结构向综合化和一体化的方向发展，例如，隐身-结构一体化、翼身融合、飞机-发动机一体化、飞控-火控结构一体化技术等。

2. 结构完整性及最小质量要求

结构完整性是指关系到飞机安全使用、使用费用和功能的机体结构强度、刚度、损伤容限及耐久性（或疲劳安全寿命）等所要求的结构特性的总称。具体而言，就是保证结构在承受各种规定载荷和环境条件下，具有足够的强度，不产生不能容许的残余变形；具有足够的刚度，不出现不能容许的气动弹性问题与振动问题；具有足够的寿命和损伤容限，以及高的可靠性。强度是指结构抵抗破坏的能力，刚度是指结构抵抗变形的能力，二者是飞机结构承载能力的主要标志。在保证上述条件得到满足的前提下，结构质量应尽可能轻，简称为最小质量要求。合理的结构布局是减轻结构质量最主要的环节，通常用结构质量系数（飞机结构质量与飞机正常起飞质量的百分比）来表示飞机结构的设计水平。

3. 使用维修要求

对飞机的主要结构、机内设备和系统等分别按规定周期进行检查、维护和修理。良好的维修性可以提高飞机在使用中的安全可靠性和保障性，并可以有效地降低保障、使用成本。对军用飞机，尽量缩短飞机每飞行小时的维修时间和再次出动的准备时间，还可保证飞机及时处于临战状态，提高战备完好性。为了使飞机有良好的维修性，在结构上需要布置合理的分离面与各种舱口，在结构内部安排必要的检查、维修通道，增加结构的开敞性和可达性。

4. 工艺要求

要求飞机结构有良好的工艺性，便于加工、装配，简化制造过程。这些须结合产品的产量、机种、需要的迫切性与加工条件等综合考虑。对于复合材料等新材料，还应对材料、结构的制作和结构修理的工艺性予以重视。

5. 经济性要求

经济性要求以前主要指生产和使用成本，现已更新为寿命周期费用，主要指从飞机的概念设计、研制、生产、使用与保障到退役报废期间所付出的一切费用之和。寿命周期费用低是现代飞机追求的目标之一，良好的可靠性、维修性和保障性是降低使用与保障费用的关键。

二、飞机结构的主要材料

众所周知,早先的飞机是木质结构,最高时速不过几十千米,只是在生产出了密度小且具有一定强度的铝及铝合金后,飞机的时速才得以提高到几百千米。近代超声速飞机表面的摩擦热,使飞机表面温度达到300℃以上,此时就发展出了诸如钛合金、不锈钢等新材料。为提高飞机性能,航空发动机功率不断增加,随之发动机的工作温度也不断增加,如新型发动机的涡轮叶片工作温度高达1 000℃以上,此时,就必须发展高温合金。

现代航空航天技术的发展,除要求性能更好的金属外,还必须发展非金属结构材料,如高分子化合物、陶瓷材料和复合材料,以减少总体结构质量,并能满足诸如重返大气层等一些特殊的要求。如最新研制的空天飞机"东方快车号"蒙皮温度高达1 649℃;最新式的超声速喷气发动机燃烧室温度竟达1 927℃,此时只能选用高温合金、钛基复合材料等新型材料。

在人类的生产活动中,对材料性能提出的要求是材料的使用性能和加工工艺性能。使用性能是指材料在使用过程中能够安全可靠地工作必须具备的性能。它包括材料的力学性能、物理性能和化学性能。力学性能是指材料受到各种不同性质和大小的载荷作用时所反映出来的性能,比如金属材料的强度、刚度、硬度、韧性和塑性等;物理性能是指材料的密度、熔点、导热性能和导电性能;化学性能是指材料在室温或高温下抵抗各种介质化学侵蚀的能力,如抗氧化性和抗腐蚀性等。材料的工艺性能即材料的可加工性,如金属材料的铸造性能、锻造性能、焊接性能、热处理性能和切削加工性能等。

评价一种材料的优劣,既要看其使用性能,也要看其工艺性能。现代飞机设计过程中为了减轻结构质量,除了采用合理的结构形式之外,非常有效的方法是选用强度、刚度大而质量轻的材料。通常用相对参数表示材料的强度和刚度,即比强度和比刚度。

$$比强度 = 抗拉强度(\sigma_b)/密度(\rho)$$
$$比刚度 = 弹性模量(E)/密度(\rho)$$

在选用结构材料时,应尽量选用比强度和比刚度大的材料。其次,根据不同的飞行和环境要求,要求材料具有一定的耐高温和耐低温性能,要具有良好的抗老化和耐腐蚀性能力,要具有足够的断裂韧性和良好的抗疲劳性能。另外材料还要具有良好的加工性能,资源丰富,价格低廉。常用于航空航天领域的结构材料主要有以下几类。

1.有色金属及其合金

有色金属及其合金主要指铝、镁、钛及其合金。

铝合金是航空航天飞行器的主要结构材料。航空上主要用于飞机的蒙皮、隔框、长梁、桁条、锻件和铸件等。一架波音747客机需要消耗约18.6 t铝。目前国内外铝合金的研究热点是铝锂合金和高温铝合金。

镁合金主要有铸造镁合金和变形镁合金两大类。从两大类型镁合金的发展趋向来看,铸造镁合金主要是向提高自身强度和耐蚀性努力,变形镁合金在挤压成型快速凝固粉末合金和镁基复合材料的研究方面取得了进展。

钛合金具有比强度高、热强度高、抗蚀性高的优点,在航空上的应用与日俱增,但是它的切削加工性、热加工工艺性、冷压加工性、耐磨性和硬度都比较差,使其应用受到一定限制。美国曾于20世纪60年代中期研制成功"全钛飞机"SR71,用钛量达到飞机结构质量的93%。

2. 合金钢类

所谓合金钢,就是为了获得所需要的组织和性能而加有合金元素的钢。它主要包括高强度的结构钢和耐高温耐腐蚀的不锈钢。高强度合金钢具有较高的比强度、工艺简单、性能稳定、价格低廉,适合于制造承受大载荷的接头、起落架和机翼大梁等构件。不锈钢具有良好的耐腐蚀性和耐高温性,是制造发动机的主要材料。

3. 复合材料

复合材料是由两种或者两种以上物理、化学性质不同的物质,经人工复合而成的多相固体材料。复合材料是多相结构,例如玻璃钢含有两种相:其一是玻璃纤维,主要用来承受载荷,并称为增强相,亦称增强材料;其二是环氧树脂,主要起黏结作用,并称为基体相,也称为基体材料。因此,复合材料既可说是多相材料,也可说是增强材料与基体材料经复合而成的新材料。

常见的复合材料按基体类型分类,可以分为树脂基和金属基两大类(到目前为止,用量大的是树脂基复合材料);按增强材料种类和形状分类,可以分为纤维增强、颗粒增强、层叠增强等复合材料;按照性能分类,可分为结构复合材料和功能复合材料。

纤维复合材料是以纤维为增强材料,以树脂、金属或其他物质为基体构成的。常用纤维有玻璃纤维、碳纤维和硼纤维等。

颗粒增强复合材料是由微小粒状金属粉或陶瓷等物质和基体构成的。基体可以是金属,也可以是树脂。

层叠复合材料是由两层或多层材料构成的,例如钢表面形成一层铜,铜表面再形成一层塑料等。

结构复合材料是指用于结构零件的复合材料,可以是树脂基体,也可以是金属基体。但目前使用的多以纤维增强的树脂基复合材料为主。

功能复合材料是指具有某种物理性能的复合材料。例如将有关的金属细粒复合于塑料中,可使这种细粒复合塑料具有导电、导热、导磁等性能。

由于复合材料具有非常优越的性能,航空、航天飞行器的结构将越来越多地使用复合材料。

三、飞机结构的布局形式

以战斗机为例简单介绍飞机结构布局形式。第二次世界大战结束后,飞机进入喷气时代,作战使命和要求不断提升。迄今为止,战斗机技术的发展经历了几个重要阶段,通常按各时期研制战斗机的综合技术水平和性能特征,将具有同样设计思想或技术性能特征的若干飞机划到一起,称为喷气式战斗机的"代"。根据这一方法,喷气式战斗机共有四代(俄罗斯根据自身体制和战斗机发展史将其分为五代,其五代机相当于西方国家的四代机),各代机的作战效能存在着明显差异。

不同代飞机的战术技术指标不同,航空技术水平也在持续进步,使得每一代战斗机有着各自的技术特征,也就出现了不同的结构布局形式。结构布局形式既是飞机气动布局(指飞机不同的气动力承力面的安排形式,全机气动特性取决于各承力面之间的相互位置、尺寸和形状)在结构上的具体实现,又与飞机结构设计思想的发展密切相关。

飞机结构设计思想经历了从静强度、动强度、疲劳强度到断裂强度的变化过程,耐久性/损伤容限准则是当前飞机结构设计规范的核心方法,设计思想的发展源自飞机的使用实践,直接影响了飞机结构形式和选材原则。

1. 第一代战斗机

第一代战斗机于 20 世纪 40 年代开始出现,飞行速度接近或突破声障,空战武器主要是航空机炮,没有大功率机载雷达,仅安装简单的雷达测距装置,多为机头进气布局,代表机型为苏联的米格-15 和美国的 F-86,以及后来的米格-19 和 F-100。机体结构多以铝合金和钢为主的金属半硬壳结构,按静强度准则设计,结构质量系数平均为 35%。

2. 第二代战斗机

第二代战斗机发展于 20 世纪 50 年代后期至 70 年代初期,主要作战使命是拦截和近距格斗,“高空高速”曾一度成为研制的主导思想,故多采用大后掠角或小展弦比的三角翼、细长或面积小的蜂腰机身,代表机型为米格-21 和 F-4,以及后来的米格-23、米格-25、F-104、F-5、“幻影”Ⅲ、歼-7、歼-8 等。为改善跨声速和短距起降性能,20 世纪 60 年代出现了变后掠机翼和垂直起降飞机,例如 F-111、米格-23、英国的“鹞”、苏联的雅克-38 等。越南战争表明,近距格斗仍然是第二代战斗机的主要作战任务,改善亚、跨声速机动性能是第二代战斗机的重要改进方向。第二代战斗机结构形式仍为金属半硬壳式,出现了整体壁板、金属蜂窝等轻质结构,机体材料以铝合金和高强度钢为主,以铆接为主要连接方式,结构质量系数为 32%~34%。

3. 第三代战斗机

第三代战斗机的发展始于 20 世纪 70 年代初,在性能上比第二代战斗机有显著提升,有更高的机动性和超视距攻击能力,具有多用途、大航程、敏捷性、先进综合航电和火控系统、更大的武器外挂能力,是名副其实的空中优势战斗机,并开始采用主动控制、空中加油等技术,代表机型为苏-27、米格-29、F-15、F-16、“幻影”2000、歼-10 等。飞机出现了翼身融合、大边条翼、前缘机动襟翼、前翼、无尾、腹部进气等多种气动布局,通过不断升级改造,苏-27、米格-29、F-15、F-16、歼-10 已经衍生发展了多种型别、能执行不同任务的战斗机系列,表明良好的总体布局和结构设计能够使飞机成为近乎完美、极具后续发展潜力的空中武器平台。第三代战斗机机体在满足静强度和刚度要求的基础上,还进行了疲劳安全寿命、破损-安全或损伤容限设计,仍采用金属半硬壳式结构,但产生了一些新的结构形式。例如:机翼从梁式薄蒙皮结构变成多墙厚蒙皮结构,提高了结构承载能力和载荷传递效率;翼身融合使机翼主受力盒段与中央翼贯穿为一体,载荷传递直接且达到平衡;双发飞机采用尾梁结构,平尾的大部分载荷直接沿尾梁向前传递,减轻了发动机舱负担,很好地解决了平尾安装与发动机舱传载问题。机体的框、梁、壁板等主体结构多为整体构件,钛合金、铝锂合金、复合材料等先进轻质材料的用量明显增加,结构质量系数为 30%~31%。

4. 第四代战斗机

第四代战斗机的发展始于 20 世纪 80 年代初期,主要体现先敌发现、先敌攻击、先敌制胜的作战思想,具备隐身、超常规机动、超声速巡航、中远程攻击等能力。为满足先进战术技术指标要求,采用了推重比大于 10 并带有矢量喷管的涡扇发动机、多棱隐身外形、多目标攻击武器系统、先进控制技术等,使飞机的综合作战性能产生了质的飞跃。已经服役和即将服役的四代机有 F-22、F-35、歼-20、苏-57 等。四代机机体按耐久性/损伤容限准则设计,多棱隐身外形机身、内埋武器舱、S 形进气道、翼身融合、锯齿形舱门蒙皮对缝隐身结构、稀隔框、厚蒙皮、多墙(梁)机翼结构。大量采用比强度、比刚度更高的轻质材料,以提高结构效率,其中复合材料、钛合金、铝锂合金的用量大幅度增加,传统铝合金和钢的用量显著减少,结构质量系数下降

到 $27\%\sim28\%$。

四、飞机结构的工艺分解

为满足飞机的使用、维护以及生产工艺上的要求,整架飞机的机体需分解成许多大小不同的装配单元。飞机装配一般过程是指将大量的飞机零件,按一定的组合和顺序(按图纸、技术条件),逐步装成部件、飞机用组合件、飞机用零件,最后将它们对接成整架飞机的机体。这些部件、飞机用组合件、飞机用零件都可称为装配单元,而两个相邻装配单元间的对接处或结合面即为分离面。根据功用和特点的不同,分离面可分为设计分离面和工艺分离面两大类。飞机结构工艺分解就是指合理地利用飞机结构的设计分离面和工艺分离面,将飞机机体划分为若干个独立的装配单元。为了满足产品结构和使用的需要,在部件之间(或分部件之间)、部件与可卸件之间形成分离而且采用可卸连接,这种分离面称之为设计分离面。图 3.1 为按设计分离面绘制的飞机结构分解图。为满足制造和装配过程的要求,需将部件(或分部件)进一步分解为更小的装配单元。这种装配单元之间的分离面称为工艺分离面,一般为不可卸连接。图 3.2 为按工艺分离面绘制的机身结构分解图。

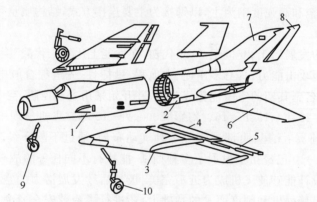

1—前机身; 2—后机身; 3—机翼; 4—襟翼; 5—副翼; 6—水平尾翼;

7—垂直安定面; 8—方向舵; 9—前起落架; 10—主起落架

图 3.1　按设计分离面绘制的飞机结构分解图

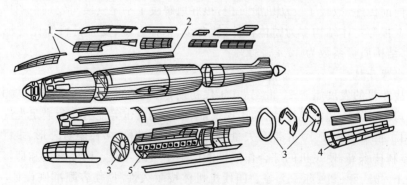

1—侧板件; 2—中段大梁; 3—隔框; 4—机身后段下板件; 5—机身中段下板件

图 3.2　按工艺分离面绘制的机身结构分解图

1.飞机结构工艺分解的目的

(1)扩大装配工作面,使装配工作分散平行进行,以缩短飞机的装配周期。

(2)改善装配工作的施工通路和劳动条件,利于装配工作机械化,提高生产效率和产品质量。

(3)便于采用简单的定位方法(如定位孔、装配孔),简化装配工艺装备的结构。

(4)分散总装架内的装配工作量,从而减少复杂的大型总装型架数量。

(5)将特殊装配环境和特殊试验要求的装配件分解出来,可以减少占用专用厂房面积,节约投资费用。

2.飞机结构工艺分解的顺序

(1)飞机分解为部件、飞机用组合件、飞机用零件。

(2)部件分解为分部件、部件用组合件、部件用零件。

(3)分部件分解为组合件、分部件用零件。

飞机结构工艺分解顺序框图如图 3.3 所示。

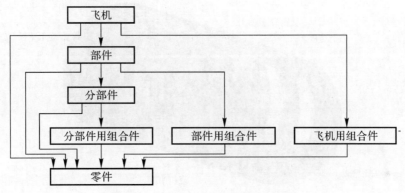

图 3.3　飞机结构工艺分解顺序框图

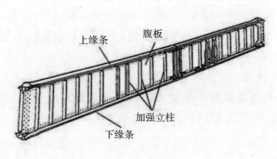

图 3.4　梁

3.装配件的分类

一架飞机可以划分成若干个部件,部件又可以划分成若干个分部件、组合件。这些部件、分部件、组合件统称装配件。

(1)按分解层次及功能分类。

1)组合件。组合件是由两个或两个以上零件组成的装配件,例如梁、机身框、机身壁板和肋等(见图 3.4~图 3.6)。

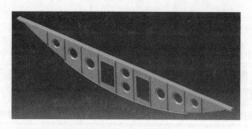

图 3.5　机身框

图 3.6　机身壁板

2)分部件。分部件是指构成部件的一部分,具有相对独立、完整及一定功能的装配件,习惯上也称为部件或段件,例如机身的前段、中段(见图 3.7)、后段,机翼的中翼、中外翼、外翼(见图 3.8)、襟翼、副翼,尾翼中的水平安定面、垂直安定面、升降舵、方向舵等。

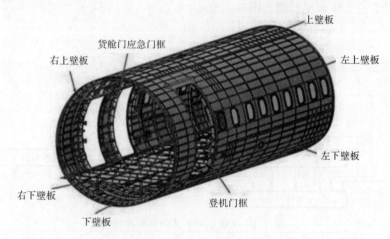

图 3.7　机身中段

3)部件。部件具有独立的功能和完整的结构,例如机身、机翼、垂尾、平尾、起落架短舱、发动机短舱等。

(2)按结构工艺特点分类。

1)平面类组合件。平面类组合件是由平面腹板及加强件组成的,例如平面框(见图 3.9)、肋(见图 3.10)、梁、地板(见图 3.11)、隔墙等。

图 3.8　中外翼和外翼

图 3.10　肋

2)壁板类组合件。壁板类组合件由蒙皮及骨架零件组成,根据蒙皮形状不同,又分为单曲度壁板和双曲度壁板,例如机身壁板、机翼壁板等。

3)立体类组合件:除上述两类组合件外,其余均属于立体类组合件,例如机翼前缘(见图3.12)、后缘、翼尖,各种门、盖、机头罩、尾罩、整流罩和内部成品支架等。

4)机身类部件或分部件,例如机身或机身各段,起落架短舱、发动机短舱。

5)翼面类部件或分部件,例如机翼或机翼各段,水平安定面、垂直安定面、翼、副翼、方向舵和升降舵。

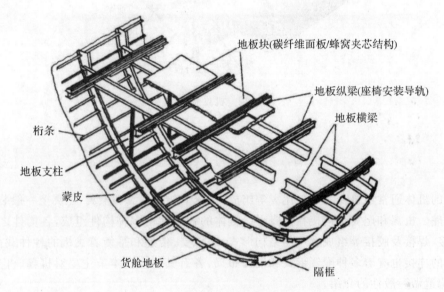

图 3.9　平面框图

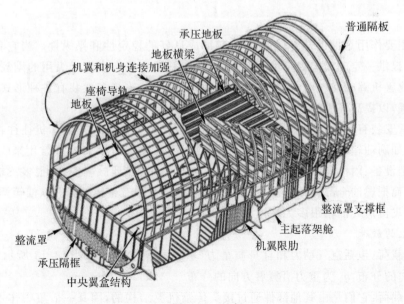

图 3.11　地板

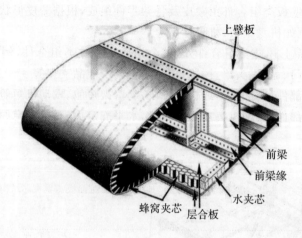

上壁板

前梁
前梁缘
水夹芯
蜂窝夹芯　层合板

图 3.12　机翼前缘

3.2　飞机的机体结构

飞机的机体通常由机身、机翼、尾翼等组成,机翼上装有副翼和襟翼,尾翼上一般装有方向舵和升降舵。机翼和尾翼都连接在机身上。机体的各部件由多种构件组成,各构件之间通过铆接、螺接、焊接及胶接等组成合理的结构形式,来承受、传递和平衡着飞机的各种载荷,各部件与机身的连接也有着多种配置形式和气动布局,各有其特点。本节主要对机翼、机身、尾翼等功用、构造做一般性的介绍。

一、机翼

1.功用

机翼的主要作用是提供升力,与尾翼一起形成良好的稳定性和操纵性。当它具有上反角时,可为飞机提供一定的横向稳定性。在它的后缘,一般布置有横向操纵用的副翼、扰流片等附翼。为了改善机翼的空气动力效用,在机翼的前、后缘越来越多地装有各种形式的襟翼、缝翼等增升装置,以提高飞机的起飞着陆或机动性能。

机翼上常安装有起落架、发动机等其他部件。近代歼击机和歼击轰炸机往往在机翼下布置多种外挂,如副油箱和导弹、炸弹、火箭弹等军械设备。机翼的内部空间常用来收藏起落架、放置一些小型设备、附件和储存燃油。特别是旅客机,为了保证旅客安全,很多飞机不在机身内储存燃油,而把燃油全部储存在机翼内。放置燃油的油箱有整体油箱和软油箱两种,为了减轻质量,近代飞机机翼油箱很多为整体油箱。

2.机翼上的载荷

(1)分布载荷:包括空气动力和自身质量力(重力和惯性力)。如图 3.13 所示,q_1 为气动力沿翼展方向的分布,q_2 为重力沿翼展方向的分布。

(2)集中载荷:它们是由其他部件通过接头传给机翼结构的,因其一般集中作用在个别的连接点上而称为集中载荷。如图 3.13 所示,其中发动机传给机翼的重力 G 和拉力 P 即为集中载荷。

以上这些载荷综合起来,使机翼结构上承受弯矩 M、剪力 Q 和扭矩 T 三种形式的力,如图 3.14 所示。

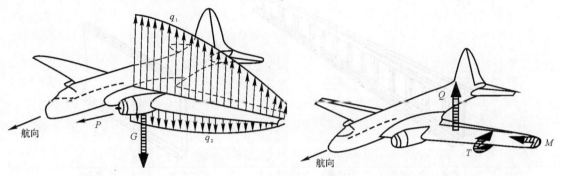

图 3.13 机翼上的外载荷　　　　　图 3.14 机翼上弯矩 M、剪力 Q 和扭矩 T

3. 配置形式

机翼在机身上的配置形式分为三种:机翼安装在机身上部(背部)为上单翼,如图 3.15 所示,轰-5、歼轰-7、伊尔-76、"新舟"60、歼-20、运-20 等采用上单翼;机翼安装在机身中部的为中单翼,如图 3.16 所示,歼-6、歼-7、歼-8、歼-10、强-5、轰-6、苏-27 等均采用中单翼;机翼安装在机身下部(腹部)为下单翼,如图 3.17 所示,ARJ21、C919 等均采用下单翼。

4. 构造

机翼的基本受力构件包括纵向(沿翼展方向)骨架、横向(沿气流方向垂直于翼梁方向)骨架和蒙皮。纵向骨架有翼梁、纵墙和桁条,横向骨架有普通翼肋和加强翼肋,其整体布置如图 3.18 所示。

图 3.15 上单翼

图 3.16 中单翼

图 3.17 下单翼

(1)翼梁。翼梁由梁的腹板和缘条(或称凸缘)组成(见图 3.19)。翼梁主要功用是承受机翼的弯矩和切变力,其上下缘条承受弯矩所引起的轴向力,其腹板承受切变力。翼梁大多在根部与机身固接。

(2)纵墙。纵墙的缘条比梁缘条弱得多,但大多强于一般长桁,纵墙与机身的连接被看作为铰接。墙和腹板一般都不能承受弯矩,但与蒙皮组成封闭盒段以承受机翼的扭矩。后墙则还有封闭机翼内

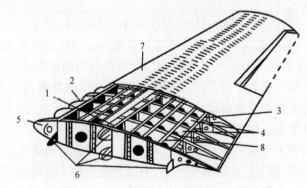

1—翼梁;　2—前纵墙;　3—后纵墙;　4—普通翼肋;
5—加强翼肋;　6—对接接头;　7—硬铝蒙皮;　8—长桁
图 3.18 机翼的典型结构元件

部容积的作用(见图 3.20)。

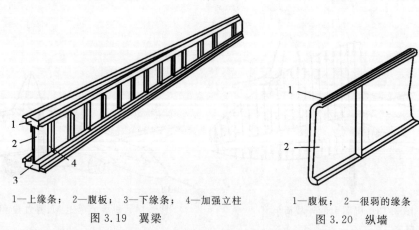

1—上缘条; 2—腹板; 3—下缘条; 4—加强立柱　　　　1—腹板; 2—很弱的缘条

图 3.19　翼梁　　　　　　　　　　　　图 3.20　纵墙

(3)桁条。桁条是与蒙皮和翼肋相连的元件,是纵向骨架中的重要受力元件之一(见图 3.21)。桁条的主要功用是支持蒙皮防止它在承受局部空气动力时产生过大的局部变形,并与蒙皮一起把局部空气动力传给翼肋;提高蒙皮的抗切变和抗压稳定性,使它能更好地承受机翼的扭矩和弯矩;与蒙皮一起承受由弯矩引起的轴向力。

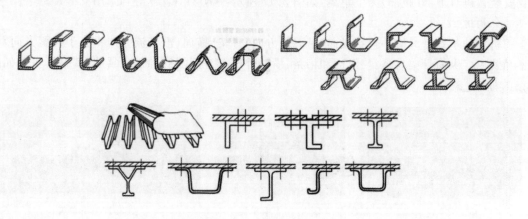

图 3.21　各式桁条

(4)翼肋。翼肋是横向受力骨架,用来支撑蒙皮,维持机翼的剖面形状。在有集中载荷的地方(如安装发动机、起落架等),普通翼肋得到加强而成为加强翼肋[见图 3.22(b)]。普通翼肋[见图 3.22(a)]构造上的功用是维持机翼剖面所需的气动外形。一般它与蒙皮、长桁相连,机翼受气动载荷时,它以自身平面内的刚度向蒙皮、长桁提供垂直方向的支撑。同时翼肋又沿周边支撑在蒙皮和梁(或墙)的腹板上,在翼肋受载时,由蒙皮、腹板向翼肋提供各自平面内的支承剪流。加强翼肋虽也有上述作用,但其主要是用来承受并传递自身平面内的较大的集中载荷或由于结构不连续(如大开口处)引起的附加载荷。

(5)蒙皮。在机翼结构中,蒙皮的功用是承受局部空气动力和形成机翼外形;金属蒙皮还要承受机翼的扭矩和弯矩。飞机的机翼广泛采用铆接的硬铝蒙皮,它的厚度随机翼的结构形式和它在机翼上的部位而定。一般机翼的前缘和翼根部位,蒙皮最厚,后缘和翼尖部位,蒙皮较薄。为了避免由于各块蒙皮的厚度不同而影响机翼表面的光滑性,有些飞机还采用了变厚度的过渡蒙皮(见图 3.23)。机翼除了广泛采用铆接的硬铝蒙皮外,还逐渐采用了整体蒙皮和夹芯蒙皮(见图 3.24 和图 3.25)。整体蒙皮是桁条和蒙皮通过模锻、挤压、精密铸造、化学铣削或机械加工等方法做成一个整体,它不但能节省大量的铆接工作,而且还能按需要改变蒙皮的厚度。夹芯蒙皮是用内外两层金属薄板,把夹芯放在中间胶接或焊接在一起形成一个整体。一般是用金属箔制成的蜂窝状格子,或者用金属波纹片,或者用泡沫塑料做夹芯。目前以蜂窝夹芯蒙皮应用较广。夹芯蒙皮可用在高亚声速、跨声速及马赫数不很大的超声速飞机上。这样的速度范围,对机翼蒙皮刚度要求很高,铝合金胶接的蜂窝夹芯蒙皮很适用[见图 3.25(b)]。在超声速飞机上,则可用不锈钢和钛合金焊接的蜂窝夹芯蒙皮。另外,还可以用高温塑料做夹芯,耐高温合金钢作表面层制造的夹芯蒙皮[见图 3.25(a)]。它的工艺非常简单,很有发展前途。

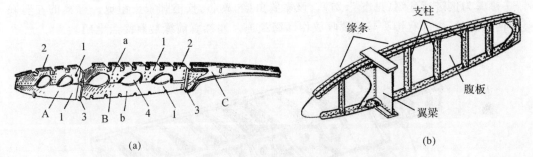

(a)　　　　　　　　　　　　　　　(b)

1—腹板;　2—周缘弯边;　3—与翼梁腹板连接的弯边;　4—减轻孔

A—前段;　B—中段;　C—后端;　a—上部分;　b—下部分

图 3.22　翼肋

(a)普通翼肋;　(b)加强翼肋

图 3.23　变厚度蒙皮

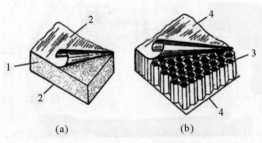

图 3.24　整体蒙皮

1—塑料芯;　2—金属面板;　3—蜂窝芯;　4—金属面板

图 3.25　夹芯蒙皮

（6）机翼上的其他装置。

1）副翼。副翼的功用是使机翼产生横侧滚转力矩，以保证飞机具有横侧操纵性。操纵副翼时，飞机能绕机身轴线向左或向右倾斜以致滚转。副翼一般都是通过两个以上的悬挂接头安装在机翼后缘处，并与副翼操纵系统的液压助力器相连。副翼构造与机翼构造大同小异，副翼通常也是由翼梁、翼肋、蒙皮和后缘型材组成（见图 3.26）。由于副翼承受的弯矩不大，所以一般都做成没有桁条的单梁式结构。现代高速飞机的副翼，为了较好地保持翼型和增加抗扭刚度，都采用了金属蒙皮。

2）襟翼。襟翼的功用是在飞机起飞和着陆时用来增加升力，使滑跑距离缩短。襟翼可装在机翼后缘或前缘，可向下偏转或（和）向后（前）滑动。襟翼的构造与机翼相似，下面以典型的歼－7 襟翼为例进行介绍（见图 3.27）。该襟翼由梁、翼肋、长桁和蒙皮组成。襟翼的左右端各装有两组滑轮，中部有接头与襟翼收放作动筒相连。左襟翼前缘装有终点电门。

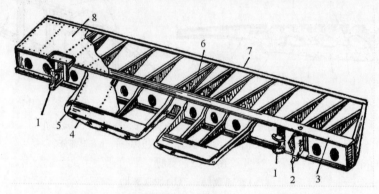

1—悬挂接头；　2—操纵摇臂；　3—翼梁；　4—内封补偿气密薄膜；
5—配重；　6—翼肋；　7—后缘型材；　8—蒙皮

图 3.26　副翼构造

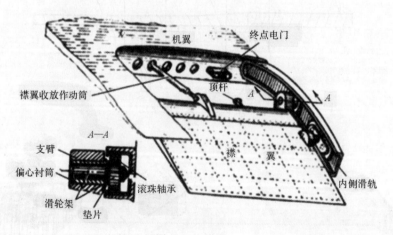

图 3.27　襟翼

3）翼尖和端翼。翼尖是指翼梢部的流线构件，起整流作用，一般用铝合金制成，也有用非金属材料（如玻璃钢）制造的。内部常安装航灯等设备。端翼又称"翼梢小翼"，装在机翼翼梢处的小翼面，有呈梯形和 S 形前缘的，横切面呈翼形，也起到整流作用。

4)补偿装置。补偿装置又称"气动补偿装置",是为减轻操纵力而采用的减少舵面铰链力矩的装置。其原理是使舵面的一部分面积(补偿面)产生与其他部分相反的气动力矩,从而减少舵面铰链力矩,使操纵飞机时省力。

5)调整片和修正片。铰链在主操纵面后部,用以平衡主操纵面铰链力矩的活动"小翼面",叫调整片。根据用途不同可分为补偿调整片、配平调整片和操纵片等。修正片又称"固定调整片",是一种供地面调整用的配平装置。修正片是固定在操纵面后缘的板件,根据试飞结果,在地面将修正片调到适当的偏角,以消除飞机制造误差引起的气动力不平衡,调整后在飞行中即不再改变。

6)扰流板和折流板。扰流板是安装在机翼上表面或下表面,能阻扰气流,减少或增加升力的板状操纵面,是飞机的横向辅助操纵装置。折流板又称"导流板",位于机翼下面襟翼前方,其作用是提高襟翼效率。

机翼的特点是薄壁结构,因此以上各元件之间的连接大多采用分散连接,如铆钉连接、螺栓连接、点焊、胶接或它们的混合形式,如胶铆等。连接缝间的作用力可视为分布剪流形式。

最后,构成机翼结构的除以上基本元件外,还有机翼-机身连接接头,它是重要受力件。接头的形式视机翼结构的受力形式而定。连接接头至少要保证机翼静定地固定于机身上,即能提供 6 个自由度的约束。实际上一般该连接往往是静不定的。

5.机翼结构的典型受力形式

机翼在载荷作用下,由某些元件起主要受力作用,所谓机翼结构的受力形式是指结构中这些起主要作用的元件的组成形式。各种不同的受力形式表明了机翼结构不同的总体受力特点。受力形式比相应的真实机翼结构简单得多。对于组成某受力形式的各主要受力元件(如翼肋、翼梁等),我们并不注意它们本身的具体构造,而是着重分析它们各自的受力作用。

机翼的典型受力形式有:梁式、单块式、多腹板式及混合式等薄壁结构,此外还有一些厚壁结构(如整体壁板式)的机翼。下面列举几种典型受力形式机翼的构造特点。

(1)梁式。梁式机翼的主要构造特点是纵向有很强的翼梁(有单梁、双梁或多梁等多种形式);蒙皮较薄,长桁较少且弱,梁缘条的剖面与长桁相比要大得多;有时还同时布置有纵墙。梁式机翼通常不做成一个整体,而是分成左、右两个机翼,即机翼常在机身的左、右侧边处有设计分离面,并在此分离面处,借助几个梁、墙根部传递集中载荷的对接接头与机身连接(见图 3.18 和图 3.28)。

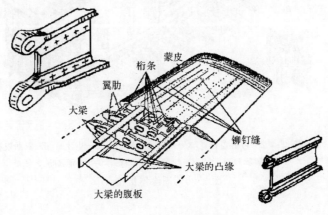

图 3.28　双梁式直机翼

（2）单块式。从构造上看，单块式机翼的长桁较多且较强，蒙皮较厚，长桁、蒙皮组成可受轴向力的壁板。当有梁时，一般梁缘条的剖面面积与长桁的剖面面积接近或略大，有时就只布置纵墙。为了充分发挥单块式机翼的受力特点，左、右机翼一般连成整体贯穿机身。但有时为了使用、维护方便，在展向布置有设计分离面。分离面处采用沿翼箱周缘分散连接的形式将机翼连为一体（见图 3.29 和图 3.30）。

（3）多腹板式（多梁式）。这类机翼布置了较多的纵墙（一般多于 5 个）；蒙皮厚可从几毫米到十几毫米；无长桁；翼肋很少，但结合受集中力的需要，至少每侧机翼上要布置 3～5 个加强翼肋（见图 3.31）。当左、右机翼连成整体时，与机身的连接与单块式类似。但有的与梁式类似，分成左右机翼，在机身侧边与之相连。此时往往由多腹板式过渡到多梁式，用少于腹板数的几个梁的根部集中对接接头在根部与机身相连（见图 3.32）。

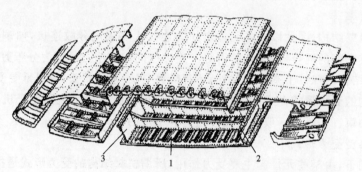

1—长桁；　2—翼肋；　3—墙或梁的腹板

图 3.29　单块式机翼

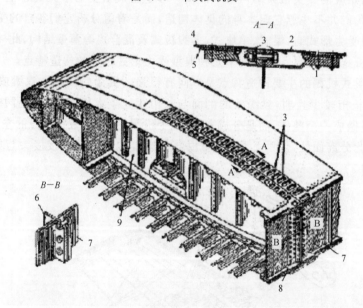

1—对接接头；　2—可拆盖板；　3—孔；　4—蒙皮；　5—垫片；　6—翼肋腹板；

7—翼梁腹板；　8—翼梁的对接角材；　9—加强翼肋

图 3.30　周缘连接接头

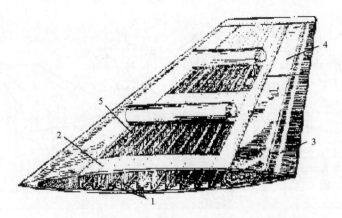 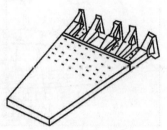

1—纵墙；　2—蒙皮；　3—襟翼；　4—副翼；　5—纵墙的缘条　　　图 3.32　机翼根部构造

图 3.31　多腹板式机翼

我们知道,机翼有各种不同的平面形状,大致可分为直机翼、后掠翼、三角机翼和小展弦比直机翼 4 种,它们分别用于不同速度、不同类型的飞机上。例如直机翼主要用于低速飞机上,后掠翼主要用于高亚声速和超声速飞机上。国外还有变后掠翼的飞机,其机翼后掠角可在 20°～70°之间变化,以适应飞机低空低速、高空高速、低空高速的性能变化需要。三角翼和小展弦比直机翼用于超声速飞机上。不同类型平面形状的机翼,往往采用不同形式的机翼结构。即使是同一种类型的平面形状,其结构形式也由于各飞机的具体设计要求不同而各异。

从实际机翼情况看,现在,单纯的梁式机翼已很少采用,一般只用在低速或小型飞机上。速度较高的飞机很多采用带两三根梁的单块式翼盒结构或多梁厚蒙皮式结构。各种受力型式虽然总体受力特点不同,但机翼结构中各元件的受力作用和传力过程又有很多共用点。

二、机身

1.功用

机身是飞机的一个重要部件。它的主要功用是安置空勤人员、旅客,装载燃油、武器、设备和货物等;把机翼、尾翼、起落架(对歼击机一般还有发动机)连接在一起,形成一架完整的飞机。这些部件通过固定在机身上的接头,把作用在各部件上的载荷都传到机身上,和机身上的其他载荷一起达到受力平衡,因此机身是整架飞机的受力基础。

2.机身的内部布置

机身的内部布置了各种装载。图 3.33 为某强击机的部位安排情况。内部布置时应将各装载、燃油等合理地布置在机身内,同时协调机身与机翼、尾翼、起落架等部件的受力结构。有效载重的布置应使它们所处的位置满足其本身的技术条件要求。如前方搜索雷达天线要求安排在机身最前端;燃油及炸弹应尽可能置于飞机重心附近,以期达到不因燃油的消耗与炸弹的投放而使飞机重心变化超出规定的范围等。除位置要求外,还必须满足各种装载的使用、检测、维护和更换等要求。如空勤人员和旅客进出、货物装卸、炸弹投放等都需在机身上开很大的舱门;设备、附件等要经常检测、维护,有些是每一个起落都要检查。这就需要创造条件便于方便地接近它们。在大型飞机上,绝大部分可从机舱内部接近;但在歼击机上,却必须在机身壳体上开很多大小不一的检查窗口。对于按损伤容限要求设计的结构,要考虑可检测性。

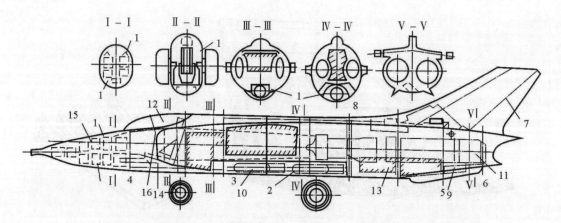

1—前机身桁梁; 2—与机翼主梁对接加强框(24框); 3—与机翼前梁对接的17号加强框;
4—其他加强框(8,12,13,16,20,25,29,30); 5—与全动平尾转轴连接的41号加强框;
6—水平尾与垂尾安定面相连接的44号加强框; 7—垂尾安定面后梁轴线;
8—机身设计分离面; 9—减速伞舱; 10—炸弹舱; 11—发动机; 12—驾驶员座舱;
13—油箱舱(前后共4个); 14—前起落架舱; 15—设备舱; 16—座舱地板

图 3.33 某强击机机身内部布置与主要受力构件布置

3. 机身上的载荷

(1)空气动力载荷。由于机身基本上为对称流线体,故机身上除局部区域外,气动载荷都较小。只有在头部和一些曲度较大的突出部位(如座舱盖)等处局部气动载荷较大,因此空气动力应作为这些部位的主要设计载荷之一。但机身分布气动力对机身的总体载荷基本没有影响(见图 3.34)。

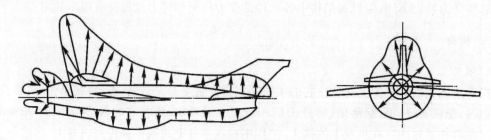

图 3.34 机身表面压力分布(对称情况)

(2)重力。机身内的载重与机身结构本身都会产生重力,其中尤以各种装载的重力影响较大。沿轴线各点上的过载大小与方向不一定相同,故也会影响到重力的大小与方向。它们有的为集中力形式(如装载通过集中接头连到机身结构上时),有的为分布力形式(如客舱、货舱内载重的重力)。

(3)其他部件传来的力。这里主要指在飞行或起飞着陆滑跑中由机翼、平尾、垂尾或起落架上传来的力。若发动机安装在机身上,则还有发动机推力和陀螺效应产生的集中力。

(4)增压载荷。增压载荷在机身增压舱部分自身平衡而不影响机身的总体载荷。

由于机身的特殊性,上述(2),(3)项对机身结构是主要的外载荷。

4. 构造

现代飞机的机身结构是由纵向元件(沿机身纵轴方向)——桁梁、长桁和垂直于机身纵轴的横向元件——隔框以及蒙皮组合而成（见图 3.35）的。桁梁、长桁安装在隔框上，蒙皮安装在隔框、桁梁、长桁上。它们组成一个整体结构，用来承受全机外部载荷所引起的切变力、弯矩、扭矩，形成和保持必需的机身外形。隔框的作用类似于机翼的翼肋，桁梁、长桁、隔框组成了机身骨架，蒙皮包在整个机身骨架外面，用来保证机身外表光滑以减小飞行中的阻力。机身结构中承受切变力、弯矩、扭矩的基本构件是桁梁、长桁、蒙皮。其中，机身侧边蒙皮相当于翼梁腹板，主要承受切变力；桁梁、长桁和蒙皮共同承受弯矩所引起的轴向力；蒙皮所组成的封闭合围框承受扭矩。

（1）桁梁。机身桁梁的构造比较简单，通常就是一根用铝合金或高强度合金钢轧制而成的型材，常见的桁梁截面形状如图 3.36 所示。从受力特点来说，机身的桁梁相当于机翼大梁的缘条，它是承受弯矩引起的轴向力的主要构件。

（2）隔框。机身隔框与机翼的翼肋大致相当，也分为普通隔框和加强隔框两种。

1）普通隔框。普通隔框用来形成和保持机身外形，提高蒙皮的稳定性，承受局部空气动力。普通隔框承受的载荷不大，一般都采用硬铝压制的型材，按机身的横截面形状做成圆形、椭圆形或其他需要的形状，框橼的截面形状有闭合和开口两种（见图 3.37）。普通隔框的构造，与机身的结构形式也有一定的关系。桁条式机身的普通隔框，通常都做成完整的圆环形；桁梁式机身因大的开口比较多，开口部位的普通隔框往往不是封闭的。

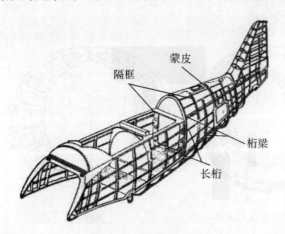

图 3.35　桁梁式机身

图 3.36　桁梁截面形状

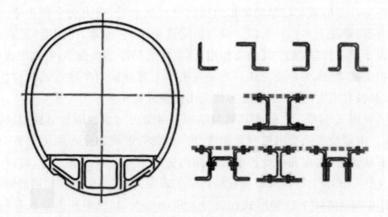

图 3.37　普通隔框

2)加强隔框。加强隔框除具有普通隔框的作用外,还用来承受和传递某些大部件传来的集中载荷。加强隔框的构造是根据它所承受载荷的大小,以及机身内部各部件和设备的布局而定。一般有壁板式、环式和整体式三种。在两个舱位的分界处,加强隔框一般都采用壁板式(见图3.38);对于机身中部必须开孔的部位,例如,客机机舱的加强隔框通常都做成具有部分壁板的环形隔框(见图3.39)。在安装机翼、尾翼等大部件处的加强隔框,现在都采用了铸造整体式(见图3.40)。

(3)长桁。长桁一般由硬铝压制型材制成,其主要作用是加强蒙皮,与蒙皮一起承受弯矩引起的轴向力。

(4)蒙皮。蒙皮一般为硬铝制成,完整的蒙皮除了要承受切变力的扭矩作用外,还要承受弯矩引起的轴向力。

5.机身结构典型受力型式

(1)桁梁式[见图3.41(a)]。它的结构特点是有几根(如4根)桁梁,桁梁的截面积较大。在这类机身结构上长桁的数量较少而且较弱,甚至长桁可以不连续;蒙皮较薄。这种结构的机身,弯曲引起的轴向力主要由桁梁承受,蒙皮和长桁只承受很小部分的轴力,剪力则全部由蒙皮承受。从它的受力特点可以看出,在桁梁之间布置大开口,不会显著降低机身的抗弯强度和刚度。虽然因大开口会减小结构的抗剪强度与刚度而必须补强,但相对桁条式和硬壳式来说,同样的开口,桁梁式补强引起的重力增加较少。

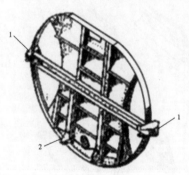
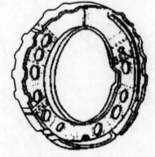
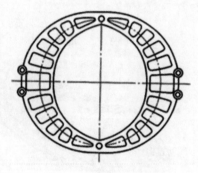

1—机翼接头; 2—下部接头 　图3.39　环形壁板式加强隔框　　图3.40　整体式加强隔框
图3.38　壁板式加强隔框

(2)桁条式[见图3.41(b)]这种形式机身的特点是长桁较密、较强,蒙皮较厚。此时弯曲引起的轴向力将由许多桁条与较厚的蒙皮组成的壁板来承受,剪力仍全部由蒙皮承受。从其受力特点可以看出,蒙皮上不宜开大口。但与桁梁式相比,它的弯、扭刚度(尤其是扭转刚度)比桁梁式大。由于蒙皮较厚,在空气动力作用下,蒙皮的局部变形也小,有利于改善性能。

桁条式和桁梁式,统称为半硬壳式。现代飞机绝大部分采用半硬壳式结构。而且由于桁条式的优点,只要没有很大的开口,机身多数采用桁条式结构。

(3)硬壳式[见图3.41(c)]。硬壳式机身结构是由蒙皮与少数隔框组成,其特点是没有纵向构件,蒙皮厚。由厚蒙皮承受由机身总体弯、剪、扭载荷形成的全部轴力和剪力。隔框用于维持机身截面形状、支持蒙皮和承受扩散框平面内的集中力。因为蒙皮厚、局部刚度大,所以隔框数量少。这种形式由于材料都布置在结构最大高度上,在其他条件相同的情况下,有较大的弯曲、扭转刚度。但实际上这种形式在机身上用得很少,其根本原因是机身的相对载荷较小,而且机身不可避免要有大开口,因而蒙皮材料的利用率不高,开口补强增重较大。所以只在直径较小的机身上和机身结构中某些气动载荷较大、要求蒙皮局部刚度较大的部位,如头部、机头罩、尾锥等处有采用。

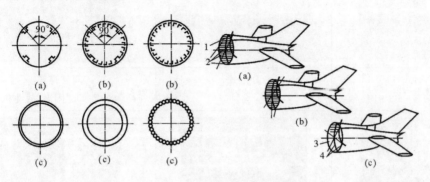

1—长桁；　2—桁梁；　3—蒙皮；　4—隔框

图 3.41　机身结构典型受力形式

(a)桁梁式；　(b)桁条式；　(c)硬壳式

三、尾翼

尾翼构造与机翼大体相同,可以看作是缩小的机翼或机翼的一部分(见图 3.42)。

图 3.42　尾翼

1.功用

尾翼的功用是使飞机保持俯仰和方向平衡,并使飞机具有俯仰和方向稳定性、操纵性。常规飞机的尾翼都是由水平尾翼和垂直尾翼两部分组成的。水平尾翼包括水平安定面和升降舵;垂直尾翼包括垂直安定面和方向舵。水平安定面是用来保证飞机俯仰(也就是通常所说的水平)平衡的,而操纵升降舵时能使飞机抬头或低头,从而改变飞行高度;垂直安定面是用来保证飞机方向平衡的,而操纵方向舵时能使飞机头部向左或向右偏转,从而改变飞行方向。

2.配置形式

尾翼在飞机上的配置形式是多种多样的,见表 3.1。

表 3.1 尾翼在飞机上的配置形式

普通式 例:轰-5、轰-6、C919	分散式 例:水轰-5	双尾撑式 例:P-38"闪电"战斗机
十字形 例:歼-5	T形 例:ARJ21、伊尔-76	V形 例:F-18 超级大黄蜂
全动平尾 例:歼-7、歼-8、强-5、歼轰-7	全动垂尾 例:歼-20	双垂尾式 例:苏-27
无平尾式 例:美 F7U"弯刀"舰载机	无尾式 例:B-2 轰炸机	鸭式 例:歼-10

3. 构造

不论垂直尾翼还是水平尾翼,都由安定面和舵面组成。安定面主要起平衡作用,舵面主要起操纵作用(见图 3.43)。

(1)安定面。安定面的构造与机翼基本相同。小型飞机的安定面较小,一般采用梁式结构;大型飞机的安定面较大,大多采用单块式结构。水平安定面有整体和分离的两种。后掠的水平尾翼左右安定面做成一个整体时,往往采用有坚固中央翼肋的结构形式;如果做成可分离的,则多采用有坚固侧边翼肋的结构形式。垂直安定面有的与机身做成一体的,有的是可拆卸的。十字形配置的尾翼,垂直安定面通常都做成上、下两部分,下部与机身做成一个整体,上部做成可拆卸的。

　　(2)舵面。舵面的构造也与机翼基本相同,只是它面积小,一般采用没有桁条的单梁式结构。升降舵一般都是左、右两块(见图 3.44)。在低速飞机上,左、右升降舵大多是平直的,一般都做成一个整体,并用几个连接接头与水平安定面连接,由一根升降舵操纵杆来操纵;在高速飞机上,左、右升降舵大多是后掠的,一般不做成一个整体,所以,左、右升降舵各自用两个以上的连接接头与水平安定面连接。左、右升降舵有的用万向接头通过一根升降舵操纵杆来操纵,有的则分别用两根升降舵操纵杆来操纵。方向舵一般都是一个整块,用两个以上的连接接头与垂直安定面连接,由方向舵操纵杆来操纵。

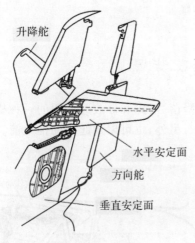

图 3.43　尾翼构造

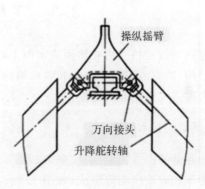

图 3.44　升降舵操纵摇臂

　　(3)全动尾翼。在低速飞机上,水平安定面和升降舵是分开的,水平安定面一般固定在机身上不动,只有升降舵动;在高速飞机上,为了改善俯仰操纵性能,一般都将水平安定面和升降舵做成一个整体,让水平安定面和升降舵一起全动,称为全动式水平尾翼,已被现代高速飞机广泛采用(见图 3.45)。

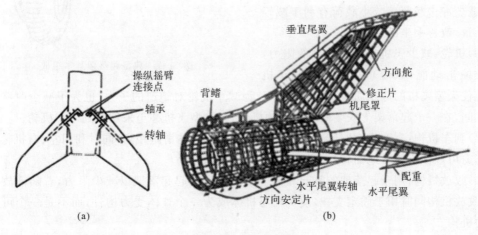

图 3.45　全动平尾

　　(4)腹鳍。现代高速飞机,尤其是战斗机,为了改善方向稳定性,往往还在机身尾部下方安装一块至两块垂直安定片。实际上就是把垂直安定面的面积加大了,使飞机的方向稳定性更好了。由于它类似鱼的腹鳍,所以称其为"腹鳍"(见图 3.46)。

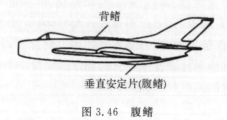

图 3.46　腹鳍

3.3　飞机起落装置

飞机起落装置是供飞机在地面或水面上起飞、降落、滑跑和停放时使用的一种机构,它主要由受力结构、减震器、机轮、刹车和收放机构组成。另外,也可以用起飞助推火箭、着陆阻力伞等装置来改善飞机的起降性能。

一、起落架的基本组成

典型的起落架由受力结构(支柱)、减震器、机轮、刹车和收放机构等组成,如图 3.47所示。

(1)支柱:用来承受地面各个方向的载荷并作为安装机轮的支撑部件;为了充分利用构件,减轻质量,减震器和支柱可以合二为一。

(2)减震器:吸收着陆和滑跑时的冲击能量,减少冲击载荷。减小载荷有利于减轻结构质量,改善乘坐品质。

(3)机轮:减少飞机在地面运动的阻力,并吸收撞击动能(减震),还可安装刹车机

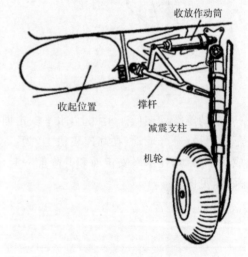

图 3.47　典型起落架基本组成

构。现代大型飞机的起飞质量达 300 t 以上,为减小机轮对跑道的压力,也为了减少收藏起落架的空间,在一个起落架上安装两个以上的机轮,超大型飞机甚至采用四到八个机轮。

(4)刹车机构:刹车机构安装在机轮上可缩短飞机着陆滑跑距离,同时利用左、右机轮不同的刹车力可以使飞机在地面转弯,提高地面机动性能。

(5)收放机构:用于起落架的收起和放下。飞行时收起起落架以减少阻力,着陆前放下起落架,收放机构同时用于固定支柱,使支柱与机体成为一个整体受力构件,而不是一个可改变形状的机构。

二、起落架的配置形式

起落架是陆地飞机广泛使用的一种起落装置。除了应当满足质量轻、工艺性能好等要求

外,对它的特殊要求是:起落架必须保证飞机能在地面上自由滑行,要能平稳地吸收飞机着陆时的碰撞能量,同时要求在飞行中的阻力最小。

1.陆地和舰载飞机起落架配置形式

陆地和舰载飞机的起落架配置形式通常有:后三点式、前三点式和自行车式,如图 3.48 所示。

(1)后三点式:两个主轮在前面,一个小轮在后面,活塞式飞机用此形式的较多,特别是单发活塞式发动机飞机。

(2)前三点式:两组主轮在后面,一组小轮在前面,这是目前喷气式飞机用得最多的一种形式,大型螺旋桨飞机亦多采用。与后三点式相比,这种布置的优点是可以缩短起降距离,刹车效率高,不会使飞机"拿大顶",另外地面操纵性和滑行稳定性及驾驶员视界都好。其缺点是前轮较重并存在摆振问题,收藏较难。

(3)自行车式:两组主轮安装在机身前后位置,机翼上装有两个辅助支持轮。这种形式主要用在高速和重型飞机上。这是因为这种飞机机翼很薄,机轮不易收藏在机翼内。其缺点是低速时飞机容易向两侧倾倒。

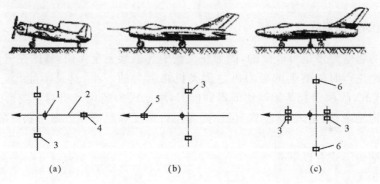

1—飞机重心；　2—飞机纵轴；　3—主轮；　4—尾轮；　5—前轮；　6—辅助轮

图 3.48　陆地和舰载飞机起落架配置形式
(a)后三点式；　(b)前三点式；　(c)自行车式

2.水上飞机起落架的配置形式

水上飞机起落架的配置形式通常有:船身式、浮艇式和两栖式三种,如图 3.49 所示。水上飞机的起落装置与陆地和舰载飞机的起落装置有很大差异,这主要是根据水上飞机的起降环境而设置的。

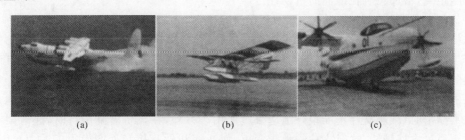

图 3.49　水上飞机起落架配置形式
(a)船身式；　(b)浮艇式；　(c)两栖式

3. 冰雪和草地飞机起落架的配置形式

冰雪和草地飞机起落架的配置形式通常有雪橇式和履带式两种，如图 3.50 所示。这两种起落装置用得较少。

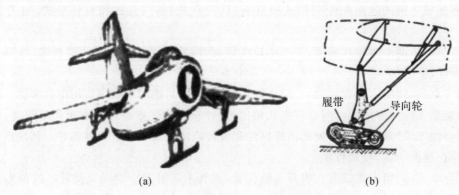

履带　　导向轮

(a)　　　　　　　　　　　　　　(b)

图 3.50　冰雪和草地飞机起落架配置形式

(a)雪橇式；　(b)履带式

三、起落架的结构形式

现代飞机的起落架多是可收放的，因为在飞行中起落架完全无用，暴露在气流中会造成很大的阻力。高速飞行时起落架的阻力可达到飞机总阻力的一半，这是不能允许的。因此，从 20 世纪 30 年代起，收放式起落架就逐渐得到推广，现已成为现代飞机的主要形式了。虽然收放式起落架结构复杂、质量大、成本高，但在提高飞行速度和经济性方面所获得的好处，仍然大于其缺点。

起落架的结构形式有以下几种。

1. 张臂支柱式

图 3.51 为张臂支柱式起落架，多用在小型飞机上。它的主要组成部分，减震支柱是将减震器和起落架支柱制成一体。而减震器的用途是吸收飞机着陆时的撞击能量，使其不能传到机翼或机身上去。这种减震器由一副套筒构成，筒内装有压缩空气和油液，当受到冲击时空气可以缓冲，而油液可以吸收冲击能量。扭力臂是减震支柱式起落架不可缺少的构件，其功用是不让机轮和支柱内筒一起相对于支柱外筒转动。机轮与汽车轮胎相似，只是飞机上用得更高级些，内部充的气压可高达 2 MPa。机轮上装有灵活的具有防抱死功能的刹车装置，以便缩短着陆滑跑距离，增加飞机在地面的机动性。

2. 撑杆支柱式

撑杆支柱式和张臂支柱式不同的是多了一个或几个撑杆，如图 3.52 所示。这种形式多用在中等飞机上。这时的支柱相当于一根双支点外伸梁。在收放式起落架上，撑杆还可以作为起落架的收放连杆，有时撑杆本身就是收放作动筒。

以上两种支柱式起落架虽有体积小、易收放的优点，但也有缺点，主要是当它受到来自正面的水平撞击时，减震支柱不能很好地起减震作用。另外，在飞机着陆滑行时，起落架上的载荷通常不通过支柱轴线，这时支柱须承受弯矩，使活塞和外筒接触处产生很大的力。因此，不仅减震支柱的密封装置易受磨损，而且减震作用也受到很大的影响。

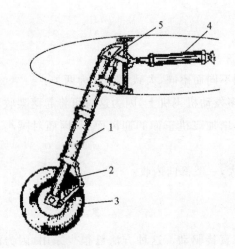

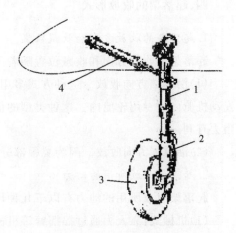

1—减震支柱； 2—扭力臂； 3—机轮；
4—收放作动筒； 5—翼梁

图 3.51 张臂支柱式起落架

1—减震支柱； 2—扭力臂； 3—机轮；
4—斜撑杆（兼作收放作动筒）

图 3.52 带撑杆的支柱式起落架

3.摇臂式

图 3.53 这种形式的起落架支柱和减震器是单独的两个整体,起落架的着陆冲击经过摇臂绕 A 点转动传给了减震器。其优点是由于其减震器不承受弯矩,只承受轴向力,所以密封性能较好,不易漏油而且摩擦也较小。另外,此形式吸收正面冲击的性能较好,这一点对滑跑速度较高的高速飞机特别有利。其缺点是构造复杂、质量增加,不适用于大飞机,现在多用于喷气式歼击机上。

4.小车式起落架

飞机质量的不断增加和速度的不断提高,使这种起落架在质量和收藏方面都变得更为有利,故广泛用于重型高速飞机上,如图 3.54 所示。这种起落架降低了机轮对跑道的压力,另外还可减小在机体内的收藏空间。轮架与支柱的连接必须采用铰接而不能采用固接,而且轮架后部也应能绕支柱转动。

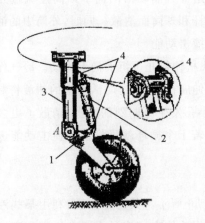

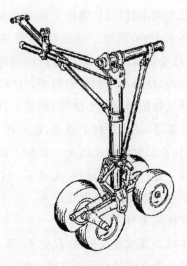

1—摇臂； 2—减震器； 3—支柱； 4—万向接头

图 3.53 摇臂式起落架受正面撞击时减震器的作用

图 3.54 小车式起落架

四、起落架的收放形式

1. 起落架的收放方向和收藏位置

起落架的收放方向和收藏位置随着飞机型别不同而不同,大致可以分为两类:

(1)沿翼弦方向收放。这种方式多用在大型多发动机飞机上,因为这时可将起落架收藏在发动机舱内或专用轮舱内。这种类型的优点是不增加飞机正面的迎风面积,因而对减小飞机阻力有利。

(2)沿翼展方向收放。因为翼根部分空间较大,一般都向内收。

2. 起落架收放所用的动力

起落架收放所用的动力有以下几种形式:

(1)机械式:靠人力通过摇摆臂等机械机构来直接驱动。这种方法已很少采用,因为消耗人力太大且动作太慢。

(2)液压式:将高压油通入液压收放作动筒内,推动起落架支柱绕转轴旋转达到收放的目的。这种方式用得很广泛。

(3)气压式:和液压式相似,只是用压缩空气代替高压油。这种方式在小飞机上用得较多,也常用作起落架的应急收放系统。

五、起落架的减震机构

现代飞机上应用的减震机构主要是油气式减震器和全油液式减震器(液体减震器)。

1. 油气式减震器

这种减震器主要依靠压缩空气受压时的变形来吸收撞击动能,并利用油液高速流过小孔产生的摩擦发热来消耗动能,因此吸收能量大而反跳小。其工作原理如图 3.55 所示。

油气式减震器主要由外筒、活塞、活塞杆、制动活门和密封装置等部件组成。当飞机着陆与地面发生撞击时,飞机继续下沉而压缩减震器使活塞杆上移。这叫作"正行程"或"压缩行程",如图 3.55(a)所示。活塞上面,外筒中的油液被迫冲开制动活门向下以高速流过几个小孔,油液与小孔发生剧烈摩擦所产生的热量经过活塞杆和外筒而消散。同时,外筒中的油液被压缩而升高,使得冷气的体积缩小,气压增大,吸收了撞击动能。

当冷气被压缩到最小体积,活塞上升到顶点时,飞机便停止下沉而向上运动。冷气作为弹性体开始膨胀,活塞杆向下滑动,这叫作"反行程"或"伸展行程"。这时活塞中的油液将制动活门关闭,油液以更高速度通过小孔向上流动,油液与小孔发生更剧烈的摩擦,消散了更多的动能。这样一正一反两个行程,完成了一个循环。经过若干个循环就可将全部撞击动能逐步转化为热能而消散,使飞机平稳下来。

2. 液体减震器

液体减震器减震效率高、尺寸小、质量轻,如图 3.56 所示。其工作原理:利用某些液体在高压下产生微小的压缩变形来吸收撞击能量,同时利用液体高速流过小孔产生剧烈摩擦发热来消耗能量。它的工作原理与油气式减震器相似。

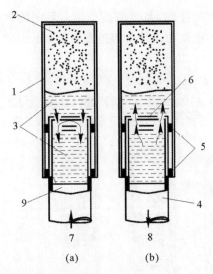

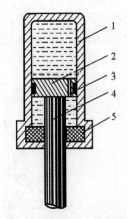

1—外筒(上接飞机骨架)；　2—冷气；　3—油液；

4—活塞杆(下接机轮)；　5—密封装置；　6—制动活门；

7—箭头表示活塞杆向上(正行程)；

8—箭头表示活塞杆向下(反行程)

图 3.55　油气减震器的工作原理简图

(a)正行程(减震器压缩)；　(b)反行程(减震器伸展)

1—外筒；　2—活塞；　3—通油小孔；

4—活塞杆；　5—密封装置

图 3.56　液体减震器工作原理简图

六、起落架的机轮和刹车

起落架的机轮功用是减小飞机在地面运动的阻力,并吸收撞击动能,还可安装刹车机构。机轮构造如图 3.57 所示。为了便于装拆轮胎,轮毂上装有可拆卸的活动半轮缘,并有防转销以防止半轮缘转动。两个半轮缘在接耳处用螺栓固定,轮毂由铝合金或镁合金制造。机轮每边装有刹车盘。机轮内装有锥形滚柱轴承,轴承外侧装有挡油装置。机轮置于轮轴上,机轮各部分按一定顺序安装,并由螺帽固定。

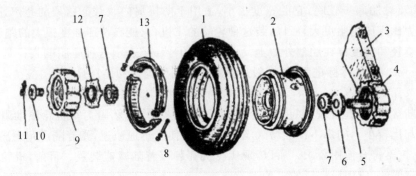

1—轮胎；　2—轮毂主体；　3—轮臂；　4—外侧刹车盘；　5—轮轴；　6—外侧挡油盘；　7—轴承；　8—螺栓；

9—内侧刹车盘；　10—机轮固定螺帽；　11—刹车短管；　12—内侧挡油盘；　13—活动半轮缘

图 3.57　机轮构造的分解

1. 轮胎

轮胎包括内胎和外胎。轮胎内部充气后可以压缩,具有减震作用。不同的轮胎在压缩过程中吸收能量的多少不同。"低压轮胎"吸收的能量约占起落架减震装置吸收总能量的30%～40%以上。而"高压轮胎"吸收的能量仅占15%～20%。

航空轮胎按其内部充气压力的高低,可分为"低压轮胎"[充气压力约为$(2\sim3)\times10^5$ Pa]、"中压轮胎"[$(3\sim5)\times10^5$ Pa]、"高压轮胎"[$(6\sim10)\times10^5$ Pa]和"超高压轮胎"(大于1 MPa)。它们的直径和宽度的比值也不同。一般说来,当直径相等时,低压轮胎最宽,如图3.58所示。

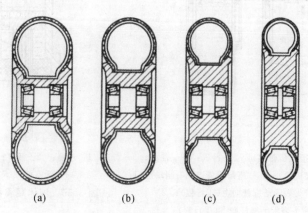

图3.58 轮胎的不同类型

(a)低压轮胎; (b)中压轮胎; (c)高压轮胎; (d)超高压轮胎

(1)低压轮胎承受载荷时,压缩量较大,能吸收较多的能量。同时,它对地面的压力小,在较软的土跑道上滑跑时,也不易陷入地面。但低压轮胎宽度较大,不便于收入高速飞机的薄机翼内,所以它多用于低速、轻型飞机或用作某些飞机的尾轮。

(2)中压轮胎的工作性能介于低压与高压轮胎之间,它通常用在起飞、着陆速度不太大的飞机上。

(3)高压轮胎的工作性能与低压轮胎相反。高速飞机因机翼较薄,为了将起落架收入机翼内,要求轮胎宽度小。同时,由于起飞、着陆速度大,要求充气压力大,所以大多数采用高压轮胎。

(4)超高压轮胎起步较晚,它的宽度很小,适用于薄机翼内收藏起落架的超声速飞机。它对地面的压力比高压轮胎更大,所以,装这种轮胎的飞机,只能在抗压强度很大的跑道上滑跑。

轮胎的直径和宽度标在胎侧外壁上。例如,"660×160"表示这种轮胎的直径是660 mm,宽度是160 mm。在尺寸标记附近,一般还标有该轮胎的类别和出厂日期等。

2. 刹车装置

飞机着陆接地时,具有较大的水平分速,但滑跑过程中,气动阻力与机轮滚动阻力对飞机的减速作用却比较小。如果不设法增大飞机的阻力,使之迅速减速,则着陆滑跑距离与滑跑时间势必很长,这不符合使用要求。所以,现代飞机都装有着陆减速装置。目前,机轮刹车装置就是其中最主要的、应用最广泛的一种。

机轮刹车装置功用主要是缩短飞机着陆滑跑距离。有的飞机可缩短50%。另一个功用是在地面上可以利用两个机轮不同的刹车力矩,使飞机在地面上转弯,提高地面机动性。

在正常工作时,两个机轮的刹车作用应相等。刹车的作用力应均匀,还不能卡住。刹车还应很快起作用。通常在 2 s 内应使刹车从最松转到最紧。完全放松不超过 1 s。

　　刹车的基本工作原理如图 3.59 所示。平时刹车片同刹车套之间留有间隙[见图 3.59(a)]。如驾驶员操纵刹车使冷气或高压油液进入固定在轮轴上的刹车盘,推动其上的刹车片,使它紧压在轮毂内的刹车套上[见图 3.59(b)]。由于接触面之间的摩擦作用,便可提高阻止机轮滚动的力矩,从而使机轮受到的地面摩擦力显著增大,飞机着陆滑跑速度便跟着降低,滑跑距离也因而缩短。

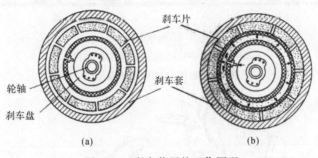

图 3.59　刹车装置的工作原理

(a)未刹车时;　(b)刹车时

　　必须指出,地面摩擦力的增大是有限度的。当刹车力增大,地面摩擦力跟着增大到某一最大值时,纵然再增大刹车力,它也不会继续增大。这时机轮在地面上出现"打滑"现象,即机轮阻滞不转,而与地面发生了相对滑动,这样不仅不能有效地缩短滑跑距离,而且会使轮胎磨损加快和不匀,导致缩短使用寿命,所以驾驶员在操纵刹车时必须注意避免发生这种现象。

　　为了防止机轮"打滑"和提高刹车效能,现代飞机上常装有一种自动器,使机轮能自动进行刹车动作。在刹车时,对冷气或油液施加压力的大小,不由驾驶员凭感觉和体力来控制,而由自动器控制。一旦"打滑",刹车就放松,"打滑"消除后,刹车又起作用,这样就大大提高了刹车的效率。

七、改善起降性能装置

　　由于飞行速度不断提高,起飞和降落成为一个极其重要的问题,又因为飞行速度的增加使起飞和降落滑跑距离显著增长,这样将使机场的修建很昂贵并且复杂。这种情况不仅在经济上带来恶果,更严重的是使空军部队作战机动性受到很大的影响,此外,其还使飞机起落时发生危险的可能性增加。由于这些情况,飞机设计师在飞机的起飞和降落方面,展开了

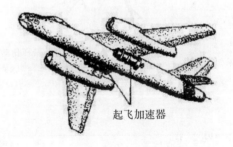

图 3.60　装有起飞加速器的轰炸机

大规模的科学研究和实验工作,目的是想办法降低飞机对机场的要求和依赖。

　　1.缩短起飞滑跑距离的装置

　　在飞机上装有火箭起飞加速器,可以缩短飞机起飞滑跑距离的 40%～60%。图 3.60 所示为一装有起飞加速器的轰炸机。起飞弹射装置、起飞加速车和斜台发射装置都是常用的改善起飞性能的装置。

2.缩短飞机着陆滑跑距离的装置

这种装置的作用是不断减小飞机的着陆速度,以缩短着陆滑跑距离。常用的有减速伞、阻力板、拦网装置和钢索减速装置,如图 3.61~图 3.66 所示。

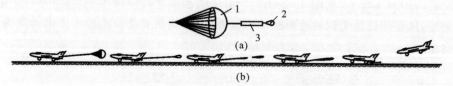

1—主伞; 2—引导伞; 3—伞袋

图 3.61 着陆时减速伞的工作情况

(a)主伞打开; (b)着陆滑跑过程

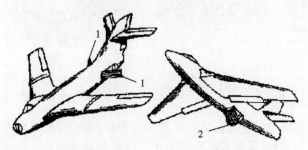

1—机身两侧的阻力板; 2—机身下部的阻力板

图 3.62 机身上的阻力板

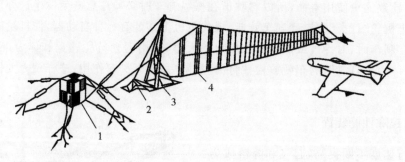

1—重物; 2—液压作动筒; 3—金属支架; 4—拦网

图 3.63 拦网减速装置

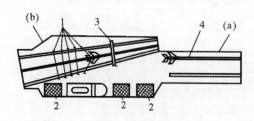

1—着陆钢索; 2—升降机; 3—应急拦网; 4—弹射装置

图 3.64 航空母舰的起飞和着陆甲板

(a)起飞矩形甲板; (b)着陆斜甲板

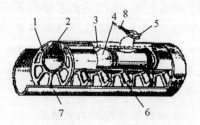

1—作动筒; 2—窄槽; 3—钢索; 4—活塞;
5—牵引钩; 6—加强隔板;
7—外筒; 8—圆环和钢索

图 3.65 蒸汽式弹射装置

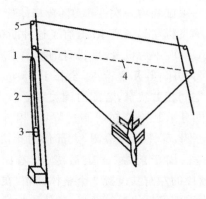

1—钢索；　2—液压作动筒；　3—活塞；　4—钢索的原始位置；　5—滑轮

图 3.66　钢索减速装置

课 外 阅 读

AG600 水陆两栖飞机

　　AG600 是我国自主研制的"三个大飞机"（运 - 20、AG600 和 C919）之一的大型灭火/水上救援水陆两栖飞机，是当今世界上在研的最大一款水陆两栖飞机（见图 3.67），除了像普通飞机在陆地上起降外，在任何江河湖泊，只要给它一片长 1 500 m、宽 200 m、深 2.5 m 的水域，就可以说走就走，具备执行森林灭火、水上救援等任务能力。2017 年 12 月 24 日，AG600 在广东珠海成功首飞；2020 年 7 月 26 日，在山东青岛附近海域，成功实现海上首飞，为下一步飞机进行海上试飞科目训练及验证飞机相关性能奠定了基础。

图 3 - 67　AG600 水陆两栖飞机

　　AG600 按"水陆两栖、一机多型、系列发展"的设计思路，采用单船身、悬臂上单翼布局及前三点可收放式起落架，水面起降抗浪高度达到 2 m。为了满足水陆两栖的特性，AG600 机头上部是飞机座舱和通舱结构，底下是一个双曲面的流线型船体结构，既要保证水密性要求，又要实现机体的增压要求，机头部件还要满足功能使用要求，设计和工艺制造难度非常大。制造难度高于传统的运输类飞机。除了机头制造难度"爆表"，中机身的制造难度也毫不逊色。作为 AG600 整机综合性、复杂性最强的大部件之一，中机身有起落架、机翼、断接和水箱等难度颇大的设计结构。比如飞机用于储水的 8 个水箱全部在中机身，这意味着这个部件内部需要有 8 个水箱门，如此大和多的开放空间，给飞机水密性要求出了不少难题，其制造工艺和难度至少要比常规工序多上一倍。因此，从铆接到防腐蚀材料的选用，每一个环节都要满足水密和防腐蚀要求,还要克服协调要求多、船体结构复杂、下侧空间狭小等许多不利因素,最终部件要达到气密、喷水及灌水水密三项试验均一次性100%合格才能过关。同时,整个船体唯一的断接也在中机身,因为水陆两栖飞机在起飞离水时,有了这种断接,水黏合力才能够下降,从而保证飞机离开水面升空。而AG600中后机身、后机身的技术难度也不容小觑。其具有机身段长度大、水动外形要求高、舱门大开口等几个特点,全长17.5 m,几乎占到整个机体长度的一半;此外,其水动外形变化大,空间相对狭窄,装配协调关系复杂,对铆接工艺、相关组件协调提出了很高要求。AG600中后机身承制单位在研制过程中,相继攻克了大型机身蒙皮多层化铣,多交点舱门制造、安装和协调,部件密封检测,大部件对接协调等一系列科研、生产难关。AG600中央翼段大部件由盒段、固定前缘、固定后缘、左右内襟翼组成,展长12 m,弦长5.272 m,弦最高0.9 m。在盒段的左右共设置2个整体油箱,在前、后梁分别设有翼身对接接头和发送机安装接头。盒段中采用了整体加筋壁板、整体机加梁,整体壁板采用了成型难度较大的薄壁高筋结构,且采用了喷丸成形、喷丸强化工艺。中央翼与机身的连接方式为双插耳对三插耳,按照设计要求,在装配时,既要保证孔和螺栓的高精度配合,又要保证插耳间隙达到设计要求,同时,要兼顾机翼安装角和上反角符合大部件水平测量要求,各方面的关系错综复杂,工艺难度较大。另外,AG600发动机短舱具有结构复杂、形变剧烈、成型困难等特点,且短舱中多数部位需要钛合金与铝合金双层铆接;发动机支架是AG600主承力部件之一,零件从原材料选用到焊接、热处理,都需要进行工艺创新。

AG600飞机的设计制造,填补了中国大型水陆两栖飞机的空白,为未来同类产品的研发奠定了更坚实的基础。

思 考 题

1. 对飞机结构的基本要求有哪些?

2. 对飞机的材料性能要求是什么?常用的航空材料有哪些?

3. 机翼和尾翼的功用是什么?

4. 简述机翼和尾翼上所承受的载荷。

5. 机翼的主要受力构件分别是什么?其上的典型受力形式有哪些?

6. 机翼上的其他装置有什么?

7. 机身的功用是什么?

8. 机身上承受的载荷有哪些?

9. 简述机身的组成元件及功用。

10. 起落架的安放形式包括哪几种?

11. 起落架的结构形式有哪些?

12. 简述起落架的收放形式。

13. 航空轮胎按其内部充气压力的高低可分哪几类?各自有何特点?

14. 简述机轮刹车装置工作原理。

15. 改善起降性能装置有哪些?

第4章　航空发动机

本章主要讲述航空发动机的发展、基本要求及类型,活塞式发动机与空气喷气式发动机的类型、基本结构、工作原理及主要性能参数、工作特点和航空发动机的燃料,等等。

(1)了解航空发动机的发展及基本要求。

(2)了解航空发动机的类型。

(3)理解常用活塞式发动机与空气喷气式发动机基本结构、工作原理及工作特点。

(4)了解航空发动机所用的燃料。

4.1 概　述

航空发动机是飞机、直升机或其他航空飞行器飞行的动力装置。航空发动机将燃料的热能或其他形式的能转变为机械能,为航空飞行器提供飞行的动力,是航空飞行器的动力源,相当于航空飞行器的心脏。它的性能对航空飞行器的发展有着非常重要的影响。航空飞行器的发展是伴随着航空发动机的发展而发展的,航空飞行器的每一个里程碑都与航空发动机的发展有着密切的联系。

一、世界航空发动机的发展

飞机机翼与空气的相对运动给飞机提供了升力,飞向天空已不是问题,但如何使机翼与空气产生相对运动,如何使飞机飞得更快、更高、更远,这就是航空发动机所面临的任务。1903年,美国人莱特兄弟制造出一架装有两个推进式螺旋桨的双翼飞机,这架飞机采用了由他们自制的功率约为 9 kW(12 马力)的活塞式发动机,如图 4.1 所示。虽然今天看来,这台发动机的性能并不先进,但它却是世界上第一种上天的航空发动机。从那以后,航空发动机不断地发展,并促进了飞机的发展。另外,飞机的发展又促使发动机向更高的境地迈进,两者相得益彰,促进了整个航空事业的发展。活塞式发动机具有耗油低、成本低、工作可靠等特点,在喷气式发动机发明之前的近半个世纪内,是唯一可用的航空飞行器的动力。在莱特兄弟首次飞行后的 40 多年中,活塞式发动机的功率从 9 kW(12 马力)增加到 2 237 kW(3 045 马力),增加了近 250 倍,并使飞机飞行速度超过 700 km/h,飞行高度超过 10 km。作为第一台飞上蓝天的航空发动机,活塞式发动机对航空技术的发展做出了巨大的历史性贡献,功不可没。

由于发动机功率与飞机飞行速度的三次方成正比,随着飞行速度的提高,要求发动机功率大大增加,从而使其质量和体积都迅速增加;在接近声速时,螺旋桨的效率会急剧下降,也限制了飞行速度的提高。要进一步提高飞行速度,尤其要达到或超过声速,必须采用新的动力装置。喷气式发动机可以产生很大的推力,而自身质量又较轻,从而大大提高了飞机的飞行速度。世界上第一架以喷气式发动机为动力的飞机 1939 年在德国首次试飞时就达到了 700 km/h 的飞行速度,已接近活塞式发动机飞机的极限速度,宣告了一个新的航空时代的到来。第二次世界大战结束后,随着工

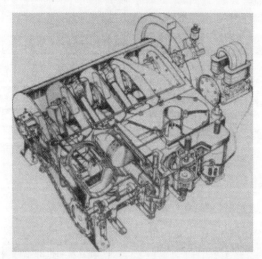

图 4.1 "飞行者"1 号所用的活塞式发动机结构示意图

业技术水平的提高和冷战的需要,美、苏、英、法等国家纷纷研制发展喷气式发动机,首先将其用于战斗机上,随后用于轰炸机、运输机和民航客机上,引发了一场航空工业的"喷气革命"。

喷气式发动机刚出现时推力只有 200 ~ 300 kgf,推重比小于 1.0,耗油率大于

0.1 kg/(N·h),使用寿命只有数小时。自第一台涡轮喷气式发动机问世后,喷气式发动机得到了迅猛发展。喷气式战斗机动力大致经历了四次更新换代,运输机和旅客机的动力也大致经历了三个阶段。经过半个多世纪的发展,喷气式发动机的推力已经由最初的 200~300 kgf 增加到 54 620 kgf,增加了 200 多倍,耗油率由大于 0.1 kg/(N·h)降到 0.035 kg/(N·h),降低了约 2/3,发动机推重比由小于 1.0 增大到 10,增加了十余倍,发动机寿命由最初几小时增加到 2 万~3 万小时,增加了近万倍;发展出涡喷、涡扇、涡轴、涡桨和桨扇等不同用途和性能的发动机。正是由于航空动力技术的发展,飞机飞行速度才突破了声障,实现了超声速飞行,并实现了觉体民用客机的不着陆越洋飞行,从而推动了整个航空技术的进步。

在传统的航空发动机技术不断持续发展的同时,21 世纪航空动力技术必将出现革命性的变化。未来军、民用航空动力的主要发展特点是超高速(马赫数为 5~10)、超高空(高度为 30~50 km或更高)飞行能力;无限航时,无限航程能力;推重比达到 20~25 或更高,耗油率下降 10%~20%,经济、环保的民用"绿色发动机";特种用途的超微型发动机;可实现天地往返机动飞行。这些性能指标要求对现有的航空技术水平而言几乎是无法实现的,但正如 50 年前,喷气式发动机的出现轻易地突破了被认为用活塞式发动机不可逾越的声障 一样,一些新技术的发明应用和新概念动力的出现,同样将会使这些"不可能完成的任务"成为现实。

二、中国航空发动机的发展

中国的航空发动机历史可以追溯到 20 世纪初,当时的旅美华侨,中国第一个飞机设计家、制造家和飞行家冯如在 1909 年 9 月 21 日成功试飞了他自己设计和制造的飞机。飞机上所用的螺旋桨、发动机和其他零部件都是冯如自己设计和制造的。

中国有过不少次制造航空发动机的努力。早期汉阳兵工厂仿制过 22 kW 的安赞尼(Anzani)气冷星形发动机,北洋工学院仿制过 45 kW 的华尔特(Walter)发动机。可惜,都因为设备和材料等原因而失败了。在 20 世纪 30 年代,国民党政府曾多次筹集建厂,制造航空发动机,但都未成功。抗日战争时期建大定发动机厂(对外称"云发机器制造公司"),曾装配多种航空发动机。

新中国第一台航空活塞式发动机 M-11FR 在 1954 年 9 月 18 日正式批准投入生产,该发动机根据苏联提供的技术资料进行生产,是 5 缸的星形气冷发动机,起飞功率 119 kW,重 180 kg,用于雅克-18 初级教练机。

1958 年 6 月试制成功的活塞 5 发动机起飞功率 750 kW,带单速增压器,可以等功率地保持到 1 500 m 的高度,用于运-5 和里-2 飞机。1962 年 6 月,制造成功的活塞 6 发动机,用于初级教练机初教-6,并陆续发展了活塞 6-甲、活塞 6-乙、活塞 6-丙、活塞 6-丁、活塞 6-戊等型号,功率从 194 kW 提高到 261 kW,用于初教-6 和运-11 等一些轻型飞机和直升机。其中活塞 6-甲型到 1986 年产量达 3 000 多台。

活塞 8 是新中国改型研制成功的第一种航空发动机,可靠性和高空性能均比较好,可同时装备苏制图-2、伊尔-12 和伊尔-14 以及美制 C-6 飞机。

中国人第一次接触涡轮喷气发动机是在第二次世界大战结束后的第一年,即 1946 年,当时的中国政府花 5 万英镑自英国买回了离心式涡喷发动机尼恩发动机的专利,但受当时时局影响没有掌握喷气技术。新中国成立后,曾多次从苏联购置 RD-10、RD-20 和 RD-45,其中 RD-45 装备的米格-15 在朝鲜战争中大显威风,其生产量达 16 500 架。

1956年5月,中国第一台涡喷发动机涡喷5仿制成功,用于歼-5飞机的改进型。1961年10月,第一台用于超声速战斗机的轴流式涡喷发动机涡喷6仿制成功,用于歼-6飞机。1966年又仿制了用于两倍声速战斗机的涡轮喷气发动机涡喷7,用于歼-7飞机。在仿制的同时,还根据空军需要对有关产品进行了大量的改进、改型。

中国首台自行设计的涡喷发动机是喷发1A,这台推力为1 570 daN(1 daN=10 N)的小型离心式涡喷发动机用于中国自行设计的歼教-1飞机。20世纪80年代,为满足歼-7、歼-8的动力改装需要,严格按照国军标和型号规范的要求,开始设计高性能的中等推力等级的"昆仑"号涡喷发动机,该机于2002年7月9日获国家批准设计定型,"昆仑"系列中的"昆仑"Ⅱ号与属于第三代发动机的RD-33发动机性能相差不多(见表4.1),它的研制成功标志着中国航空涡轮喷气发动机的研制已经迈出了坚实的一步。

表4.1 "昆仑"Ⅱ和RD-33发动机的主要性能和结构参数对比

参　　数	"昆仑"Ⅱ发动机	RD-33发动机
加力推力/daN	>7 650	8 140
不加力推力/daN	>5 390	4 913
加力耗油率/[kg·(daN·h)$^{-1}$]	<1.84	2.09
不加力耗油率/[kg·(daN·h)$^{-1}$]	<0.949	0.785
发动机最大外径/mm	882	1 000
发动机总长/mm	4 635	4 230
推重比	7.0	6.62～7.87

早在20世纪60年代初,中国就开始了涡扇发动机的研制,即在涡喷6发动机的基础上改型设计的涡扇5;1965年起开始自行设计涡扇6加力式涡扇发动机;1975年购买英国斯贝MK202加力式涡扇发动机的专利许可权,1980年制造成功,该发动机中国编号为涡扇9,最大推力为9 126 daN,后来装备在"飞豹"战斗轰炸机上;2002年又研制成功小型涡扇发动机涡扇11,推力为1 470 daN,用于高级教练机。

2005年12月28日,中国沈阳航空发动机设计研究所设计的"太行"涡扇发动机通过国家设计定型审查,2008年11月4日正式亮相珠海航展,这是我国自主研制的第一种大推力加力式涡扇发动机。它的研制成功使我国自主研制的航空发动机实现了从中等推力到大推力、从涡喷发动机到涡扇发动机、从第二代发动机到第三代发动机的历史性跨越,其性能对比见表4.2。

表4.2 发动机性能对比

发动机型号	AL-31F	M53-P2	太行	F119PW100
研制国家	俄罗斯	法国	中国	美国
装机对象	苏-27系列	幻影2000系列	歼10	F/A—22
最大加力推力/daN	12 258	9 500	13 200	15 570
中间推力/daN	7 620			

续表

发动机型号	AL－31F	M53－P2	太行	F119PW100
加力耗油率/[kg·(daN·h)$^{-1}$]	2	2.12		
中间耗油率/[kg·(daN·h)$^{-1}$]	0.795	0.907		
推重比	7.14	6.56	7.5	10
空气流量/(kg·s^{-1})	112	94		
总增压比	23.8	9.8		
涡轮前温度/K	1 665	1 533	1 747	

三、航空发动机的基本要求

(1)高推重比、小迎风面积。发动机的迎风面积大,则意味着发动机的结构质量也大。所以,推重比和迎风面积对飞机的性能影响是一致的,当然更主要的还是推重比的影响。

飞机的机动性一般包括飞机的加速性、爬升率及转弯半径,这些性能主要取决于发动机的推力和飞机结构质量,显然发动机的结构质量的大小对整个飞机的质量的大小产生很大的影响。因此,推重比就成为非常重要的发动机性能指标。当前国际上现役机种的发动机推重比为8~10,推重比为10一级的航空发动机则代表当前国际上先进性能的发动机。

(2)单位耗油率低。单位燃料消耗率低通俗说法就是省油,说明发动机的经济性好。单位燃料消耗率低,对于军用飞机来讲,可以增大作战半径;反过来说,飞机在空战中能有更长的作战时间。对于民航事业来讲,降低单位燃料消耗率具有实惠的经济效益。

(3)工作稳定、安全可靠、寿命长。对航空发动机来讲工作的稳定性和可靠性是有联系的。要求发动机在飞机飞行的各种可能出现的工作状态下,都能保持稳定工作。比如,飞机的启动过程、加速过程的性能直接与发动机工作稳定可靠有关;又如飞机在各种机动飞行时,发动机是否出现燃烧室熄火、进气道或压气机出现喘振、热部件出现过热等问题;发动机在非设计状态下工作是否正常。飞机在空中飞行的安全,是由各组成部分可靠工作来保证的。要维持飞行,发动机就必须始终处于可靠状态。所以,发动机的可靠性是十分重要的。为了保证发动机工作安全可靠,必须精心设计、选用合适材料、严格工艺规程,并在发动机组装完成后,进行"试车"——在"试车台"上模拟各种高度条件。在装上飞机之后,还要进行试车。只有当确定各项规定指标都符合要求时,飞机才能飞行。为了保证飞机随时处于可靠状态,在整个使用过程中,还要定期对发动机进行检查和维修。

在保证发动机可靠性的前提下,要求发动机的"寿命长"。这是发动机经济性的另一项指标。寿命长,可以降低使用成本、节约原材料。发动机的寿命分两种:"翻修寿命"和"使用寿命"。"翻修寿命"是指两次"翻修"之间或新发动机开始使用至第一次翻修之间的使用(实际工作)时间,单位是"小时"。"使用寿命"是指全新发动机由开始使用到报废的使用(实际工作)时间,单位也是"小时"。由于设计、材料、工艺、使用条件不同,各发动机的寿命都不相同。

(4)低使用成本。所谓使用成本,通常有以下方面内容:

1)燃油消耗:主要指燃油消耗的经济价值。

2)发动机本身的价格:这与发动机设计、制造、材料等多种因素有关。

3）发动机的维护费用：发动机的可靠性好，则发动机的维护费用低。

（5）维护、修理方便。

维护、修理，统称为维修。这是保证发动机可靠性的重要工作。发动机能否随时处于可靠状态，很大程度决定"维修"质量。维修的好坏，影响发动机的寿命。维护的目的之一，是发现故障和排除故障，并对必要的部位进行检测、清洗、更换润滑油等。根据发动机工作的长短，维护工作一般都按不同的项目定期进行。而"修理"则是在零部件损坏的情况才进行。由于"维修"工作量很大，所以占飞机使用成本的很大比例。这就有必要在设计时考虑便于拆装、检查和维修的方便性，以减小维修工作量，降低维修成本。

四、航空发动机的类型

航空发动机类型较多，其用途也各不相同，从航空飞行器推进系统的工作原理来区分，可分为间接反作用推进系统和直接反作用推进系统；按航空发动机的结构特点区分，可分为活塞式航空发动机、燃气涡轮发动机和冲压式发动机。现代航空发动机主要有两种类型：活塞式发动机和空气喷气式发动机，航空发动机的简要分类图（见图 4.2）。活塞式航空发动机属于间接反作用推进系统。有压气机的空气喷气式发动机（又称燃气涡轮发动机）是现代航空的主要动力装置，应用广泛。它包括涡轮喷气发动机、涡轮风扇发动机、涡轮螺旋桨发动机、涡轮轴发动机和桨扇发动机，其中涡轮喷气发动机是最典型的直接反作用推进系统。冲压式发动机也是直接反作用推进系统，但它不能自行启动，而且低速状态下性能不好，因此限制了它在航空飞行器上的应用。

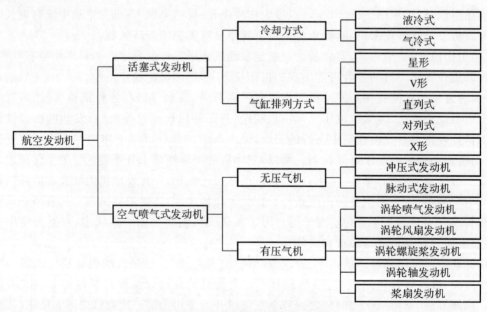

图 4.2 航空发动机的简要分类图

此外，在航空飞行器上应用的发动机还有火箭发动机、航空电动机、利用喷气推进的脉冲爆震发动机、多核心机发动机、组合发动机，利用螺旋桨推进的太阳能、核能、燃料电池和微波电动发动机等。火箭发动机不适宜做航空发动机的主要动力装置，一是燃料消耗率太大，二是不适宜较长时间工作,目前仅用作飞机的短时间加速(如启动加速器)。航空电动机仅用于轻型飞机,且尚处于研制阶段。脉冲爆震发动机广泛应用于无人机、靶机、战斗机、高超声速隐身侦察机、战略轰炸机、远程导弹等,对 21 世纪空间和大气飞行器将产生深刻影响。多核心机发动机可以实现高总增压比(从目前的 40 左右提高到 100 左右)、低耗油率(巡航耗油率降低17％左右)、高可靠性和维修性,是一种高效节能发动机的理想方案,有望应用于未来对经济性和安全性有较高要求的民用发动机上。组合发动机是指两种或两种以上不同类型发动机的组合,如火箭发动机与冲压式发动机组合、涡轮喷气发动机与冲压式发动机组合、火箭发动机与涡轮喷气发动机组合等,不同类型的发动机组合起来,可以取长补短,达到改善性能,获得较好综合性能,拓宽工作范围和满足不同飞行需要的目的。利用螺旋桨推进的太阳能、核能、燃料电池和微波电动发动机等环保低污染或无污染新型能源动力发动机能使飞行器长期在空中飞行,以实现不着陆的长期不间断巡航飞行,人员与物资的转运、补充则通过短距转运飞行器实施,从而可形成重要城市及洲际的环球定期航班,并可作为高空无限航时的侦察、通信中继、环境监测和气象观察等军民用飞行器的动力装置,可部分代替卫星的功能。

4.2　活塞式发动机

活塞式发动机由一般汽油发动机发展而成,是早期应用在飞机或直升机上的动力装置,由活塞式发动机驱动螺旋桨或旋翼产生拉力(或升力)。活塞式发动机的特点是结构复杂、功率小,在高速飞行时螺旋桨效率下降,但在低速飞行时具有良好的经济效益。所以,直到第二次世界大战结束前,飞机发动机基本上都是活塞式的。活塞式发动机经过数十年的发展,技术日臻完善,其功率已提高到 2 940 kW,最大飞行速度可达 750 km/h 左右。至今,活塞式发动机仍应用在轻型低速飞机和直升机上。活塞式发动机按冷却方式可分为气冷式和液冷式两种,如图 4.3 所示。

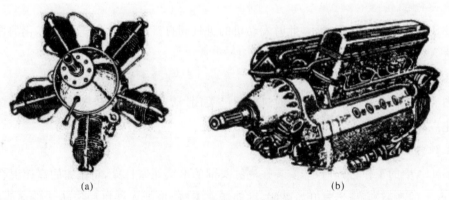

(a)　　　　　　　　　　　　　　　　　(b)

图 4.3　活塞式航空发动机
(a)气冷式;　(b)液冷式

一、基本结构及工作原理

活塞式发动机多为四行程、往复式汽油内燃发动机。其主要构件包括气缸、活塞、曲轴、连杆、进气门、进气阀、排气门、排气阀和机体等。作为推进系统还包括燃料系统、润滑系统、冷却系统、点火和启动系统等。此外,在发动机前部装有减速器,用于调节输出轴的转速;多数发动机在机体后部装有增压器,用于提高发动机的高空性能。

活塞式发动机的工作原理:发动机工作时,燃料与空气混合并在气缸内燃烧,产生的高温、高压燃气驱动活塞作往复直线运动,由曲轴输出机械功,经减速器调节转速带动螺旋桨或旋翼旋转而产生拉力或升力。

二、工作过程

其工作过程由四个行程(活塞在气缸中上下往返各二次)完成一个工作循环,图4.4为四行程发动机工作过程示意图。

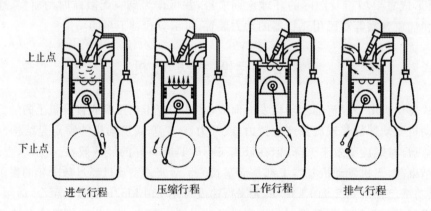

图 4.4　四行程活塞式发动机工作示意图

1. 进气行程

如图 4.4 中的进气行程所示,此时发动机的进气阀打开进气门,经雾化器雾化的燃料与空气混合进入气缸,使活塞下行至下止点。

2. 压缩行程

如图 4.4 中的压缩行程所示,此时进气门已关闭,活塞开始上行,压缩混合气体直到活塞到达上止点。

3. 工作行程

如图 4.4 中的工作行程所示,安装在汽缸头部的电火花塞打火,将压缩的高压混合气体点燃,燃烧产生的高温、高压燃气开始膨胀,推动活塞下行,带动连杆机构运转并带动曲轴,进而带动螺旋桨旋转。此过程将燃烧气体的热能转换成机械能。

4. 排气行程

如图 4.4 中的排气行程所示,当燃气膨胀结束时,排气阀打开排气门,排出工作后的废气,活塞开始上行直至上止点,排气阀关闭。

以上四个行程完成一个工作循环,接下来重复第二次循环。

三、辅助系统

为保证发动机正常工作,作为推进系统还包括一些辅助系统。

1. 燃料系统

燃料系统由燃料箱、燃料泵、汽化器(亦称雾化器)或喷嘴装置等组成。燃料经过泵从燃料箱打入汽化器,雾化的燃料与空气混合后进入气缸。

2. 点火系统

点火系统由磁电机产生的高电压在极短时间内产生电火花,点燃混合气体。

3. 润滑系统

润滑系统由润滑油泵将润滑油输送到滑动的运动面间隙及轴承中,以减轻运动零部件的磨损。

4. 冷却系统

混合气体燃烧产生的高温燃气,必然有一部分热量传递给发动机的气缸壁及其他部件,此外在运动件之间的摩擦也产生热量。如果这些热量不断聚集,势必造成气缸壁及其他运动件受热严重,导致机械强度下降.从而影响发动机的工作性能和使用寿命。因此,发动机要有冷却装置,一般采用气冷或液冷,在结构设计上常用散热片或散热套来实现冷却。

5. 启动系统

活塞式发动机的启动须靠外力,常用的启动方式有两种:一是将压缩空气送入气缸,推动活塞带动曲轴运转;二是用电机带动曲轴转动。

6. 定时系统

定时系统即为控制系统,该系统控制发动机的进气门和排气门的开启与关闭。

四、主要性能参数

1. 发动机功率

发动机用于驱动螺旋桨运转的功率叫有效功率。活塞式发动机主轴输出的功率是轴功率。相对而言,活塞式发动机的功率较小,一般为 $70 \sim 2\,000$ kW。

2. 燃油消耗率(耗油率)

航空发动机在单位时间内产生单位有效推力或功率所消耗的燃料量称为燃料消耗率。单位为 $\mathrm{kg/(kW \cdot h)}$。它是评定航空发动机经济性的重要指标,是决定飞机航程和续航时间的重要参数。活塞式发动机的耗油率一般为 $0.2 \sim 0.35$ $\mathrm{kg/(kW \cdot h)}$。

3. 加速性

加速性是指发动机从最小转速加速到最大转速所需要的时间。该时间愈短愈好。加速性好有利于飞机作机动飞行。

此外,其他的性能参数还有工作可靠性、可维修性、使用寿命、迎风面积、结构质量及体积尺寸等。

4.3　空气喷气式发动机

　　航空发动机的性能是决定航空飞行器性能的主要因素之一。由于活塞式发动机的功率和螺旋桨效率不能适应飞机等航空飞行器日益继续增速、突破"声障"和提高升限的需求,第二次世界大战后,空气喷气式发动机得到迅猛发展和广泛应用,它是现代飞机和直升机主要使用的发动机。涡轮喷气发动机技术的不断发展,使军用飞机和民用飞机等航空飞行器的性能不断改进和提高。因此,不同类型和不同性能的航空发动机都是为了满足不同时期航空飞行器的性能要求而发展起来的。表4.3和表4.4列出了20世纪80年代用于轻型低速飞机的活塞式航空发动机和几种航空燃气涡轮发动机的基本性能对比。

表 4.3　航空发动机基本性能(一)

参　数	类　型		
	活塞式发动机	涡轮螺旋桨发动机	涡轮轴发动机
功率/kW	70～2 000	350～11 000	100～8 500
功率质量比/$(kW \cdot kg^{-1})$	1.0～1.5	3.0～5.0	4.0～12.0
燃料消耗率/$[kg \cdot (kW \cdot h)^{-1}]$	0.20～0.35	0.25～0.35	0.25～0.35

表 4.4　航空发动机基本性能(二)

参　数	类　型			
	涡轮喷气发动机	加力式涡轮喷气发动机	涡轮风扇发动机	加力式涡轮风扇发动机
推力/kN	0.5～150	20～200	2～300	20～300
推重比	4～8	4～8	4～8	6～10
单位耗油率/$[kg \cdot (N \cdot h)^{-1}]$	0.07～0.10	0.16～0.22	0.03～0.07	0.16～0.22

　　空气喷气式发动机中,经过压缩的空气与燃料(通常为航空煤油)的混合物燃烧后产生高温、高压燃气,在发动机的尾喷管中膨胀,以高速喷出,从而产生反作用推力。流进发动机的空气可以由专门的压气机使其受到压缩,也可以利用将高速流进发动机的空气(例如,当飞行器以很高的速度飞行时)滞止下来而产生高压来达到。因此,空气喷气式发动机可分为无压气机的和有压气机的两类。

一、无压气机的空气喷气式发动机

　　无压气机的空气喷气式发动机可分为冲压式喷气发动机与脉动式喷气发动机(又称脉冲式喷气发动机)两类,图4.5和图4.6分别为它们的示意图。

　　1.冲压式喷气发动机

　　冲压式喷气发动机由进气道(扩压器)、燃烧室和尾喷管组成,图4.7为超声速冲压式喷气发动机工作原理。进气道做成扩散形的通道,即进口流通截面积小于出口截面积,利用飞行器高速飞行时,迎面气流进入发动机后减速增压并达到一定数值,直接进入燃烧室喷油燃烧,从燃烧室出来的高温、高压燃气直接进入尾喷管膨胀加速,向后喷出,产生反作用推力。为了很好地组织燃烧过程,通常燃烧室内装有预燃室、喷油嘴环和火焰稳定器,为防止烧蚀和振荡燃烧,还设置了冷却通道和防振屏。由于没有压气机,因而也不需要涡轮,所以这种发动机的热效率高、结构简单、质量轻、成本低。但其缺点是不能在静止状态或低速下起

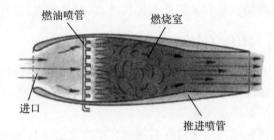

图 4.5　冲压式喷气发动机示意图

动,需要用其他助推器使航空器达到一定速度后才能起动并开始有效工作,如在飞行器上装固体火箭发动机,或将飞行器吊装在其他飞行中的飞机上。按飞行速度冲压式喷气发动机可分为亚声速和超声速两种,通常用它作为导弹的动力。

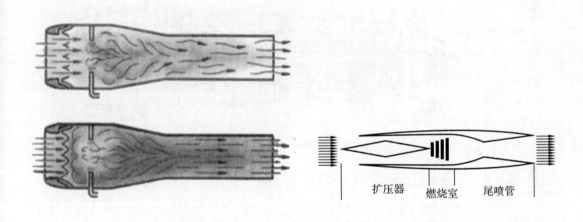

图 4.6　脉动式喷气发动机示意图　　　　图 4.7　超声速冲压式喷气发动机工作原理图

2. 脉动式喷气发动机

　　脉动式喷气发动机是空气和燃料间歇地供入燃烧室的无压气机空气喷气式发动机(见图4.6)。冲压式喷气发动机不能在静止状态下工作,而脉动式喷气发动机采用间歇燃烧原理,因此可以在静止状态下工作。与冲压式喷气发动机不同,在脉动式发动机中,燃烧室前装有单向节气阀,发动机不工作时,单向节气阀在弹簧的作用下处于打开位置。发动机工作时,首先由地面的气源向发动机供入一定压力的高压空气,空气在进气道完成压缩后,经过单向节气阀进入燃烧室,然后由喷嘴喷油,点火燃烧。混合气燃烧后压力大大增加,将单向节气阀关闭,将外部气源断开,高压燃气以高速从喷管排出,产生推力。燃气排出后,燃烧室内压力下降到小于进气压力,于是空气再次打开单向节气阀流入燃烧室,开始新的循环。一般每秒钟可进行40~50次循环,燃烧与喷气是断续的,因此,这种发动机产生的推力是脉动的。这种发动机的优点是可以在静止状态下起动(自身起动),结构简单、质量轻,成本低,但它只适用于低速飞行(极限时速为 640~800 km/h),飞行高度有限,单向节气阀工作寿命短、振动大、耗油率高,因此,

在使用上受到限制。此类发动机曾在第二次世界大战期间用于德制 V-1 导弹,目前除用于航空模型飞机和某些低速靶机外,尚无其他飞行器使用。

二、有压气机的空气喷气式发动机

在有压气机的空气喷气式发动机中,压气机用燃烧室后的燃气涡轮来驱动,因此这类发动机又称为航空燃气涡轮发动机。

1.涡轮喷气发动机

涡轮喷气发动机既是热机又是推进器。与活塞式发动机相比,其功率大、质量轻、结构简单、易于维修,适用于高亚声速和超声速飞机。

(1)基本结构。涡轮喷气发动机由进气道、压气机、燃烧室、涡轮和喷管五大部件组成。在结构上,压气机、燃烧室、涡轮和喷管均在发动机外壳内,通常也将进气道看作是涡轮喷气发动机的推进系统的一部分,称作进气系统。图4.8为涡轮喷气发动机结构简图。

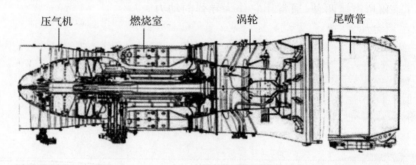

压气机   燃烧室   涡轮   尾喷管

图 4.8   涡轮喷气发动机结构简图

1)进气道。发动机工作时,空气要经过一段管道,它的作用是将外界空气引入发动机,这段管道称作进气道。由于进气道位置和结构形式与飞机总体密切相关,所以进气道往往不在发动机外壳内。进气道由一系列构件组成,通常包括进气道、发动机供气通道、放气门和辅助进气门、附面层吸除装置和防止外来异物进入的防护装置。

进气道在飞机上的位置安排有多种方案,主要决定于发动机在飞机上的布局。发动机的布局与飞机的类型、飞机用途和发动机台数有关。早期喷气飞机常采用机头正面进气的方法,该形式的进气道内部通道长,内部摩擦阻力大;随着机载电子设备的增加,机头位置要安装雷达设备,也为改善驾驶员的视线,要求缩短进气道,因而逐渐采用两侧进气、翼根进气和腹部进气形式。而一些大型客机和运输机,由于有多台发动机,形成外挂在机翼下或飞机尾部支座上的短舱正面进气形式。

2)压气机。压气机是涡轮喷气发动机的一个重要组成部件。压气机的作用是提高进入发动机燃烧室的空气压力,并由涡轮来驱动。压气机性能参数有增压比和压气机效率。增压比是空气在压气机出口处总压与进口总压之比,压气机效率是指理论上所需压缩功与实际上所消耗的机械功之比。

①压气机的分类与结构。压气机有两种类型:离心式和轴流式。

Ⅰ.图4.9为离心式压气机。离心式压气机的主要组成部件有:离心叶轮、扩散器、导流器和导流管。离心叶轮与涡轮轴连接,由涡轮带动其高速运转,扩散器、导流器和导流管均为固定件。离心叶轮又分单面进气叶轮和双面进气叶轮。离心式压气机具有结构简单、性能比较稳定的优点,但是它的效率较低,迎风面大。目前,其主要应用在小型动力装置,如巡航导弹、无人驾驶侦察机、靶机或小型飞机以及中小型直升机上。

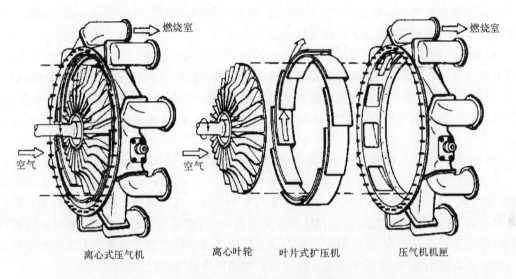

图 4.9 离心式压气机外形图

Ⅱ.轴流式压气机由两个基本部件组成:一个是固定部件,称为轴流压气机的静子;另一个是旋转部件,称为压气机的转子,如图4.10所示。静子由多排叶片和机匣组成,叶片称为整流片,每一排整流叶片组成的圆环叫整流环,多排整流环固定在机匣上;转子是由多排叶片、轮盘及轴组成的,每排叶片固定在叶轮盘上,称为工作叶片,多排叶轮组成压气机转子,由轴与涡轮轴连接。压气机与涡轮的连接是由联轴节固定的。轴流式压气机的级增压比较小,由一排工作叶片和一个整流环组成一个单级,由于单级增压有限,所以轴流式压气机都是由多级组合而成的。目前有 4~15 级甚至更多级,有些轴流式压气机,在它们的第一级前安装一排固定的叶片,称为导流叶片。

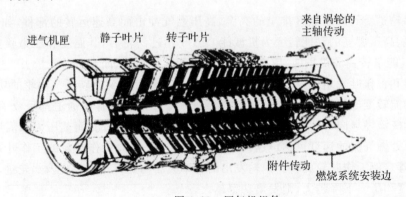

图 4.10 压气机组件

②压气机工作原理。离心式压气机:空气经导流器进入叶轮中心部位,由于叶轮高速旋

转,进入的空气被带动旋转,受离心力作用,气流被甩至出口处流出,此时空气已具有较大的压力和速度,再经过扩散器,将速度能转变为压力能,在经过导流管时,空气具有较高的压力和一定速度,达到燃烧室燃烧时所要求的压力和速度。轴流式压气机的叶轮与整流环交错排列,转子的每一排工作叶片与静子的每一个整流环组成一个单级压气机,空气经过一级工作叶片后,其压力、速度和温度都得到提高,再流入整流环,经过一级整流环后,气流的速度降低而压力增加,并改变了空气流向,再进入下一级工作叶片。

3)燃烧室。燃烧室是燃料与从压气机出来的高压空气混合燃烧的场所。在燃烧室内,燃料(涡轮喷气发动机使用煤油)具有的化学能转变为热能,燃烧生成的高温高压气体冲向涡轮,驱动涡轮运转而发出功率。对燃烧室的要求是:点火可靠,燃烧稳定;燃烧完全;压力损失小,燃烧室结构尺寸小,出口燃气清洁。燃烧室主要由燃油喷嘴、涡流器、火焰筒和燃烧室外套组成。

①燃油喷嘴:它位于燃烧室头部,其功能是将燃料雾化。比如 1 kg 的煤油,若是球体形状,其表面积只有 $0.056\ m^2$,若使其雾化成直径为 $15\sim25\ \mu m$ 的极多细小油珠,其总表面积将比原来增大数千倍。这些极多的细小油珠加速蒸发并与空气迅速混合。喷嘴的结构形式有多种,如离心式、双路式、T 形蒸发管式和气动雾化式等,在涡轮喷气发动机中,大多数采用离心式喷嘴,燃油从切向孔进入,在喷嘴旋流室内做旋转运动,此时,燃油受到离心力作用和空气的撞击,形成无数细小油珠,从喷嘴的喷孔处喷出。燃油压力愈高,则燃料雾化愈好。

②涡流器:它位于火焰筒头部进口处,功能是保证燃烧室在高速气流条件下能正常点火燃烧。涡流器的结构是由两个圆环及中间焊接斜置排列的叶片(旋流片)组成的。当气流流经旋流片的叶片之间通道时,产生旋转运动,受离心力作用而被甩向四周,使中心部位形成低压区。于是火焰筒后面的高温气体向涡流器中心区倒流,形成回流区,而此区域的气流流速较低,形成点火源。正如在有风的情况下,划火柴则用手掌弯成碗状挡住风,才能点火一样。

③火焰筒:它是燃烧室的主体,是燃油与空气混合燃烧的场所。

④燃烧室外套:它使燃烧室形成一个完整部件,具有要求的强度,用于前后相邻部件的连接。外套与火焰筒之间有通道,由压气机出来的气流有一部分进入此间隙通道,对火焰筒进行冷却,流经火焰筒后部时又从火焰筒后部上的孔喷入火焰筒,与燃烧区的另一部分气流掺混继续燃烧。

4)涡轮。涡轮是受到从燃烧室排出的高温、高压燃气冲击而高速运转的部件,如图 4.11 所示。它将高温、高压燃气的动能转变为机械能。燃气经过涡轮后,其温度和压力骤然下降,约有 75% 的燃气能量转变成机械能,用来带动压气机和其他附件,而剩余的能量去产生推力。

它由导向器和工作叶轮组成,导向器又叫涡轮静子,工作叶轮又叫转子。涡轮的功能是把燃气的热能与动能转变成机械能。所以,涡轮的导向叶片和工作叶片的通道都呈收缩形。由燃烧室出来的燃气流经导向叶片的收缩通道时,使气流速度大大提高,而其压力和温度下降,在导向器的出口处燃气流的速度可达声速甚至更高。燃气流冲向工作叶轮的工作叶片,并向后排出(进入喷管),使工作叶轮旋转。涡轮发出的功率大小与燃气进口温度及涡轮进、出口压力降成正比,温度和压力下降越大,则发出功率越大。

5)喷管。喷管是发动机的排气系统,一般由中介管和喷口组成。喷管的作用:一是将从涡轮排出的燃气在喷管内膨胀加速,将燃气中的一部分热能转变为动能,以很大的气流速度从喷管排出,产生反作用推力;二是通过调节喷管临界截面大小来改变发动机的工作状态。此外,有些喷管还带有反推力装置和消音装置等。

6)加力燃烧室。涡轮喷气发动机在达到最大工作状态之后,要继续增大推力的话,称为发动机加力。加力有不同方式,主要是指靠复燃加力(亦称补燃加力)。这种加力是在涡轮后面设置一个加力燃烧室。

(2)工作原理。涡轮喷气发动机壳体内有压气机、燃烧室、涡轮和喷管等主要部件,作为推进系统还有燃料、启动等系统。当发动机工作时,从进气道吸入的空气进到发动机,气流速度降低,而压力则升高。经过压气机时,将气流的压力再度提高几倍甚至几十倍(目前已高达 30 倍以上),随后进入燃烧室。与从燃烧室顶部喷嘴喷出的燃料混合燃烧,此时燃料的化学能转变为热能。燃烧生成的高温、高压气体膨胀做功,驱动涡轮工作。高速旋转的涡轮带动压气机工作,经过涡轮后的燃气由喷管高速喷出,由反作用力原理,高速喷出的气流产生了推动飞行器飞行的推力。

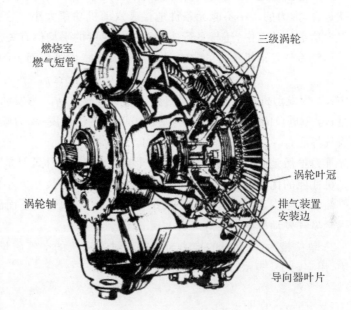

图 4.11　带冠涡轮结构

涡轮喷气发动机作为热机,它的工作过程也是热能转变的热力循环,但是涡轮喷气发动机排出的燃气不再参加下一个循环,所以是一个开口的循环。从空气进口到喷管出口可分为四个过程,即压缩过程、加热过程、膨胀过程及定压放热过程。

1)压缩过程:此过程在进气道和压气机部件中进行。此过程有多种流动损失,因此是个多变压缩过程。

2)加热过程:此过程是在燃烧室部件中进行的,存在流动损失和热阻损失,并伴有压力下降。其工质的化学成分和流量都会发生变化,因此不是定压加热过程。

3)膨胀过程:此过程在涡轮和喷管部件中进行的。膨胀过程也有多种流动损失和散热损失,也是多变过程。

4)定压放热过程:此过程是在喷管外进行,即在发动机体外完成。

以上四个过程描述了涡轮喷气发动机的实际循环。

(3)主要性能参数。涡轮喷气发动机与活塞式发动机不同,它既是热机,又是推进装置。由于进出口的速度变化产生动量差,就产生了推力。它的性能参数与活塞式发动机有所不同。

1)推力:推力是涡轮喷气发动机最主要的性能参数,推力的国际单位制单位是 N(牛顿)。由于 10 N(daN)与工程单位制(m·kgf·s)的力的单位千克力接近,故有时用 10N 表示推力。推力用 F 表示。

对于发动机来讲,例如我们大家都知道的内燃机,也包括活塞式发动机,都是以功率作为它的性能指标的。这是因为活塞式发动机发出的是功率,再通过螺旋桨转变为拉力使飞机飞行,发出的功率越大,则飞机的飞行速度越高。而涡轮喷气发动机则是热机与推进器为一体,它可直接产生作用在飞机上的推力。所以,用推力表示对飞机作的推进力,更直观更方便。

需要指出的是,涡轮喷气发动机的推力与它作为热机所产生的功率并无固定的折算关系。也就是说,推力的大小不能无条件地代表发动机功率大小。这是因为一定推力的发动机相当于多少功率的关系中,还与飞行速度和排气速度的平均值有关。

涡轮喷气发动机推力的定义是作用在发动机内外表面上的压力合力。其表达式为

$$F = q_{me} v_e - q_m v_0 + A(p_e - p_0)$$

式中:q_m 为发动机进口单位时间内空气的质量流量;q_{me} 为发动机出口单位时间内燃气的质量流量;v_0 为进口的气体速度;v_e 为喷管出口的燃气速度;A 为喷管出口处截面积;p_0 为外界周围大气静压;p_e 为喷管出口截面的静压。

推力虽然是涡轮喷气发动机的一个重要的性能指标,但是只依据推力的大小并不能说明发动机性能的优劣,因为它并不能表明发动机的结构尺寸大小及结构质量大小。更不知道它的燃油消耗多少才产生这样大小的推力。因此,必须引入下面的单位性能参数,才能全面地评价涡轮喷气发动机的性能好坏。

2) 单位推力:发动机的推力与每秒流过发动机的空气质量流量之比,称为发动机的单位推力,用字母 F_S 表示,即

$$F_S = F / q_m$$

式中:F_S 的单位是 N·s/kg。

单位推力是涡轮喷气发动机的最重要的性能参数之一。它表明每千克空气质量流量所能产生的推力大小。所以,在给定的飞行条件下,对于确定的发动机结构尺寸和质量,单位推力越大,则发动机的推力也就越大。目前,涡轮喷气发动机在地面最大工作状态时的单位推力大约为 600 ~ 750 N·s/kg。

3) 推重比:发动机的推力和发动机结构质量之比,称为推重比,即

$$F_m = F / mg$$

式中:m 为发动机的结构质量;F 为地面台架上发动机最大工作状态时的推力;g 为重力加速度。

推重比是衡量发动机性能的一个综合性性能指标。它不仅体现涡轮喷气发动机在热力循环方面的设计质量,而且也体现了发动机在结构设计,包括结构材料及工艺水平等方面的综合质量。目前,涡轮喷气发动机在地面的推重比为 3.5 ~ 4,加力式涡轮喷气发动机推重比为 5 ~ 6,加力涡轮风扇发动机的推重比已达到 8 ~ 10。

4) 单位迎风面积推力:发动机推力和发动机最大迎风截面积之比,称为单位迎风面积推力,即

$$F_A = F / A$$

式中:A 为发动机最大迎风截面积。

当发动机被安装在单独的发动机短舱内时,迎风面积的大小,在一定的飞行条件下,决定了发动机短舱的外部阻力的大小,也将影响发动机的有效推力。而对同一类型的发动机来讲,若迎风面积推力增大,则说明发动机推重比也增大。

单位迎风面积推力的单位是 N/m²。目前先进的涡轮喷气发动机单位迎风面积推力为

$9 \times 10^4 \sim 1 \times 10^5 \, \text{N/m}^2$。

5)单位耗油率:单位耗油率是产生一单位的推力(1 N)每小时所消耗的燃料。它是某一飞行速度下的发动机的经济性能指标,单位是 kg/(N·h),目前大型风扇发动机的单位耗油率在 $0.04 \sim 0.05 \, \text{kg/(N·h)}$。只有在同一飞行速度条件下来比较两个发动机的经济性能时,使用单位耗油率才是合理的。

以上介绍的五个性能参数是涡轮喷气发动机的主要性能指标,在全面评价发动机的性能时,还应考虑发动机的使用性能,如发动机的噪声和排气污染要小、发动机启动过程迅速可靠、发动机的加速性要好等。

表 4.5 中列出了一些第四代战斗机发动机的主要参数和用途。

表 4.5　第四代战斗机发动机主要参数和用途

主要参数和用途	F119	EJ200	M88-Ⅱ	AL-41F
最大推力/daN	15 560	9 060	7 500	17 500
中间推力/daN	9 790	6 000	5 000	
最大耗油率/[kg·(daN·h)$^{-1}$]	2.0*	1.73	1.80	
中间耗油率/[kg·(daN·h)$^{-1}$]	0.88*	0.79	0.89	
推重比	>10	~10	8.8	>10
总增压比	35	26	25	
涡轮前温度/℃	1 700*	1 530	1 577	1 637*
涵道比	0.2~0.3	0.4	0.3	
用途	F-22	EF2000	"阵风"	1.42

注:带 * 号者为估计值。

(4)基本工作状态。发动机在使用时,存在一个合理的转速范围,在发动机从最大到最小的允许连续工作的转速之间,人们规定了几种常用的基本工作状态。这种规定在各个国家和不同机种不尽相同。现将我国广泛采用的,比较一致的几个状态介绍如下:

1)最大状态。在这一状态下,发动机的转速和涡轮前燃气温度都达到最大值,此时推力也达到最大值。由于这一状态下发动机各部件承受最大的机械载荷和热载荷,因此要严格限制这种状态下的连续工作时间,一般不超过 5~10 min。最大工作状态一般只适用于起飞,对于歼击机来讲,也可用于短时间的爬升和加速。

2)额定状态。通常规定推力为最大推力的 80%~90% 时为发动机的额定状态。实现从最大状态到额定状态,可采用沿发动机共同工作线降低转速、降低涡轮前燃气温度,或采取保持转速不变,而通过扩大喷口临界面积使涡轮前燃气温度下降的办法。这几种措施依不同发动机来选定。有的发动机对额定状态还有时间限制,如有的发动机限制额定状态连续工作时间不超过 30~60 min。额定状态一般用于爬升,对于歼击机,还用于高速平飞。

3)巡航状态。通常规定推力为最大推力的 50%~75% 时,为发动机的巡航状态。发动机在巡航状态下,其转速、涡轮前燃气温度以及单位耗油率都较低,在寿命期内连续使用时间不限,因此适宜作长时间的远距离航行。

4)慢车状态。慢车状态是指发动机保持稳定工作的最小转速工作状态,通常规定推力为最大推力的 3%～5%,慢车状态的转速为最大转速的 20%～40%。慢车状态主要用于飞机的着陆及地面短时间检查发动机工作。慢车状态有时间限制,一般规定连续工作时间不超过5 min。

5)加力状态。超声速军用飞机的加力式发动机,除了上述的各工作状态外,还规定了加力状态。加力状态一般分为全加力状态、部分加力状态和小加力状态 3 种。

①全加力状态(最大加力状态):在这个状态下,发动机能够保证具有最大的加力推力,因而能保证发动机具有最大的加力度,它是加力发动机受力最大的状态。在多数发动机上,发动机在全加力状态下连续工作时间所受的限制与在最大状态时所受的限制相同。采用全加力状态的场合是起飞、飞机加速时,在空战的条件下则是在追击敌机、拦截目标以及机动飞行时。

②部分加力状态:这种状态的特点是推力值比全加力状态时的推力值小一些。部分加力状态在飞机作长时间的超声速飞行时采用。军用飞机则是在空战的条件下采用。

③小加力状态。这种状态是最低的加力状态。为了使飞机在全部推力范围内获得连续变化的推力值,要求小加力状态的推力与最大状态的推力相差不大。节流加力时,加力发动机的推力减小的极限是保证加力燃烧室不熄火。

2.涡轮风扇发动机

针对涡轮喷气发动机推进效率低的问题,在 20 世纪 60 年代发展了涡轮风扇喷气发动机,并很快用于运输机和轰炸机上,推进效率高是涡轮风扇喷气发动机的主要优点之一,在性能上,涡轮风扇发动机比涡轮喷气发动机的推力大、经济性能好,适合在飞行速度较大和飞行高度较高的范围使用,但它的迎风面积较大。为了提高最大推力,发展了加力式涡轮喷气发动机和加力式涡轮风扇发动机,其推力可以增大 30%～50%。

(1)基本结构。涡轮风扇发动机由涡轮喷气发动机加风扇和外涵道组成,如图 4.12 所示。

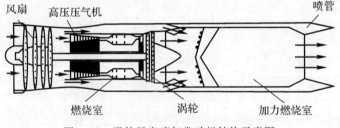

图 4.12　涡轮风扇喷气发动机结构示意图

(2)工作原理。作为热机,当在发动机内获得的机械能一定时,将此能量传给工质,如果工质的质量流量大,也就是参加推进的质量多,则发动机所产生的推力也就大。涡轮风扇发动机就是基于这一原理而发展起来的。

我们都已了解了涡轮喷气发动机的工作原理,气流进入压气机后,从压缩、燃烧、膨胀到加速喷出,产生推力,始终是一股气流,而涡轮风扇喷气发动机则为两股气流。由图 4.12 可知,在带动压气机的涡轮后又装上一个涡轮来带动一个风扇(也称低压压气机)。风扇运转并压缩空气,经压缩的气流分为两股:一股气流进入内涵道,即与前面讲过的涡轮喷气发动机一样,这是发动机的核心质量流量,经高压压气机、燃烧室、涡轮和喷管排出;另一股流经外涵道,这股气流平行流动经喷口排出,这是附加的推进质量流量。

这种内外两股气流的发动机也称作内外涵发动机。外股气体流量与内股气体流量之比称为流量比或叫涵道比。这两股气流分别从各自的喷口排出,也可以在涡轮后面混合一道排出。

(3)工作特点。在涡轮风扇发动机中,由高压涡轮出来的燃气先在低压涡轮中膨胀做功,然后再到尾喷管中膨胀加速,由于在低压涡轮中已将高压涡轮出来的燃气能量用掉了很多,因此,由低压涡轮出来的燃气,温度与压强大大降低了。所以,由尾喷管排出的燃气温度(300~400℃)、速度(350~450 m/s)均低于涡轮喷气发动机由尾喷管排出的燃气温度和速度,因此在涡轮风扇发动机中,尾喷管的排气能量损失小得多。当然,由于排气速度低,由内涵道中流过的气体所产生推力也就比涡轮喷气发动机的要低些。但是,流过外涵道的空气,在风扇的作用下受到压缩,压强提高了,在尾喷管中膨胀加速,以一定的速度流出喷口,因而外涵道空气也产生一定的推力。内、外涵道两股气流产生的推力之和,即为涡轮风扇发动机的推力,它大于纯涡轮喷气发动机的推力。涡轮风扇发动机推力大了,而能量损失又降低了,所以它的经济性优于涡轮喷气发动机,其耗油率一般为涡轮喷气发动机的 2/3,说明涡轮风扇发动机的推进效率高、经济性好。

由于涡轮风扇发动机是一种能产生大的推力而耗油率又较低的发动机,而且,由于排气速度低,发动机的噪声也大大低于涡轮喷气发动机,非常适合用于民航机。正因为如此,当第一种涡轮风扇发动机,即英国罗罗公司的康维发动机在 1960 年首次用于民航机后,很快就被各种新型民航机所选用,形成了民航客机发动机"风扇化"浪潮。在这种形势下,有些原来采用涡轮喷气发动机作动力的民航机,也纷纷换装成涡轮风扇发动机。例如,著名的波音 707 飞机,原来采用 4 台 JT3C 涡轮喷气发动机,后来将 JT3C 的前三级低压压气机叶片加长,改成涡轮风扇发动机 JT3D,这样的改型,使发动机的起飞推力增加 50%,巡航推力增加 27%,而巡航耗油率降低了约 13%,波音 707 的性能获得极大改进,表 4.6 中列出了它的性能改善情况。图 4.13 为我国原西南航空公司的波音 707 客机,我国进口的波音 707 均换用了 JT3D 涡轮风扇发动机的改进型。

表 4.6 波音 707 换装涡轮风扇发动机后飞机性能的改进

起飞滑跑距离减小	29.4%
最大航程增加	27.6%
爬升率提高	110%
最大巡航速度提高	8.2%

图 4.13 原中国西南航空公司的波音 707 客机

图 4.14 中国曾用的"三叉戟"三发民航机

20世纪60年代后研制的民航机,大多都采用了低涵道比(1.5~2.5)的涡轮风扇发动机,例如,英国的"三叉戟"、法国的"快帆"、苏联的图-154、伊尔-62、美国的波音727、波音737-100/200等。图4.14为中国曾用的"三叉戟"三发民航机,它的三台发动机均装在飞机尾部,其中两台发动机装于机身两侧,一台发动机居于机身上部,由机头向后看,三台发动机呈"品"字形布局。美国的波音727、苏联的图-154等民航机也采用了这种发动机布局方式。

由于涡轮风扇发动机有内、外两个涵道,发动机的外径较大,因此,当时认为这种发动机除可用于民航机外,还可用于轰炸机。

需要指出的是,涡轮风扇发动机的加力与不加力也有各自的特点。不加力的涡轮风扇发动机,当前在民航机和军用运输机上已广泛使用。它的显著优点是省油,具有低的燃油消耗率。另外不加力涡轮风扇发动机还有两个重要优点:一是起飞推力大;二是噪声小。

加力涡轮风扇发动机,一般使用在歼击机上,在投入战斗时加力以提高飞机的机动性。加力涡轮风扇发动机有利提高推重比和增加迎面推力,尤其是在高速飞行时,显示出优于普通涡轮喷气发动机的性能。我国自行研制的第一台中等推力的加力式涡轮风扇发动机"秦岭"(见图4.15)在西安试制成功,其为我国自行研制的"飞豹"歼击轰炸机提供动力设备。

3.涡轮螺旋桨发动机

涡轮喷气发动机的推力大,适用于高速飞行的飞机,飞机飞行速度可以从高亚声速一直到超过声速的两三倍。但当飞机在较低的亚声速飞行时,发动机的推进效率低,耗油率高,很不经济。另外,活塞式发动机和螺旋桨组成的动力装置,虽适用于低速飞行,但由于活塞式发动机产生的功率小,且随

图 4.15 "秦岭"发动机

飞行高度的增加而很快降低,再则,螺旋桨还限制了飞机的飞行速度,所以其使用速度一般不超过700~800 km/h。为了克服涡轮喷气发动机和活塞式发动机的缺点,涡轮螺旋桨发动机在20世纪40年代后期、50年代初期得到了迅速发展。但是由于当时设计的螺旋桨不适用于高亚声速飞行时使用,因此,从60年代以后,大、中型涡轮螺旋桨发动机逐渐被涡轮风扇发动机所取代。80年代,由于发生能源危机,又开始了具有新型螺旋桨的桨扇发动机的研究,但由于噪声、安全性等技术问题未能很好解决而未能大量投入使用。

(1)基本结构。涡轮螺旋桨发动机由压气机、燃烧室、涡轮和螺旋桨组成,在核心机(压气机、燃烧室、涡轮组成核心机,也称燃气发生器)与螺旋桨之间还有一个试速器。对于双轴式涡轮螺旋桨发动机,其高压压气机由高压涡轮带动,而低压涡轮不仅带动低压压气机,还要带动螺旋桨。涡轮螺旋桨发动机分定轴式(见图4.16)和自由涡轮式(见图4.17)两种。定轴式涡轮螺旋桨发动机由燃气发生器(包括进气道、压气机、燃烧室、涡轮)、尾喷管、减速器和尾喷管附属系统及附件传动机匣等部件组成;而自由涡轮式涡轮螺旋桨发动机除上述部件外,还包括一组自由涡轮(一级或多级)。由于涡轮螺旋桨发动的燃气发生器、动力涡轮、尾喷管、发动机附属系统及附件传动装置与涡轮喷气发动机一样,这里不再一一叙述。

1)螺旋桨。螺旋桨是将航空发动机(活塞式或燃气涡轮式)的轴功率转化为航空器拉力或

推进力的叶片推进装置,又称空气螺旋桨。在第二次世界大战以前,螺旋桨是唯一的推进装置,在马赫数小于 0.6 以下的低速飞机上,至今仍普遍采用螺旋桨推进。螺旋桨由桨叶、桨毂、操纵机构等构成,它可将所得到的功率转变成推进飞机前进的拉力。图 4.18 为螺旋桨产生拉力的原理示意图。螺旋桨桨叶旋转时将前方空气吸入然后作用于气流一个向后的力,使气流加速排向后方,与此同时,气流作用于桨叶一个反作用力,这个反作用力就是螺旋桨的拉力。涡轮螺旋桨发动机中,螺旋桨通常为单排四片桨叶,在大功率(10 000 kW 左右)的涡轮螺旋桨发动机中,为了能使桨叶有高的效率,需将螺旋桨做成转向相反的双排,每排四片桨叶。

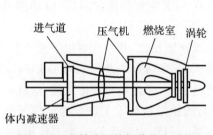

图 4.16　定轴式涡轮螺旋桨发动机

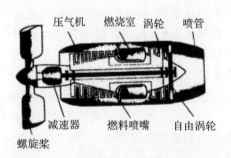

图 4.17　自由涡轮式涡轮螺旋桨发动机

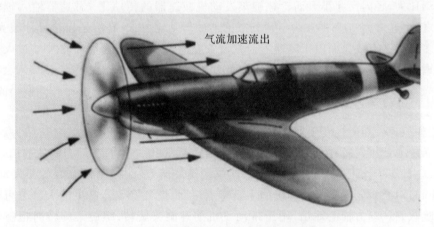

图 4.18　螺旋桨产生拉力的原理示意图

　　螺旋桨的操纵机构利用转速敏感元件,感受螺旋桨转速的变化,用以改变、调节桨叶的桨叶角(即桨距),达到调节发动机转速和螺旋桨拉力的目的。在发动机起动时,桨叶安装角变小,使螺旋桨转动阻力矩最小,便于起动;飞机起飞时桨叶安装角变大,使螺旋桨产生最大拉力,当飞机降落后在地面滑跑时,还可将桨叶调到负桨位置以产生负拉力,对飞机进行刹车,缩短滑行距离;飞机飞行中,一旦发动机因故障而停车时,操纵机构自动将桨叶前缘调整到与飞行方向一致的位置(称为顺桨),以免桨叶被气流吹转,形成飞机的阻力。螺旋桨变距机构有液压式、电动式和机械式三种。

　　2)减速器。减速器是使发动机输出轴转速降低到飞机推进器或附件所需转速和转向的齿轮装置。飞机推进器可以是飞机的螺旋桨,也可以是直升机的旋翼。涡轮螺旋桨发动机的减速器均采用齿轮传动,要求减速器在高负荷、高转速下工作可靠、效率高。涡轮螺旋桨发动机的减速器由于用途和结构特点不同,可分机内和机外减速器及双桨式减速器。减速器与发动机置于一体,成为发动机的一部分,称为机内减速器。涡轮螺旋桨发动机均为机内减速器。当发动机安装在重型飞机的机翼上或安装在飞机的机身内,距离螺旋桨较远时,一般采用机外减速器,它主要用于直升机中,又称主减速器。当涡轮螺旋桨发动机的功率超过 7 350 kW 时,一般单一螺旋桨不能吸收这样大的功率,必须使用转向相反的两个(双)螺旋桨。传动双螺旋桨的减速器更为复杂,它的输入轴为一个,即自由涡轮的传动轴,而输出轴为套在一起(即共轴心)但旋转方向相反的两个轴。其特点是螺旋桨所产生的反扭矩可以全部抵消,飞机的稳定性和操纵性得以改善,且可提高螺旋桨效率。苏联的图-95 轰炸机是世界上最大的配装涡轮螺旋桨发动机的飞机,它装有四台单台功率为 8 950 kW 的涡轮螺旋桨发动机,驱动四组共轴反转的双螺旋桨。

涡轮螺旋桨发动机的减速器与其他机械设备的减速器相比,其结构有以下两个特点:

①传递功率大。涡轮螺旋桨发动机减速器通常传递功率为 2 200～4 400 kW,有的高达 11 000 kW 以上。燃气发生器转子或自由涡轮的转速很高,螺旋桨的转速又低,这就使得一些齿轮在很高的圆周速度下工作,另一些齿轮又在很高的扭矩负荷下工作。为了保证高速齿轮可靠工作,必须采取措施使齿轮啮合良好,尽量减少啮合过程中对齿轮的冲击作用,并减小齿轮负荷和保证工作温度适当。

②传动比大,径向尺寸小。涡轮螺旋桨发动机减速器的传动比(减速器输入轴转速与输出轴转速之比)通常为 10～16。为了达到减速器的传动比要求,必然是齿轮尺寸很大,或者采用复杂的多级传动方式。而由于减速器通常设置在压气机前,减速器齿轮尺寸过大会使得减速器外形增大,发动机迎风面积变大而增加阻力,且发动机进气道中的气流偏转大会造成较大的进气损失,使发动机功率降低。因此,为了解决传动比大与外廓尺寸要求尽量小的矛盾,涡轮螺旋桨发动机的减速器只能设计得较复杂,加工精度要求高。

(2)工作原理。在燃气发生器后,加装一套涡轮(一级或多级),燃气在这后一涡轮(一般称为动力涡轮或低压涡轮)中膨胀,驱动它高速旋转并发出一定功率,动力涡轮的前轴(称动力轴)穿过核心机转子,通过压气机前的减速器驱动螺旋桨,就组成了涡轮螺旋桨发动机(见图 4.16 和图 4.17)。涡轮螺旋桨发动机的主要特点,是将燃气发生器产生的大部分可用能量由动力涡轮吸收并从动力轴上输出,用于带动飞机的螺旋桨旋转;螺旋桨旋转时把空气排向后面,由此产生向前的拉力使飞机向前飞行。涡轮出口的燃气在尾管中膨胀加速并喷出,产生反作用推力。由于燃气的温度和速度极低,所产生的反作用力(推力)一般比较小,这个推力转化为推进功率时,仅约占涡轮螺旋桨发动机功率的 10%,正因为排出发动机的能量大大降低了,因此,涡轮螺旋桨发动机的经济性好。

由于螺旋桨的直径较大,转速要远比涡轮低,为使涡轮和螺旋桨都工作在正常的范围内,需要在它们之间安装一个减速器,将涡轮转速降至十分之一左右后,才可驱动螺旋桨。涡轮螺旋桨发动机的螺旋桨后的空气流就相当于涡轮风扇发动机的外涵道。由于螺旋桨的直径比发动机大很多,气流量也远大于内涵道,因此这种发动机实际上相当于一台超大涵道比的涡轮风扇发动机。

与活塞式发动机相比,涡轮螺旋桨发动机具有质量轻、振动小等优点,特别是随着飞行高度的增加,其性能更为优越;与涡轮喷气和涡轮风扇发动机相比,它又具有耗油率低和起飞推力大的优点。但因螺旋桨特性的限制,配装涡轮螺旋桨发动机的飞机的飞行速度一般不超过

800km/h。所以,在大型远程民航机和运输机上,它已被高涵道比涡扇发动机所取代,但在中小型运输机和通用飞机上仍有广泛的应用。

大多数的涡轮螺旋桨发动机,动力涡轮与燃气发生器的涡轮是分开的,且以不同的转速工作。由于动力涡轮与核心机没有机械地连成一体,因此又称它为自由涡轮,如图 4.17 所示的简图,即为这种类型的涡轮螺旋桨发动机。少数的涡轮螺旋桨发动机,将动力涡轮与燃气发生器的涡轮机械地连接在一起,成为定轴式或单轴式涡轮螺旋桨发动机(见图 4.16)。我国自行设计、生产的运－8 运输机所用的涡桨 6 涡轮螺旋桨发动机(见图 4.19)、英国"子爵"号四发民航机用的达特涡轮螺旋桨发动机均为定轴式涡轮螺旋桨发动机。

图 4.19　运－8 所用的涡桨 6 涡轮螺旋桨发动机外形图

(3)工作特点。从前面的介绍可以看出,涡轮螺旋桨发动机是由涡轮经减速器带动螺旋桨产生主要拉力,同时还能利用经喷管排出的燃气产生部分推力,这部分推力大约占总推力的10%。涡轮螺旋桨发动机综合了涡轮喷气发动机和活塞式发动机的优点,又克服了这两种发动机的一些不足,适用于中速飞行的一种性能优良的发动机。其主要特点在于:和涡轮喷气发动机一样,比活塞式发动机结构简单,没有往复运行零件、振动小;单位质量产生的功率大,具有活塞式发动机省油的特点,且使用煤油,较活塞式发动机更为经济;具有涡轮喷气发动机功率大、体积小的特点,单台功率可比最大的航空活塞式发动机大数倍。配装涡轮螺旋桨发动机的飞机,飞行高度低(5 000 m 以下)、飞行速度慢 (600~800 km/h),这是涡轮螺旋桨发动机的缺点。判别涡轮螺旋桨发动机性能好坏的依据是:功重比(发动机功率/发动机质量)越大,耗油率越小,其性能越好;反之则差。

以定轴式涡轮螺旋桨发动机为例,简要介绍它的特性。

1)节流特性。发动机在给定的调节规律下,螺旋桨的功率、单位耗油率和喷气推力随供油量的变化关系,称为涡轮螺旋桨发动机的节流特性。当桨距角一定时,节流特性即是转速特性的意义。不同的桨距角,对应着不同的节流特性。当螺旋桨桨距角固定时,随着发动机转速下降,涡轮螺旋桨发动机的螺旋桨功率和喷气推力下降,而单位耗油率不断增加。

2)速度特性。在给定的调节规律下,螺旋桨的功率或当量螺旋桨功率和单位耗油率随着飞行速度变化的关系,称为涡轮螺旋桨发动机的速度特性。随着飞行速度的增加,总的增压比增加,而喷管出口截面不变,在完全膨胀的条件下,其喷管出口的排气速度增加,涡轮的单位工质的输出功增加。另外,由于飞行速度增加,则空气流量也增加。基于这两点,涡轮螺旋桨发动机的螺旋桨功率随飞行速度增加而增加,且增加幅度较大。随着飞行速度的增加,涡轮螺旋桨发动机的有效单位耗油率急剧下降。随着飞行速度的增大,单位喷气推力却减少,而且比涡轮喷气发动机减小更快。

3)高度特性。高度特性是指在给定的调节规律下,螺旋桨的功率或当量螺旋桨功率与单位耗油率随飞行高度而变化的关系。由于飞行高度增加,流经涡轮螺旋桨发动机的空气流量不断减小,那么螺旋桨功率要下降,而单位耗油率也下降。

4.涡轮轴发动机

自 1936 年世界上诞生了第一架直升机以来,由于其具有能垂直起降和悬停等优点,不受场地限制,使用方便,在军民用领域得到了广泛应用。作为驱动直升机旋翼而产生升力和推进力的动力装置,可分为活塞式发动机和涡轮轴发动机,20 世纪 50 年代中期以前,直升机发动机都是活塞式发动机。50 年代中期,涡轮轴发动机开始用作直升机动力。与活塞式发动机相比,涡轮轴发动机具有质量轻(例如功率同为 600 kW 的发动机,涡轮轴发动机的质量仅为活塞式发动机的 1/3),体积小,功率大,振动小,噪声小,易于起动,便于维修和操纵等一系列优点,但在单位耗油率方面,涡轮轴发动机要比活塞式发动机大,到 60 年代以后,新研制的直升机几乎全部采用了涡轮轴发动机作为动力。

(1)基本结构。涡轮轴发动机是由涡轮螺旋桨发动机演变而成的,它的结构形式与涡轮螺旋桨发动机相似,从核心机出来的燃气所具有的能量,几乎全部通过涡轮轴输出功率,来带动旋翼和尾桨。涡轮轴发动机由进气装置、压气机、燃烧室、燃气发生器涡轮、动力涡轮(自由涡轮)、排气装置及体内减速器、附件传动装置等部件构成,如图 4.20 所示。由于各类涡轮发动机的结构和特点有很多共同之处,这里仅对涡轮轴发动机中与其他类型涡轮发动机差异较大的部件予以说明。

1)进气装置。涡轮轴发动机的进气道与其他燃气轮发动机有所不同。这是由于涡轮轴发动机用于直升机上,而直升机的工作环境特殊,在起飞、降落时没有专用机场,尤其是在沙漠、草原或山地等执行任务时,极易受到外界的物质侵袭而导致发动机损坏,所以在进气道内安装有惯性粒子分离器。它使进入进气道的外来物在离心力和引射气流的作用下被排出口外,而不致进入发动机内。

2)压气机。一般来讲,大功率的燃气轮机几乎都采用轴流式压气机,这是由于轴流式压气机效率较高。对于中、小型的涡轮轴发动机,例如 1 000 kW 以下的,几乎无一例外地采用离心式或轴流加离心组合式压气机,而且以组合式居多。

3)燃烧室。小型涡轮轴发动机的燃烧室,常采用回流式的燃烧室。

4)涡轮。为了使涡轮前燃气温度达到尽可能高的水平,涡轮叶片的冷却技术是关键,尤其是小型涡轮轴发动机的涡轮,提高它的冷却效果是重要的研究课题。

5)排气喷管。涡轮轴发动机的喷管起扩压的作用。因为动力涡轮后的燃气仍具有一定的流速,经过排气喷管,使静压提高,流速降低,由于排气动能较小,常常不被利用,而从飞机的两侧排出。如果是前输出结构,还应充分利用这一部分剩余推力,在巡航飞行时还是有利的。

6)减速器。动力涡轮的转速较高,不能直接与旋翼连接,用减速器在它们中间起调速作用,由于旋翼的转速低,往往需要多级减速。减速器在结构上分为体内减速器和主减速器。体内减速器被认为是发动机的一个组成部件,而主减速器被认为是独立于发动机之外的一个部件。由于减速器的结构质量占发动机的质量比重较大,所以减轻减速器的质量是研究的重要课题。

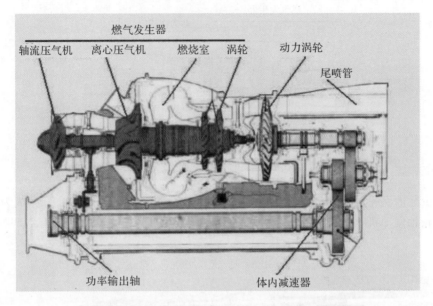

图 4.20　涡轮轴发动机基本结构示意图(国产涡轴 8)

（2）工作原理。涡轮轴发动机在核心机或燃气发生器后,加装一套涡轮(1 级或多级),燃气在这后一涡轮(一般称为动力涡轮或低压涡轮)中膨胀,驱动它高速旋转并发出一定功率,动力涡轮的前轴(称动力轴)穿过核心机转子,通过压气机前的减速器减速后由输出轴输出功率,就组成了涡轮轴发动机,如图 4.21 所示。在涡轮轴发动机中,燃气发生器产生的可用能量基本上全被动力涡轮吸收并从动力轴输出,通过直升机上的主减速器减速后驱动直升机的旋翼和尾桨;由尾喷管中喷射出的燃气的温度和速度极低,基本上不产生推力。

大多数的涡轮轴发动机,动力涡轮与核心机的涡轮是分开的,且以不同的转速工作。由于动力涡轮与核心机没有机械地连成一体,因此又称它为自由涡轮,其结构示意图如图 4.21 所示。在有的涡轮轴发动机中,动力涡轮不是通过前轴穿过燃气发生器向前输出功率,而是由涡轮转子的后轴向后输出功率。国产直-9 直升机用涡轴 8 发动机的自由涡轮即是向后输出功率的,其结构示意图如图 4.22 所示。

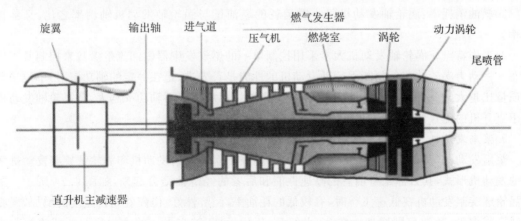

图 4.21　自由涡轮式涡轮轴发动机结构示意图

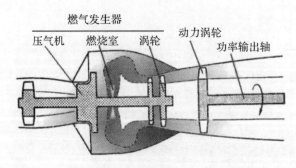

图 4.22　后输出轴的自由涡轮式涡轮轴发动机结构示意图

少数的涡轮轴发动机,将动力涡轮与核心机的涡轮机械地连接在一起,成为定轴式或单轴式涡轮轴发动机,如图 4.23 所示。

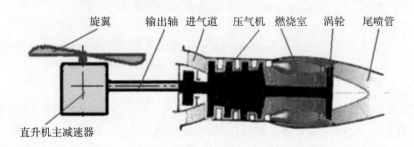

图 4.23　定轴式涡轮轴发动机

(3)性能参数及工作特点。

1)涡轮轴发动机的性能参数简介。

①轴功率:涡轮轴发动机可用功率取自动力输出轴,因而称之为轴功率。

②功率质量比:轴功率与涡轮轴发动机质量之比。

③单位功率:每秒流过涡轮轴发动机 1 kg 空气在功率输出轴上所产生的轴功率,即涡轮轴发动机轴功率与空气流量之比。

④单位迎面轴功率:涡轮轴发动机轴功率与发动机最大截面面积之比。

⑤燃油消耗率:涡轮轴发动机每小时消耗的燃油量与涡轮轴发动机轴功率之比,又称耗油率。

2)工作特点。涡轮轴发动机大多采用控制单一的燃气发生器燃油流量参数来控制其工作状态——动力涡轮转速。判断涡轮轴发动机的性能是否先进,是在一定的轴功率下,单位功率和质量比越大,耗油率越小,其性能越好;反之则差。而单位迎面轴功率越大,则涡轮轴发动机装于直升机的配置性越好。

5.桨扇发动机

桨扇发动机(又称螺旋桨风扇发动机)是一种介于涡轮风扇发动机和涡轮螺旋桨发动机之间的发动机形式,其目标是将前者的高速性能和后者的经济性结合起来,如图 4.24 所示。虽然涡轮螺旋桨发动机在低速飞行时,有较低的耗油率,经济性好,但随着飞行速度的增加,螺旋桨效率将变低,耗油率则增加。在 20 世纪 70 年代后期,航空界开始大力研制新型的被称为

"桨扇"的发动机,以缓解当时石油危机对航空运输业的冲击。桨扇发动机顾名思义,是一种既具有涡轮螺旋桨发动机耗油低又具有涡轮风扇发动机适于高速飞行特点的发动机。为了使桨扇发动机适于高亚声速飞行(即飞行速度大于 800 km/h),需发展新型的螺旋桨。

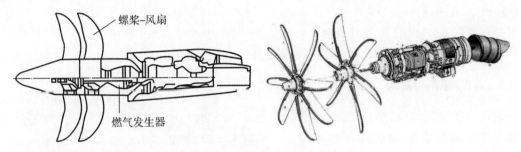

螺桨-风扇

燃气发生器

图 4.24　桨扇发动机结构简图

新型螺旋桨由两个旋转方向相反的螺旋桨在一起工作,螺旋桨的桨叶较多(一般为 6～8片),每片桨叶形状较宽,弯曲而后掠呈马刀形。桨扇发动机的螺旋桨直径小于涡轮螺旋桨发动机的螺旋桨直径,但大于涡轮风扇发动机的风扇直径。初期设计时,两排螺旋桨的叶片数一般均采用 8 片,但前、后排叶片对气流的扰动会激起较大的噪声,在后来的设计中将两排叶片取不同的片数。美国通用电气公司与法国国营航空发动机研究制造公司合作研制的 GE36 桨扇发动机,由于螺旋桨(或称风扇)外部不像高涵道比涡轮风扇发动机有一个外涵机匣,因此又称此种发动机为"无涵道风扇(UDF)发动机"。由于桨扇发动机噪声、振动及减速器性能差,特别是没有外涵机匣,使用安全性没有保证等问题未能得到很好的解决,加之世界燃油的价格不仅没有如想象那样飞涨,反而有回落的趋势,因而在西方国家一直未将其投入使用。例如,美国通用电气公司与法国国营航空发动机研究制造公司虽为研制 GE36 共同投资了 10 亿美元,也不得不放弃而束之高阁。但是苏联/俄罗斯始终不懈地开展将桨扇发动机应用到军用运输机上的研制工作,并且已取得了较好的结果。采用桨扇发动机为动力的中程军用运输机安-70(见图 4.25)是苏联于 1988 年开始研制的,在苏联解体后,由俄罗斯和乌克兰两国联手继续研制,1995 年 12 月 16 日在基辅进行了首飞。这种发动机集涡桨发动机的高经济性和以前只有涡扇发动机才能达到的高速度性能等优点于一身。当时给安-70 定下的设计指标是,要能够运输陆军部队所有类型的机动装备,速度快,经济性好,能够在低等级水泥跑道和长600～900 m 的土质跑道上起降,能够全天候全地域使用,机组人数为 2～3 人等。安-70 最大载重 47 t。其标准运输任务是携带 20～35 t 的物资或 300 名携带随身武器的士兵或 206 名伤病员,从简易机场起飞,以 750 km/h 的巡航速度飞行,航程可达到 3 800～7 400 km。这个航程足以从英国本土飞到沙特阿拉伯,或从澳大利亚飞到南太平洋大部分地区。从 1997 年开始的 4 年间,第二架试飞的安-70 在各种气候和地域条件下完成了大量的试飞科目,结果证明安-70 的总体设计是成功的,所测性能也都达到了设计要求。安-70 是世界上第一种成功使用桨扇发动机的飞机,它所装的四台 Ⅱ-27 桨扇发动机单台功率为 10 400 kW,发动机的燃油消耗率极低,在巡航状态下只有 0.174 kg/(kW·h),以最大巡航速度飞行时,其油耗与现代运输机上使用的涡喷发动机相比要低 20%～30%。与 Ⅱ-27 发动机匹配的 CB-27 同轴对转螺旋桨风扇由全复合材料制成,直径 4.5 m。每副螺旋桨风扇由同轴串在一起、转向相反的两个螺旋桨风扇组成,前面一个 8 片桨叶,后面一个 6 片桨叶。这种设计可以有效延缓气流分离

（桨叶失速），且噪声小，其推进效率高达 90%。桨叶成半圆形，展弦比小，厚度薄，呈后掠形，能够有效延缓桨尖出现激波。虽然 CB-27 螺旋桨风扇的桨盘直径只有普通螺旋桨的一半，但其功率载荷是现代高效螺旋桨功率载荷的 5 倍。由于采用耗油率较低的桨扇发动机，安-70 使用经济性特别好，省油、航程远是它的一个显著特点。例如，同样载货 20 t，安-70 的航程为 7 400 km，伊尔-76（苏联于 20 世纪 70 年代研制成功的性能较好的中远程军、民用运输机，共生产了 900 余架）为 7 000 km，而前者仅耗油 40 t，后者则需要耗油 80 t 且航程还短 400 km。

三、垂直/短距起落动力装置

垂直/短距起落动力装置是指能使固定翼飞机实现垂直/短距起落的动力装置，主要有以下类型。

图 4.25　采用桨扇发动机的中程军用运输机安-70

1.升力发动机

这是一种可把产生的推力直接用作升力的发动机，可以是涡轮喷气发动机，也可以是涡轮风扇发动机。其与一般涡轮喷气或涡轮风扇发动机不同的是：为了尽量减少自重对飞机性能的影响，升力发动机的推重比要特别高，至少 16 甚至高达 40。因此，要求结构相对简单、系统简化、广泛采用轻质的复合材料，但随之而来的是工作时间短、寿命低。

2.推力转向发动机

推力转向发动机又称矢量发动机，是利用改变喷气方向而能提供垂直升力又能提供平飞推力的发动机。起飞、着陆和悬停时，发动机喷口向下，产生向上的升力；水平飞行时，喷口向后，产生向前的推力；在过渡飞行时，喷口有向前的推力分量，又有向上的升力分量。

3.升力风扇

升力风扇是用机载燃气发生器的热燃气直接驱动或由其功率输出轴传动的安装在机身或机翼上的风扇来提供升力的装置。垂直起落时靠风扇产生升力，过渡飞行时靠风扇和机翼产生的升力及燃气发生器产生的推力，巡航飞行时风扇关闭，燃气发生器转换为产生推力的推进器。图 4.26 为用于 F-35 战斗机上的升力风扇。

4.螺旋桨旋翼

仅仅由涡桨或涡轴驱动的既产生升力又产生拉力的装置，兼具螺旋桨和旋翼双重特性，被称作螺旋桨旋翼。这种动力装置安装在一个可以倾转的机翼上或者在两翼尖形成倾转转子，当飞机须垂直起降时，机翼或倾转转子向上倾转使螺旋桨旋翼平面与地面平行，此时螺旋桨旋翼呈旋翼工作状态产生升力；过渡飞行时，靠机翼或倾转转子逐渐向下倾转使螺旋桨旋翼既产生升力又产生拉力；实现平飞后，螺旋桨旋翼只产生向前飞行的拉力。

图 4.26　用于 F-35 战斗机上的升力风扇（传动轴驱动）

4.4　航空发动机的燃料

航空发动机的燃料,目前世界上均以汽油和煤油为主,二者均是石油制品,因战争和储量衰竭问题,石油供应日趋紧张,为解决这个问题,各国都在寻找新的能源和代用品。

一、汽油和煤油

活塞式发动机上以汽油作为燃料,而喷气发动机上以煤油作为燃料,这是因为:

(1)汽油和煤油虽然都是石油蒸馏出来的碳氢化合物,但汽油是轻质油,同等油箱容积所装载的汽油质量少,影响航程。

(2)喷气发动机需在高空工作,高空中气压低,汽油极易蒸发。

(3)飞机在高速飞行时,飞机表面与空气相互摩擦使表面受热,温度升高,油箱温度也随之升高,汽油易蒸发和沸腾,不仅浪费,还会产生气泡堵塞油路,即通常所说的气阻。若燃油系统内产生气阻,易产生供油脉动,造成燃烧不稳定,致使发动机空中停车,可能造成飞行事故。如果冒出来的油蒸气和外界空气混合,达到一定浓度,甚至会引起爆炸。

(4)喷气发动机耗油量大,煤油价格低廉,更加经济。

二、酒精

太平洋战争后期,日军在被美国切断与中东的海上运输线之后,汽油来源断绝,也曾试图用酒精代替汽油,但未获成功和实际应用。

由于酒精的燃点、燃烧速度和燃烧值与汽油不同,如果要求输出的功率达到飞行所需的马力,必须调整有关部件的数据。

因为酒精来源也有限,价格较贵,目前世界上一些国家正在研究用价廉而化学性质与酒精相近的甲醇作飞机燃料。

三、太阳能

太阳能是自然界赋予人类取之不尽的清洁能源之一。应用太阳能的方法有多种,其中之一就是光电转换技术,即太阳能电池。其原理就是将太阳光照射的能量通过半导体转换成电动势能,在外部接上负载就可输出电能。这种方法在航天器电源系统上早已应用,如各种应用卫星和空间站上的太阳能电池板。但是,太阳能飞机还处于研究阶段。

太阳能飞机是以太阳辐射为推进能源的飞机。太阳能动力由太阳能电池、直流电动机、减速器、螺旋桨和控制装置组成。由于太阳辐射的能量密度小,为了获得足够的能量,飞机应有大的机翼面积,以便铺设太阳能电池。

在这一基础上,美国在 20 世纪 80 年代初研制出"太阳挑战者"号单座太阳能飞机,如图 4-27 所示。飞机翼展 14.3 m,翼载荷为 60 Pa,飞机空重 90 kg,机翼和水平尾翼上表面共贴有 16 128 片硅太阳电池,在理想阳光照射下能输出 3 000 W 以上功率。这架飞机 1981 年 7 月成功地由巴黎飞到英国,平均时速 54 km,航程 290 km。

美国正在研制的太阳能无人机"太阳神"号以二次高能电池和太阳辐射能为动力,在机翼和安定面上装有 16 128 片硅太阳能电池,共有 14 个推进器,在理想的阳光照射下输出功率达到 40 kW。2001 年七八月进行了试验飞行,最大飞行高度 29 km,留空时间 18 h,最终目标是在空中逗留半年。2007 年 11 月 5 日,在瑞士杜本多夫举行的新闻发布会上,展出了"阳光脉动"太阳能飞机样机,科研人员历时 4 年制成了这架太阳能飞机。

图 4.27 "太阳挑战者"号单座太阳能飞机

四、氢燃料

在地球上,氢是最简单、最普遍的化学元素,氢的存在形式是与氧结合生成的水,而地球上水的含量是非常丰富的。如果将水中的氢分解出来,可缓解目前燃料日益短缺的问题。而且,用氢做燃料,不产生碳氧化物和烟尘,产生的氮氧化物也比煤油燃烧时的少 2/3,并且氢燃料的燃烧值是煤油的 2.78 倍。因此,采用氢燃料的航空发动机具有很好的发展前景。但是,要使氢燃料飞机获得实际应用,还要解决一些技术难点。

(1)液氢的密度只有煤油的约 1/12,能发出同样热量的液氢的体积是煤油的 4 倍,因而装载液氢燃料的燃料箱体积太大,飞机设计师必须重新设计飞机机翼,以容纳体积更大的氢燃料。

(2)由于液氢的工作温度为 −253℃,使用液氢需要一套低温地面运输和存储系统,以及机上燃料供应和控制系统。

(3)液氢的生产成本高,大约是煤油的 3 倍。而且,目前遍布世界各地的机场,都已经配备了石油的供应系统,改用液氢牵涉到世界机场地面设施的技术改造,是一项耗资极大的工程。

(4)氢燃料燃烧后排出大量的水汽(比煤油燃烧后多 2.8 倍),如果形成冷凝带,也会对飞行产生影响。

五、天然气

全球的天然气储量比石油大(可开采 100～200 年),天然气燃烧时产生的碳氧化物、氮氧化物和烟尘比煤油少,对环境的污染相对较小,而液态天然气沸点和密度比液氢高,由低温和容积引起的技术难题比液氢容易解决。因此,液态天然气可作为一种过渡性燃料。

2007 年 11 月,欧洲空中客车公司与英国罗罗公司及美国壳牌石油公司合作,宣布开展天然气合成燃料(GTL)作为航空煤油替代燃料的可行性研究,并在 2008 年 2 月利用一架 A380 试验飞机上一台遄达 900 发动机,进行了 3 h 的天然气合成燃料飞行试验,其燃料为在标准航空煤油中掺有 40% 天然气合成燃油的混合燃料，这是全球第一架使用合成燃料飞行的商用客机。

六、燃料电池

今后，电力驱动的飞机将引起人们的更多关注。电动飞机可大大减少一氧化碳和二氧化碳的排放量，并减少对石油燃料的依赖。普通飞机发动机工作一定时间后就要进行一次大修，而电动飞机的发动机每 10 000 h 才需要大修一次。此外，电动飞机无污染、无噪声、发热量极小，而且电动机作为热、光和微波的辐射或散射源几乎无法探测到。因此，电动飞机对于军事领域有极大的诱惑力。电动飞机有发展潜力的能源之一是燃料电池。

燃料电池的工作原理与电解水的逆过程相似，氢基燃料送入燃料电池的阳极（电源的负极）转变为氢离子，空气中的氧气送入燃料电池的阴极（电源的正极），负氧离子通过两极间离子导电的电解质到达阳极与氢离子结合成水，外电路则形成电流。通常，完整的燃料电池发电系统包括电池堆、燃料供给系统、空气供给系统、冷却系统、电力电子转换器、保护与控制及仪表系统。

2005 年 5 月，美国航空环境公司的"全球观测者"氢燃料电池动力推进的无人机首飞成功。同时，波音公司也已经对一种用于高空长航时信息无人机的氢燃料电池推进系统进行了试验。

七、核能

核能矿物中凝聚了极大的能量，可以长期使用而耗费极少。目前已有核能驱动的舰船和潜艇，它们都可以长期运行而不用补充燃料。核能发动机是利用核燃料裂变所发出的巨大热量对发动机的工质进行加热，以获得大量高温燃气，高温燃气从发动机中高速排出产生反作用推力的发动机。

发展这种发动机的主要困难是在核裂变过程中产生的辐射对人体、结构材料和设备会产生严重的危害，而安装笨重的防护层又会导致飞机结构质量过大。因此，人们普遍认为，只有当航空进入"超大型"飞机时代时，才会出现核动力飞机。

八、微波动力

微波是一种波长从 1 mm～1 m、频率从 300～300 000 MHz 的电磁波。现代科学成果表明，微波能够有效地传输能量。微波动力飞机的工作原理是：地面上的微波站将能量很高的微波发射给空中的飞机，飞机将其天线所接收的微波再转换成电能，驱动电机带动螺旋桨旋转。

微波动力飞机质量轻，工作效率高，由于飞机所需的电能是由地面供给的，因此，在空中飞行可不受燃料的限制。它在军事上可作为预警机守卫国土，也可作为高空侦察机。在民用方面，这种飞机可用来进行农业监测、天气预报等，还可以装上雷达和通信设备，作为广播、电视、通信的天上中转站。

现在加拿大、美国都已试制出较大型的微波动力飞机，但地面发射天线太大，不容易转动，一般还只能作为垂直上下飞行及悬停的直升机。

九、激光动力

美国已开发和验证了世界首架由唯一的不可见地面激光提供动力的小型飞机。它利用激光跟踪飞行中的飞机,并将它发出的能束指向专门设计的机载光电电池,机载光电电池将激光波长的能源转化为电能,该电能再驱动一台小型电机,进而带动螺旋桨,为该飞机提供推进动力。这种飞机不需要机载燃料或电池,能携带科学或通信设备进行无限期的留空飞行,主要用于小型无人飞机。该飞机由建筑物内的发射平台发射后,激光就瞄准机上的光电池板,使螺旋桨转动,并推动该飞机围绕建筑物飞行。当激光束离开时,该飞机滑翔着陆。

十、航空生物燃料

航空生物燃料是指用生物资源生产的、可替代石油制取的航空汽油和航空煤油的燃料乙醇、生物汽油以及生物煤油等可再生航空燃料。在当今全球气候变暖的大背景下,以低能耗、低污染为基础的"低碳经济"已成为全球关注的焦点,生物燃料将引领航空业的绿色未来已成为共识。目前,国外已发展两代航空生物燃料,第一代航空生物燃料以粮食作物为生产原料,主要来源是玉米、小麦和大豆等,波音公司已对第一代生物燃料进行了飞行验证,但这种燃料占用耕地太多且威胁粮食供应。因此,目前世界各国都在着力研发新一代航空生物燃料,包括麻风树、亚麻荠、藻类和盐生植物,以及废弃油脂(包括餐厨废弃油,即"地沟油")等。这些燃料更加环保和廉价,不会像第一代生物燃料那样产生"与粮争地"和"与人争食"等现象。

航空生物燃料一般通过混合方式直接添加到航空煤油中,可直接替代传统的航空燃料,而无须重新设计发动机或飞机,航空公司和机场也无须开发新的燃料运输和储存系统。使用生物燃料的最大好处是可大大减少温室气体的排放和碳足迹。据新西兰航空公司预测,用生物燃料取代目前的燃料,可使航空公司的温室气体排放减少 $60\%\sim65\%$。在 12 h 的典型飞行中,全部使用麻风果燃料可比全部使用化石燃料少消耗 1.5 t 以上的燃料,可少排放 5 t 的二氧化碳。2010 年 2 月 4 日,国际航空运输协会(IATA)发布的《2009 年民航业环境报告》指出,2009 年世界民航运输业的碳排放达到 6.23 亿吨,为最大限度地降低碳排放,应加紧发展生物燃料。报告称,民航业生物燃料的市场价值将高达 1 000 亿美元,并预测,到 2040 年,航空燃油中生物燃料的比例将达到 50%。

目前,已有多家航空公司成功进行了生物燃料的飞行试验。2008 年 2 月,一架空客 A380 就使用由 40%生物燃料和 60%传统燃料混合而成的混合液化燃料进行了飞行试验。随后,英国维珍航空公司采用椰子油与棕榈油的混合燃料、新西兰航空公司采用由麻风树和传统燃油各占 50%的混合生物燃料、美国大陆航空公司采用麻风树和藻类的混合燃油、日本航空公司(JAL)采用麻风树/藻类和亚麻荠的混合燃油,相继进行了飞行试验。其中大陆航空公司的试飞结果显示,相对于传统燃料,采用生物燃料所产生的温室气体排放量可减少 60%～80%。2011 年 10 月 28 日,中国国际航空公司一架现役波音 747-400 飞机,采用由中国石油天然气集团公司提供的麻风树和传统燃油各占 50%的混合生物燃料,进行了近 1 h 的测试飞行,标志着中国首次航空生物燃料验证飞行获得成功。2014 年 5 月,荷兰航空公司的一架空客 A330-200 飞机使用含 20%"地沟油"的混合燃料,成功进行了一次长达 10 h 的商业飞行,创造了空客飞机用生物燃料进行商业飞行的新纪录。显然,大力发展生物燃料,减少碳排放和对石油资源的依赖,已成为世界航空业发展的战略选择,是未来绿色航空的重要发展方向。

课 外 阅 读

新概念发动机和非传统新型发动机

一、脉冲爆震发动机

脉冲爆震发动机是一种利用脉冲式爆震波产生推力的新概念发动机,包括吸气式脉冲爆震发动机(PDE)和脉冲爆震火箭发动机(PDRE)两种类型。它们的基本工作原理是相同的,区别是 PDE 从空气中获得氧化剂,适用于大气层内飞行;而 PDRE 自带氧化剂,适用于外层空间飞行。该发动机没有旋转部件,其工作过程包括进气(吸气)、喷油、点火、爆燃和排气等。爆震燃烧是燃料化学能在短时间快速、高效转变为机械能的非稳态化学反应过程。爆震燃烧产生的爆震波的传播速度极快(达到每秒几千米),使可爆燃料的压力、温度迅速升高(可高达100 大气压和 2 800℃)。因此,基于爆震燃烧的发动机可以不用传统的压气机和涡轮部件就能达到对气体进行压缩的目的。与一般喷气发动机相比,它具有以下特点和优点:

(1)由于没有压气机、涡轮等转动部件,结构简单、质量轻、推重比大(大于 20),是新一代高推重比军用发动机的理想方案。

(2)等容燃烧(燃烧时容积不变、压力升高),热循环效率高、耗油率低,在民用发动机领域也大有用武之地。

(3)工作范围宽:可在马赫数 0~10、高度 0~50 km 范围内飞行;推力可调:推力范围0.5~5 000 kgf。

(4)与冲压发动机不同,可以在地面静止状态起动。

(5)可以使用空气中的氧气或自带氧化剂,能分别以吸气式发动机或火箭发动机方式工作,可以实现空天往返飞行。

(6)由于采用间歇式循环,壁温不高,可采用普通材料,制造成本较低。

目前研究较多的脉冲爆震发动机的结构有两种,一种为旋转阀多燃烧室结构,一种为带预起爆器的 PDE 结构。

脉冲爆震发动机有多种用途,除独立用作动力装置,还可利用爆震燃烧构成外涵 PDE 涡扇发动机、PDE 加力燃烧室、基于 PDE 的混合循环和组合循环发动机,广泛应用于无人机、靶机、战斗机、高超声速隐身侦察机、战略轰炸机和远程导弹等,对 21 世纪空间和大气飞行器将产生深刻影响。

尽管 PDE 的概念在实验室已得到了验证,并进行了部件试验,但要使这种发动机真正实用,还有以下技术问题需要解决:①爆震的起爆、控制和保持;②液体燃料与氧化剂的雾化、喷射、掺混;③爆震过程的精确控制;④推力矢量控制;⑤高热通量和热疲劳问题;⑥进气道和喷管设计技术;⑦爆震现象的精确理论分析方法和试验技术;⑧噪声抑制技术;⑨性能不稳定问题。

二、特种用途的超微型发动机

特种用途的超微型发动机主要是指微型无人机用的超微型发动机,包括微型活塞式柴油发动机、以燃油或氢为燃料的微型涡喷发动机、微型线性电动机等。这些微型动力大多基于微机电技术（MEMS），纳米技术、量子技术制造，其共同特点是小巧紧凑，功率密度大，转速高，质量一般不超过 10 g，尺寸在几毫米至十几毫米之间，功率为几瓦至数十瓦（推力十几千克力），主要装备尺寸在 15 cm 以下的各种微型飞行器，广泛用于远距离传感、通信中继、电子干扰、检测生化武器以及近距离作战等。美国于 1997 年开始实施微型飞行器（MAV）计划，先后进行"黑寡妇""微星""微船"等型号微型飞行器的开发。其中发动机的开发重点是超微型涡轮喷气发动机。

超微型涡轮喷气发动机是一种基于微机电技术的纽扣大小的超微型燃气涡轮发动机。利用半导体制造技术，由多层硅片叠堆而成，包括压气机、燃烧室、涡轮和喷管等几大部件，工作原理与传统的燃气涡轮发动机相同，就是尺寸特别小、转速特别高、燃烧时间短、设计和加工制造比较困难。除了用于超微型飞行器动力外，还可用于机翼和环流主动吹风控制器、射流控制器、便携式电源、微型空调以及电子设备等。

据报道，美国麻省理工学院（MIT）于 1994 年开始这种发动机的研究，2000 年首台验证机地面台架运转，2001 年基准微型涡喷发动机进行了地面试验和空中试飞。该微型发动机由 6 层硅片叠堆而成，压气机和涡轮均为径向离心式，轮缘切线速度为 500 m/s，转速高达 240 万 n/min（常规发动机转速只有 10 000～30 000 n/min），发动机外径 12 mm，长 3 mm，和一颗衬衫纽扣大小差不多。发动机进口空气流量为 0.15 g/s（相当于 116 mL/s 左右），比正常人一次呼吸吸入的空气量还少。燃烧室出口温度高达 1 600 K，功率输出 16 W，推力 12～13 gf，质量 1 g，燃油消耗量为 7 g/h。

该发动机计划用于美国国防部预先研究计划局研制的翼展 127 mm、质量 50 g、飞行速度 57～114 km/h、航程 60～120 km 的微型无人机上。俄罗斯中央航空发动机研究院（CIAM）也在研制像指甲盖儿大小的"超微型涡轮发动机"。

由于小尺寸流动机械的气动损失和传热问题很大，燃烧时间过短，零件的加工制造困难，因此会带来一些技术难题：①燃烧问题；②空气轴承和转子动力学；③内部传热；④制造；⑤发动机部件的连接技术。

三、激波聚焦起爆爆震发动机

激波聚焦起爆爆震发动机是爆震发动机的一种新形式，是利用激波聚焦产生的局部高温、高压区诱导可燃气体起爆爆震燃烧来产生推力的。如图 4.28 所示，其工作过程分成两个阶段：第一阶段燃油在一级预燃室中进行富油等压燃烧以产生大量小分子活化成分；第二阶段富含活化基的燃气与两股空气充分混合后经环形喷口以超声速喷射到一个半封闭凹面谐振腔中（见图 4.29），超声速射流向心碰撞产生的激波向谐振腔底部传播，经腔底凹形壁面反射后聚焦于某一焦点处，焦点处形成的局部高温、高压直接起爆可燃混合物。而后爆震波以超声速向谐振腔底部传播，在有限的底部空间内（此时出口由环形喷口喷出的超声速气流形成的"射流幕墙"起到了气动阀门的作用）与新鲜燃油混合气进一步发生剧烈的燃烧——爆震燃烧，最后在谐振腔凹形壁面（相当于推力壁）反射后产生推力。反射激波以超声速向外传播并冲破"射流幕墙"排出谐振腔，同时产生反射膨胀波带走燃烧产物，再次吸入新鲜燃油混合气，从而开启新的工作循环。这种形式的脉冲爆震发动机避免了从爆燃向爆震的转变过程,可实现极高的爆震工作频率(>3 000 Hz),因而可以提供近似连续的推力,是脉冲爆震发动机研究领域的重大创新。

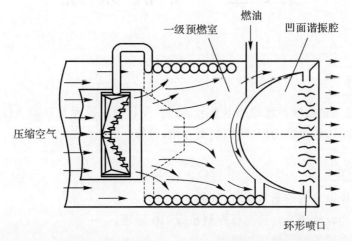

图 4.28　激波聚焦起爆爆震方式的两级脉冲爆震发动机原理示意图

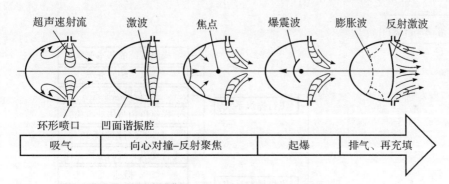

图 4.29　激波聚焦起爆爆震原理示意图

思　考　题

1. 航空发动机的类型有哪些?
2. 简述航空发动机的基本要求。
3. 活塞式发动机的基本构成及工作原理是什么?
4. 试述活塞式发动机的工作过程。
5. 活塞式发动机的辅助系统有哪些?
6. 活塞式发动机的主要性能参数有哪些?
7. 常见的空气喷气式发动机有哪几种?它们的工作原理分别是什么?
8. 涡轮喷气发动机的性能参数有哪些?
9. 涡轮喷气发动机的基本工作状态有哪几种?
10. 垂直/短距起落动力装置主要有哪几种类型?

第5章 飞机系统

内容提示

本章主要讲述飞机操纵系统的基本要求、分类、飞行操纵原理及自动飞行控制系统,常用飞机导航系统简介,飞机系统功用、结构概要介绍,等等。

教学要求

(1)理解飞机操纵系统的基本要求、分类。

(2)理解飞行操纵原理及自动飞行控制系统工作原理。

(3)了解常用飞机导航系统工作原理。

(4)了解飞机重要系统功用、结构。

内容框架图

```
                                        ┌── 操纵系统的基本要求
                                        ├── 操纵系统的分类
                            ┌─飞行操纵系统┤── 飞行操纵原理
                            │           ├── 操纵机构与传动机构
                            │           ├── 自动飞行控制系统
                            │           └── 飞行操纵系统的维护工作
                            │
                            │           ┌── 概述
                            ├─飞机导航系统┤
                            │           └── 常用飞机导航系统简介
                            │
                  飞机系统──┤           ┌── 液压与气压传动系统
                            │           ├── 飞机燃油系统
                            │           ├── 环境控制系统
                            │           ├── 着陆系统
                            │           ├── 飞机电气系统
                            │           ├── 飞机仪表系统
                            │           ├── 飞机无线电系统
                            └─其他飞机系统┤── 飞机雷达系统
                                        ├── 飞机高空防护与救生系统
                                        ├── 防火、灭火系统
                                        ├── 近地警告系统
                                        ├── 航空军械系统
                                        ├── 照相系统
                                        └── 电子对抗系统
```

现代飞机装有一系列相互作用的系统,每个系统均有各自目的要求及限制,有些系统单独工作,有些系统则与其他系统联合工作,所有系统组合起来,为整架飞机提供完成飞行任务的能力。本章主要对飞行操纵系统、飞机液压系统、飞机燃油系统、环境控制系统、着陆系统、飞机电气系统、飞机无线电系统、飞机雷达系统、飞机高空防护与救生系统等做概要介绍。

5.1　飞行操纵系统

飞行操纵系统(简称操纵系统)指的是传递驾驶员在驾驶舱内发出的操纵指令,驱动舵面或其他有关装置,从而实现对飞机各种飞行姿态稳定的控制的系统。飞行操纵系统是飞机的重要组成部分之一,操纵系统工作的好坏直接影响到飞行性能的发挥与飞行的安全。

一、操纵系统的基本要求

操纵系统除应满足传力构件强度刚度足够、质量轻、生存力强和维护方便等一般要求外,还有一些人机工效方面的特殊要求,具体如下:

(1)飞行员手、脚的操纵动作与人体的生理反应一致,以免错误操纵。

(2)操纵轻便,驾驶杆力、杆位移的大小及其变化要合适,有适当的感觉力,且随飞行速度、高度和舵偏角的变化而变化,既能防止操纵过量,又可减轻疲劳。

(3)操纵灵敏、准确,操纵与传动机构的间隙和弹性变形小,不应有操纵迟钝的感觉,机体结构发生应力变形时系统不发生卡阻现象。

(4)各舵面的操纵互不干扰。

(5)操纵机构和传动机构均设有限动装置,能限制舵面的最大偏角,防止因操纵过量而导致飞机姿态失控。

二、操纵系统的分类

飞行操纵系统分类的方法较多,一般按照操纵信号来源、信号传递方式和驱动舵面运动方式三种方法分类。

1.根据信号来源分类

根据操纵信号的来源,操纵系统可以分为人工飞行操纵系统和自动飞行控制系统,如图5.1所示。人工飞行操纵系统,其操纵信号是由驾驶员发出的;而自动飞行控制系统,其操纵信号是由系统本身产生的。自动飞行控制系统对飞机实施自动和半自动控制,协助驾驶员工作或自动控制飞机对扰动的响应。

主操纵系统操纵的是升降舵、方向舵和副翼这三个主操纵面,实现飞机的俯仰、航向和倾侧姿态操纵。

辅助操纵系统操纵飞机的增升装置、减速装置、调整片等辅助操纵面,主要是为了改善飞机的某一方面的性能。辅助操纵与主操纵的主要不同点在于辅助操纵面往往需要保持在规定的位置上,因此需要有特殊的制动装置或自制机件等。辅助操纵可采用液压、冷气、电力或机械等不同形式。驾驶员操纵的可以是手轮、手柄或电门等。

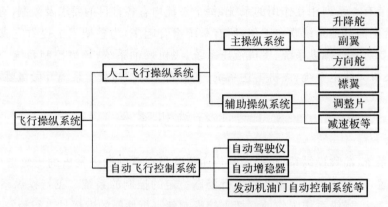

图 5.1　飞行操纵系统的分类

2.根据信号传递方式分类

根据操纵信号传递的方式,操纵系统可以分为机械操纵系统、电传操纵系统、光传操纵系统。机械操纵系统的操纵信号由钢索、传动杆等机械部件传动,而电传操纵系统的操纵信号通过电缆传递。目前正在研究的信号传递方式为光传输,操纵信号为在光缆中传递的光信号。

3.根据驱动舵面运动方式分类

根据驱动舵面运动方式,操纵系统可以分为简单机械操纵系统和助力操纵系统。简单机械操纵系统依靠驾驶员体力,克服舵面铰链力矩,驱动舵面运动,又被称为无助力操纵系统。飞机舵面传来的载荷全部由液压助力器承担的,称为助力操纵系统。简单机械操纵系统分为软式操纵系统和硬式操纵系统。简单机械操纵系统构造比较简单,主要由驾驶杆、脚蹬、钢索、滑轮、传动杆和摇臂等组成。

三、飞行操纵原理

飞机的副翼铰接在机翼外侧的后缘,副翼系统操纵飞机绕纵轴运动,即滚转运动。转动驾驶盘(或左、右操纵驾驶杆)可操纵副翼。当向左转驾驶盘(或向左操纵驾驶杆)时,左侧副翼向上偏转,同时右侧副翼向下偏转,从而导致左侧机翼的升力减小,而右侧机翼的升力增大,这样就产生了使飞机向左滚转的力矩,飞机则向左侧滚转。当向右转驾驶盘(或向右操纵驾驶杆)时,右侧副翼向上偏转,同时左侧副翼向下偏转,导致右侧机翼的升力减小,而左侧机翼的升力增大,使飞机绕纵轴向右滚转,如图 5.2 所示。

方向舵安装在垂直安定面后缘上,用于操纵飞机绕竖轴的转动,驾驶员蹬踏方向舵脚蹬操纵方向舵运动。当方向舵脚蹬在中立位置时,即左、右脚蹬平齐时,方向舵也处于中立位置,则飞机保持原来航向不变。当向前蹬左脚蹬,右脚蹬向后运动时,方向舵向左偏转,作用于垂直尾翼上的空气动力使飞机机头向左偏转。当向前蹬右脚蹬时,方向舵向右偏转,从而使机头向右偏转,如图 5.2 所示。

这里要说明一下,当操纵飞机转弯时,一般情况下需要副翼配合操纵。为了平衡飞机转弯时产生的离心侧滑力,应使飞机横向侧倾一定角度,利用机翼升力在水平方向的分量提供向心力,以平衡飞机转弯离心力,提高飞机转弯的效率。

飞机的横向平衡是指作用于飞机的各滚转力矩之和为零,飞机取得横向平衡后,不绕纵轴滚转。影响飞机滚转平衡的主要因素是两侧机翼的升力对飞机纵轴形成的力矩。驾驶员可通过操纵驾驶盘(驾驶杆),调节副翼的偏转角,来保持飞机的横向平衡。

　　飞机的方向平衡是指作用于飞机上各偏航力矩之和为零,飞机取得方向平衡后,不绕竖轴转动。影响飞机方向平衡的主要因素是垂直尾翼上的气动力对飞机竖轴形成的力矩。驾驶员可通过操纵脚蹬,控制方向舵的偏转角,来保持飞机的方向平衡。

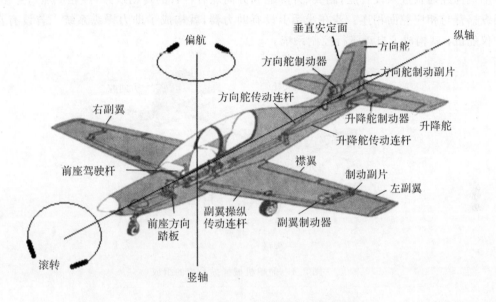

图 5.2　飞机绕纵轴的滚转和飞机绕竖轴的转动示意图

　　对飞机的操纵是通过操纵机构实现的。传动机构是将操纵机构接收的信号输送到舵面或液压助力器。对于无助力操纵系统,驾驶员控制操纵机构,通过传动机构直接输送到舵面,操纵舵面偏转;对于助力操纵系统,驾驶员控制操纵机构,通过传动机构输送到液压助力器,经信号放大后,再通过传动机构输送到舵面,从而实现助力操纵舵面偏转。因此,不管是无助力操纵还是助力操纵,都是通过机械传动机构传递信号,如图 5.3 所示。

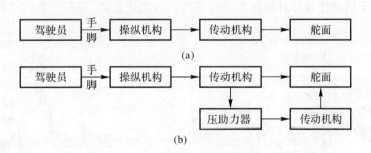

图 5.3　飞行操纵系统简图

(a)无助力操作系统;　(b)有助力操作系统

　　在有些飞机上采用电传操纵,实际上它是将传动机构部分或全部用电缆代替,驾驶员控制操纵机构的信号转换成了电信号,通过电缆将此电信号输送到液压助力器,由液压助力器驱动舵面偏转。

四、操纵机构与传动机构

图 5.4 为简单机械操纵系统的操纵机构和传动机构。飞行员操纵驾驶杆和脚蹬,经传动机构带动舵面偏转,舵面回传给驾驶杆和脚蹬的力完全由飞行员承担。操纵机构设在座舱内,传动机构经地板进入设备舱,副翼、升降舵和方向舵有各自的传动线系,经相应舱口穿出,通过操纵摇臂与相应舵面相连。若在线系上设有助力器,就构成了助力操纵系统。若设有自动驾驶仪舵机,就构成了自动飞行控制系统。

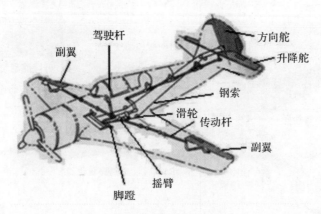

图 5.4　简单机械操纵系统的组成

1. 操纵机构

操纵机构通常是指飞行员手脚直接操纵的部分,包括手、脚操纵机构。手操纵机构用来操纵升降舵(或全动平尾)和副翼,脚操纵机构用来操纵方向舵,飞机在地面运动时还可操纵前轮转弯和主机轮刹车。

(1)手操纵机构。手操纵机构有杆式和盘式,如图 5.5 所示。机构设计保证了纵、横向操纵的独立性;单独操纵升降舵时副翼不偏转,单独操纵副翼时升降舵也不偏转。杆式比较简单,杆长一般为 350～600 mm,可前推、后拉和左右压,适合飞行员一只手握驾驶杆、另一只手握油门杆,多用于机动性较好且操纵力小的飞机。盘式较复杂,多用于机动性较低的中、大型飞机。

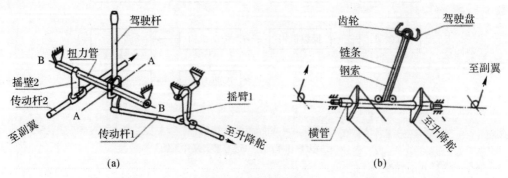

(a)　　　　　　　　　　　　　(b)

图 5.5　手操纵机构

(a)驾驶杆式；　(b)驾驶盘式

（2）脚操纵机构。脚操纵机构有平放式和立放式，如图 5.6 所示。平放式脚蹬装在平行四边形机构上，脚蹬前后移动时无转动，脚蹬间距大，一般与杆式配合使用。立放式脚蹬摇臂支点固定在平放轴上，通过增大与脚蹬连接的摇臂来获得足够的力臂，脚蹬间距小，多与盘式配合。采用脚踩踏板操纵主轮刹车的飞机，以脚蹬为转轴的刹车踏板安装在脚蹬的前上方（图 5.6 中未示出）。

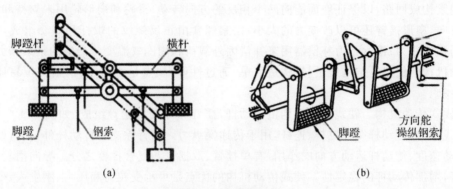

图 5.6　脚操纵机构
（a）脚蹬平放式；　（b）脚蹬立放式

在操纵机构上还装有一些设备，如图 5.7 所示：脚蹬位置调整设备，以适应不同身材飞行员的需要；驾驶杆（盘）和脚蹬的限动装置，限制各自的最大偏转角；驾驶杆头部的射击扳机、减速板按钮、刹车手柄、通话按钮等。

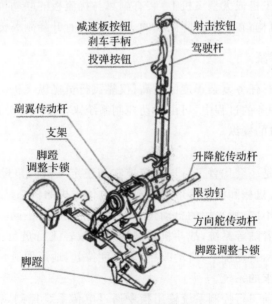

图 5.7　二代机的操纵机构

（3）双套操纵机构。教练机、双座战斗机、轰炸机和运输机通常装有双套操纵机构，按串列式或并列式布置。两套机构彼此相连，保证了操纵动作的一致性，但在某些功能上有优先控制权，例如，教练机后舱拥有解除前舱刹车的权限。

2.传动机构

传动机构是指将操纵机构产生的动作和施加的力传递给舵面的部分,分为软式、硬式和混合式,主、辅助操纵系统有各自的传动机构。

(1)软式传动机构。软式传动机构由钢索、滑轮、扇形轮、松紧螺套和张力补偿器等组成(如图5.4中的方向舵线系)。钢索由多股钢丝编织而成,只能承受拉力,不能承受压力,故须由两根钢索构成回路,以保证舵面能向两个相反的方向转动;滑轮和扇形轮用来支持和改变钢索运动方向,扇形摇臂还可以改变力的大小;松紧螺套由正反螺纹的螺杆和螺套组成,用来调整钢索的预加张力;钢索张力补偿器用来补偿因外载荷和周围气温变化产生的钢索张力变化。软式传动机构的优点是结构质量轻、构造简单、通过性好,缺点是刚度小、钢索受拉易伸长、操纵灵敏性差。

(2)硬式传动机构。硬式传动机构由传动杆、摇臂和导向滑轮等组成(如图5.4中的升降舵、副翼线系)。传动杆又称拉杆、连杆,用于传递操纵力。摇臂除支持传动杆外,还有改变力、位移、运动速度、传动杆运动方向的作用,有单摇臂、双摇臂和复合摇臂之分。导向滑轮用来支持传动杆,增加传动杆的稳定性。硬式传动机构的优点是可承受拉力和压力、刚度大、变形小、舵面不易引起振动、操纵灵敏性较好,缺点是构造复杂、质量大且不易绕过内部设备和装置。

(3)混合式传动机构。混合式传动机构由软式和硬式混合组成,兼有二者的优点。一般来说,舵面气动力较小的低速飞机和机动性较低的运输机,多采用软式或混合式传动机构。现代战斗机和操纵灵敏度要求较高的飞机,多采用硬式传动机构。

(4)特殊形式的传动机构。装有多功能舵面的飞机采用了一些特殊机构。例如,在副翼与扰流板配合工作的高速飞机或大型飞机上,装有副翼与扰流板的联动机构;在装有襟副翼的飞机上,设有襟副翼传动机构;在装有升降副翼的飞机上,设有升降副翼传动机构;等等。

五、自动飞行控制系统

随着飞机性能及飞行任务复杂程度的提高,仅靠飞行员操纵飞机已经很难完成既定任务。因此,在执行一些飞行任务的过程中,可由自动控制系统来全部或部分地代替飞行员控制舵面和动力装置,完成对飞机的操纵。

1.组成

自动飞行控制系统是一套代替飞行员直接控制和稳定飞机的角运动、轨迹运动等的自动控制设备,由电气、电子、机械和液压等部件组成,非电传飞机的核心是自动驾驶仪。

飞机因种类和用途不同,所采用的自动飞行控制系统也有所不同。轰炸/运输机多选用自动导航、自动进场、自动着陆等系统,战斗机普遍采用可减轻飞行员负担和保证飞行安全的姿态、航向、高度、速度保持,自动配平,自动改平,低高度拉起,地形回避,与火控系统交联控制以及其他一些特殊控制要求的系统。

电传操纵飞机的自动飞行控制系统输出指令通过电传系统控制飞机运动,非电传操纵飞机的自动飞行控制系统还包括相关舵面的伺服作动器或控制增稳系统。

2.基本原理

飞机自动飞行的基本原理就是自动控制理论中最重要、最本质的反馈控制原理,即实现自动飞行必须通过自动控制系统形成回路。不同的飞行任务要求组成各种不同回路,复杂的自动飞行控制回路可由舵回路、稳定回路和控制回路这三个基本回路组成,如图5.8所示。

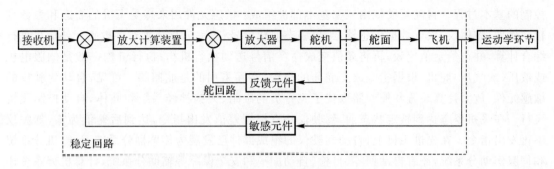

图 5.8　控 制 回 路

（1）舵回路。自动飞行控制系统根据输入信号，通过执行机构（舵机）来控制舵面。为改善舵机的性能，通常引入反馈（将舵机的输出反馈至输入端），形成随动系统（即伺服回路），简称为舵回路。舵回路由放大器、舵机和反馈元件组成，图中的反馈元件包含有测速机和位置传感器。测速机测出舵面偏转的角速度，反馈给放大器来增大舵回路的阻尼；位置传感器将舵面的角位置信号反馈到舵回路的输入端，使控制信号与舵偏角能够一一对应。

（2）稳定回路。在舵回路的基础上，增加敏感元件和放大计算装置，并与飞机一起组成稳定回路。敏感元件用来测量飞机的姿态角。该回路主要用来稳定飞机的姿态，或者说稳定飞机的角运动。由于回路中包含了飞机，而飞机的动态特性又随飞行条件而变化，因此稳定回路的分析过程较为复杂。

（3）控制回路。在稳定回路的基础上，增加测量飞机轨迹的元件和运动学环节，就组成了一个更大的新回路，称为控制回路。目前，多采用控制飞机角运动的方式来控制飞机重心的运动。

3. 自动驾驶仪

（1）功用。自动驾驶仪是一种一旦功能与状态设定之后就无须人工干预、具有自动控制飞机飞行能力的飞行控制系统，基本功能如下：

1）姿态保持，自动保持三轴稳定，即自动保持一定的偏航角、俯仰角进行直线飞行。

2）航向保持，飞行员通过旋钮或控制器给定任意航向角或俯仰角，使飞机自动改变并稳定在该航向上。

3）高度保持，自动保持定高飞行。

4）飞行员通过控制器操纵飞机自动爬高或俯冲，达到某一预定高度后保持该高度。

5）速度或马赫数保持。

6）协调转弯等。

上述功能是自动驾驶仪的主要工作模式，每种模态均有对应的控制律。当驾驶仪舵机卡死或无法操作时，允许飞行员超控飞机。

自动驾驶仪有多种类型：按控制律有比例式和积分式，按能源有气动式、气动液压式、电动式和电动液压式，按处理信号有模拟式和数字式，按操纵轴（通道）数量有单轴操纵、双轴操纵和三轴操纵。

（2）组成和工作过程。自动飞行实质上就是以自动驾驶仪为核心的自动控制设备模拟飞行员对飞机进行操纵和控制的过程。图 5.9 以升降舵操纵通道为例，对比了人工操纵与自动控制的基本过程。自动驾驶仪由三个基本部件组成：敏感元件用来感受飞机的姿态和参数变化。例如：陀螺仪、大气数据传感器，给出姿态变化信号；放大计算装置对各敏感元件信号进行综合计算，并与给定值比较，再将差值变成命令信号送到执行机构；执行机构一般是伺服电机或液压（或气压）舵机，根据指令改变舵面的位置，实际采用的是舵回路。可见，自动驾驶仪的敏感元件、放大计算装置和舵回路取代了飞行员的眼睛、大脑神经系统和肢体，自动控制飞机飞行。在飞机姿态达到指定状态前，驾驶仪一直根据差值发出指令，达到后差值为零，驾驶仪不再发出指令。在先进飞机上，自动驾驶仪的组成部件已发展为传感器分系统、计算机分系统和伺服作动分系统，还有自动回零、自检、自动配平和安全保障等辅助分系统，计算机分系统还可设置随飞行条件变化的增益程序。

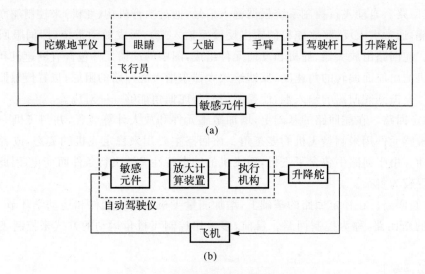

图 5.9 人工操纵与自动控制的对比

(a)飞行员操纵飞机； (b)自动驾驶仪控制飞机

(3)使用。操纵台是飞行员与自动驾驶仪进行信息交换的界面，又称为状态选择器、控制显示器，安装在座舱内。飞行员通过操纵台发出操纵指令，例如，爬高、下滑、给定航向、给定高度，自动驾驶仪为飞行员提供飞行状态信息、故障报告等。自动驾驶仪的使用方法比较简单，飞行员调整好飞机的飞行状态(一般为完成空中配平)后接通即可。有的飞机接通自动驾驶仪后，还可通过操纵台上的旋钮或侧杆操纵飞机。飞行中也可随时切断自动驾驶仪的工作，人工操纵飞机稳定在某种状态后，重新接通自动驾驶仪，飞机会按照新的稳定状态自动飞行。

4.飞机姿态控制系统

飞机姿态控制系统包括飞机姿态角稳定和姿态角控制两种工作状态。姿态角稳定是指在给定的飞行状态下，控制系统应尽可能地使飞机不受外界干扰的影响，保持给定的飞行状态不变，一旦给定的基准状态受到外界干扰的破坏，控制系统可迅速、准确地使其恢复原来的状态；姿态角控制是指给控制系统施加一个控制指令信号，飞机就会改变原来姿态，并在新的姿态下稳定飞行。飞机姿态控制分为纵向姿态控制和横向姿态控制，两个控制系统的组成完全相同。这里以纵向姿态控制系统为例，说明自动飞行控制系统的基本工作原理，纵向姿态控制系统也就是自动驾驶仪的俯仰通道，如图 5.10 所示。

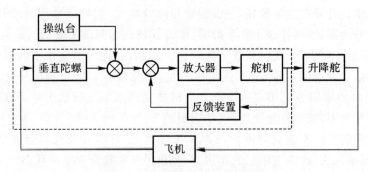

图 5.10　自动驾驶仪的俯仰通道

飞机保持平飞时,升降舵保持在中立位置,如图 5.11 所示。此时,作为测量装置的陀螺没有信号输出,回输电位器输出为零,纵向姿态控制系统处于不工作状态。

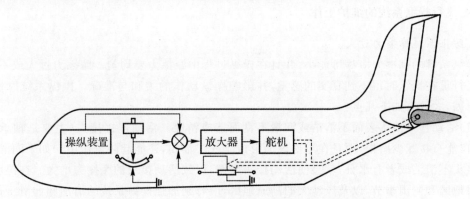

图 5.11　飞机平飞时纵向姿态控制系统的工作原理

当飞机受到上仰干扰力矩作用时,机头上仰产生仰角,如图 5.12 所示。此时,测量装置输出仰角信号,经过综合放大后,控制舵机转动。舵机带动升降舵向下偏转,产生舵偏角和气动力矩,此力矩克服干扰力矩,抑制飞机仰角的继续增大。但在最初一段时间里,由于舵面的下俯力矩较小,尚不足以完全克服干扰力矩,所以不能阻止飞机继续上仰,只能使飞机仰角增长速度减慢。随着仰角的不断增大,垂直陀螺输出的仰角信号也在不断增大。

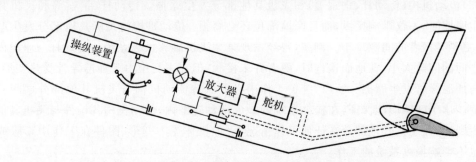

图 5.12　飞机上仰时纵向姿态控制系统的工作原理

舵机在带动升降舵偏转的同时,还带动舵机回输电位器的电刷转动,产生位置回输信号,此回输信号送到综合装置与仰角信号进行综合,起到抵消仰角信号的作用。舵机在综合信号的作用下,继续带动升降舵向下偏转,舵面偏转角继续增大,直到回输信号增长到与仰角信号相等时,综合信号为零,舵机停止工作。此时,舵面偏转角达到最大值。

在气动力矩的作用下,飞机的继续上仰被完全抑制,并使飞机向水平状态恢复,仰角开始减小,使得回输信号大于仰角信号,综合信号为负,即反相$180°$。反相信号使舵机反转,升降舵反向偏转,同时回输信号也相应减小。当飞机恢复到水平飞行状态时,升降舵回到中立位置,综合控制信号为零,舵机停止工作,气动力矩消失。

由于飞机存在惯性,不能立即停留在水平飞行状态,自动驾驶仪又会重复上述的修正过程。如此反复振荡几次,在空气阻尼的作用下,飞机最终将稳定在平飞状态。

自动飞行控制系统还有飞行速度控制系统、自动着陆控制系统、自动地形跟随系统、自动配平系统和飞行指引系统等类型,它们的基本工作原理与飞机姿态控制系统相似,此处不再叙述。

六、飞行操纵系统的维护工作

1. 防止系统摩擦力过大

操纵系统的摩擦力应尽可能小,并且在操纵过程中摩擦力要均匀。摩擦力过大或不均匀,会使飞行员在操纵时得不到真实的感觉,并影响操纵动作的柔和与准确。操纵系统摩擦力过大的原因,大致有如下几点:

(1)活动连接接头表面不清洁或润滑不良而造成锈蚀。活动连接接头(主要是轴承)润滑后,不仅能直接减少磨损,而且在零件表面形成了一层油膜,还能起防锈作用。如果润滑不良、连接接头不清洁或者有水分,就会使活动接头生锈,以致活动接头的摩擦力增大。在湿度较大的沿海地区和阴雨季节,以及风沙大的高原地区,应特别加强操纵系统的清洁和润滑工作。在大城市和工业区附近,也要特别注意这一点,因为这些地区烟煤较多,烟煤中的二氧化硫、二氧化碳等,遇到水分会产生酸性物质,也容易引起零件锈蚀。此外,连接接头润滑不良,传动中会产生干摩擦,也会使操纵系统的 摩擦力过大。

(2)活动连接接头固定过紧。操纵系统中活动连接接头的螺帽拧得过紧,会导致接头的摩擦力过大。因此安装这些接头时,螺帽拧紧的程度,应以螺杆没有轴向间隙,而连接接头又可以灵活转动为宜。

(3)传动机构(传动杆、钢索等)和飞机其他部分发生摩擦。传动杆、钢索等和飞机其他部分发生摩擦时,不仅影响操纵,而且摩擦部位还会磨损。传动机构与飞机其他部分发生摩擦的原因,主要是两者的间隙过小。例如,曾经发现某型飞机副翼操纵系统的传动杆与座舱内加温导管之间的间隙太小,在地面检查时,两者并未接触,但在飞行中由于加温导管受热变形,传动杆便与加温导管发生摩擦。所以,维护工作中必须保持传动机构与飞机其他部分之间有一定的间隙。这个间隙应能保证:在操纵系统的最大活动范围内,传动机构各构件与飞机其他部分不发生摩擦;而飞机其他部分在任何工作情况下(如机体受力变形、附件在工作中膨胀或振动等),也不影响操纵系统的工作。

(4)传动机构本身摩擦力过大。例如,传动杆与导向滑轮之间的摩擦力过大,钢索与滑轮之间有相对滑动,都会使系统的摩擦力过大。此外,传动杆、钢索穿过气密装置时的摩擦力,对系统的摩擦力也有显著的影响。每一种飞机的操纵系统,允许的最大摩擦力都有具体规定。摩擦力的大小,可以通过舵面开始偏转时所需的杆力来测量。如果发现系统的摩擦力过大,应及时检查和排除。

2. 防止系统间隙过大

为了保证操纵灵活，操纵系统各活动接头都有一定的间隙，因而整个操纵系统也就有一定的间隙。但是，如果间隙过大，飞行员操纵驾驶杆和脚蹬时，在开始的一段行程内，舵面不会随着偏转，即驾驶杆和脚蹬会有一段空移行程。同时，由于驾驶杆和脚蹬的最大活动角度是一定的，间隙过大还会使舵面达不到规定的最大偏转角。此外，系统间隙过大，舵面就有较大的自由活动范围，这样还容易引起舵面振动。因此，维护工作中必须经常注意检查并保持操纵系统的间隙正常，这对机动性能要求很高的高速飞机来说尤其重要。

活动连接接头上的轴承与螺杆磨损，以致螺杆与轴承之间的径向间隙增大，是造成操纵系统间隙过大的一个主要原因。因此定期清洗轴承，保持其良好的润滑，也是防止系统间隙过大的一项重要工作。此外，如果传动杆上固定接头用的铆钉松动，也会引起操纵系统间隙过大，所以对传动杆的接头也应注意检查。

系统间隙的大小，可以这样测量：将驾驶杆和脚蹬固定住，在舵面上规定的部位加一定的力量，测量舵面后缘相对于不动部分移动的距离。如果测量出的距离不符合规定数据，应及时找出间隙过大的部位，并加以排除。

5.2　飞机导航系统

一、概述

导航是指飞机在飞行过程中确定其位置和方向的方法或过程，它包括地面人员和机上人员为确定航空器位置和方向所做的全部工作。飞机导航系统是确定飞机的位置并引导飞机按预定航线飞行的整套设备（包括飞机上的和地面上的设备）。

早期的飞机主要靠目视导航，飞行员可以依靠地面标注和航空地图来确定位置与方向。20 世纪 20 年代开始发展仪表导航。飞机上有了简单的仪表，大型飞机上就有一个专职人员负责领航。领航员根据仪表数据不断进行计算，并对照航图来确定地理位置，使飞机能按正确的航线飞行。30 年代出现无线电导航，首先使用的是中波四航道无线电信号和无线电罗盘。40 年代初开始研制超短波的伏尔导航系统和仪表着陆系统。50 年代初惯性导航系统用于飞机导航。50 年代末出现多普勒导航系统。60 年代开始使用远程无线电罗兰 C 导航系统，作用距离达到 2 000 km。为满足军事上的需要还研制出塔康导航系统，后又出现伏尔塔克导航系统及超远程的欧米加导航系统，作用距离已达到 10 000 km。1963 年出现卫星导航，70 年代以后发展了全球定位导航系统。导航的关键在于确定飞机的瞬时位置，确定飞机位置有目视定位、航位推算和几何定位三种方法。

目视定位是由驾驶员观察地面标志来判定飞机位置，这在起飞和着陆过程中特别重要；航位推算是根据已知的前一时刻飞机位置和测得的导航参数来推算当前飞机的位置；几何定位是以某些位置完全确定的导航点为基准，测量出飞机相对于这些导航点的几何关系，最后定出飞机的绝对位置。

飞机导航系统按工作原理可以分为以下几种：

（1）仪表导航系统：利用飞机上的仪表所提供的数据计算出飞机的各种导航参数。

（2）无线电导航系统：利用地面无线电导航台或空间的导航卫星和飞机上的无线电导航设备对飞机进行定位和引导。

（3）惯性导航系统：利用安装在惯性平台上的 3 个加速度计的测量结果连续地给出飞机的空间位置和速度。如果把加速度计直接装在飞机机体上，并与航向系统和姿态系统结合起来进行导航，便构成捷联式惯性导航系统。

（4）天文导航系统：以天体为基准，利用星体跟踪器测得星体高度角来确定飞机的位置。

（5）组合导航系统：将以上几种导航系统组合构成的性能更为完善的导航系统。

二、常用飞机导航系统简介

1. 无线电导航系统

通信、广播、电视等利用无线电波传递信息的技术已得到广泛的应用。无线电导航系统的任务是由地面导航台发射一定的无线电波，在飞机上通过接收设备，测定飞机相对于导航台的方位、距离等参数，以确定飞机的导航参数，并通过显示系统提供给飞行员作飞行参考，或通过电气信号提供给自动驾驶系统，完成航向、航线修正，自动着陆等导航任务。

无线电导航使用的无线电波是通过直接传播或通过大气电离层反射传播的，它们很少受气候条件的限制，并且作用距离远、精度高、设备简单可靠，所以是飞机导航的主要技术手段之一。尤其是在夜间或复杂气象条件下，保证飞机的安全着陆，无线电导航设备是必不可少的导航工具。

根据导航方式的不同无线电导航可分为：测向无线电导航、测距无线电导航、测距差无线电导航和测速无线电导航等几种类型。

（1）测向无线电导航系统。

1）自动测向器（Automatic Directiona Finder，ADF）。自动测向器是在飞机上用方向性天线接收来自地面导航台发射的无线电波，并确定电波来向相对于飞机纵轴线的夹角的导航设备。自动测向器工作的无线电频率在 150 kHz～2 MHz，属于中长波段，作用距离约为 300 km。这一波段的无线电波易受地形、时间和季节等因素的影响，从而造成测量误差。此外它只能测定飞机轴线相对导航台的方位，要想知道飞机相对于地球北极的方位，还须结合其他的导航方法提供航向基准。

2）全向信标系统（Very Frequency Omnidirectional Range，VOR）。全向信标系统是一种近距甚高频测向导航系统，它由地面导航台向飞机提供以导航台北向子午线为基准的方位信息，或为飞机提供一条"空中道路"，以引导飞机沿预定的航道飞行。它也可以预先把沿航线的各 VOR 导航台的地理位置、发射频率、应飞的航道等信息输入飞行管理系统和自动驾驶系统，飞机按输入的数据顺序自动飞向目的地。全向信标系统的工作频段在 108～118 MHz 之间，各导航台可使用其中某些指定的频率。工作在这一频率的无线电波是以空间波方式直线传播，其传播方向不受气候和季节的影响，但作用距离受到视线距离限制，并与飞机的飞行高度有关，飞行高度越高，作用距离越远。当飞机有足够高度时，作用距离可达 480 km。

（2）测距无线电导航系统。频率较高的无线电波在大气中以光速直线传播，因此，只要测量出飞机发射的无线电波往返于地面导航台所需时间，就可以确定出飞机到地面导航台的斜距。这类导航方式称为测距导航。若要确定飞机到导航台的水平距离，还须根据飞机的高度进行计算。下面以 DME（Distance Measuring Equipment）测距系统为例，介绍测距无线电导航的工作原理。

DME 测距系统工作在 962～1 213 MHz 之间。飞机上的询问器以某一频率每隔1/150～1/24 s 发射一次信号(即重复频率为 24～150 Hz 之间)。发射电波的时间很短,而休止时间相对很长,这样的信号称为脉冲信号——询问脉冲。地面导航台接收到询问器发出的信号,检验后以另一个频率发射脉冲——应答脉冲。询问器的接收机接收应答脉冲,测量出从发出询问脉冲到应答脉冲之间的时间间隔,即可换算出飞机到地面导航台的斜距。如果把 VOR 台和 DME 应答器设置在同一个导航台,则飞行员可以根据机上设备的指示,以极坐标的方式确定飞机相对于导航台的位置。

如果地面导航台在完成 DME 应答器的任务的同时,使应答脉冲的幅度随时间作余弦调制,其相位在各个方位上各不相同,则该系统就可以同时完成测距和测向两种导航参数的测量。这种系统称为"塔康"系统,是战术空中导航系统,也是航空无线电近程导航系统。

(3)测距差无线电导航系统。以上无线电导航系统都属于近程导航系统,当飞机作远距离飞行时,必须提供远程导航系统为其服务。远程导航系统作用距离在 1 000 km 以上,它们采用的导航方式多为测距差导航方式。测距差导航系统的原理如图 5.13 所示。

1)导航台 A、B、C 向各个方向发射相同的无线电波,每个导航台发射的脉冲信号的时间间隔始终保持不变(脉冲时间同步),或发射的电波在相位上保持一致(相位同步)。

2)飞机接收两个导航台(如 A 和 B)的信号,比较它们的时间差或相位差,就可以计算出飞机到两个导航台的距离差。此时飞机位于以两个导航台为焦点的双曲线上。如果再测定飞机与其他两个导航台(如 B 和 C)的距离差,就可通过两条双曲线的焦点确定飞机的位置 D。

测距差导航不需要像测距导航那样进行应答,因此没有用户数量限制,机上设备简单、费

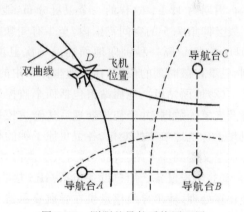

图 5.13　测距差导航系统原理图

用低;由于测距差导航系统采用 10～14 kHz 的甚低频率波段,在此频率上地球可以看成是良导体,地波可传播到很远的距离,因此所需地面导航台相对较少。

2.惯性导航系统

(1)惯性导航基本原理。根据牛顿第二定律,如果知道一个物体运动轨迹中各点的加速度,就可以将它对时间积分得到它的速度,对速度积分就可以知道它运行的距离,因而知道了飞机运行的起始点的坐标位置后,对它的加速度进行两次积分就可以得出飞机在每一时刻的位置,即它的经度、纬度和高度。

(2)两类惯性导航系统。飞机的姿态变化,会使加速度计受到的重力发生改变,这样测量的加速度会出现误差和错误。解决这个问题有两个办法:一是将加速度计安装在机电陀螺稳定平台上,不管飞机怎样转动,机电陀螺平台始终保持水平,并有确定的指向,加速度计就可以不受飞机姿态的影响保持水平和确定的方向。因为有机电陀螺平台,所以这种惯性导航系统称为平台式惯性导航系统。另一种解决方法是,取消陀螺平台,将三个加速度计直接安装在飞机上,并与三条机体轴相一致,同时还安装有绕三轴的角速度陀螺。这种导航系统称为捷联式

惯性导航系统。捷联式惯性导航系统没有机电陀螺平台是它的一大特点。但并非平台的概念在捷联式惯性导航系统不存在,只是它的"平台"是通过计算机建立的数学平台,代替了机电陀螺平台。

3. 卫星导航系统

卫星导航是 20 世纪 80 年代发展起来的先进的导航技术。这种导航技术是用专用的导航卫星取代地面导航台向地面发射导航信息,它充分利用卫星高度高、信号覆盖面广的特点,完成地面导航台所无法实现的功能。目前世界上有几种卫星导航系统,性能最好、功能最完备的是美国的卫星全球定位系统(Global Positioning System,GPS)。另外还有俄罗斯的全球导航卫星网(Global Navigation Satellite System,GLONASS),欧洲空间局计划中的"伽利略"导航卫星系统和中国的"北斗"导航定位卫星系统等。

GPS 系统从 20 世纪 70 年代开始研制,1994 年全部完成建设,其组成包括导航卫星、地面站组和用户设备三个部分。

(1)导航卫星。GPS 系统共有 24 颗导航卫星,21 颗主星、3 颗备份。它们分布在与地球赤道成 55°夹角的六个轨道平面内,轨道高度约 20 000 km,每条轨道上 4 颗卫星,每颗卫星的运行周期约 12 h。这样的一个卫星分布,能保证在任一时刻,在地球表面周围任一位置的地平线上仰角 7.5°的空间范围内,至少有 4 颗导航卫星。导航卫星的工作频率在 2 200～2 300 MHz,它们每隔一秒钟向地面播发一次卫星星历,星历内容包括卫星编号、发射该条星历时刻、卫星在该时刻的位置(在大地坐标系中的三个坐标值),以及其他修正和加密编号等信息。

(2)地面站组。地面站组包括四个监控站、一个上行注入站和一个主控站。监控站检测卫星及气象等数据,并经初步处理后送至主控站。主控站汇集所有数据后进行运算处理,计算出卫星运行轨道参数的变化、各卫星原子钟的校正参量、大气层对电波传播的校正参量等,编成导航电文送到注入站。注入站每天一次向各卫星注入导航电文。

(3)用户设备。用户设备包括 GPS 接收机和接收天线。接收机通过天线接收卫星信号,经运算处理,输出导航信息供在导航显示器上显示或为自己驾驶系统提供导航参数。

4. 图像匹配导航系统

地球表面的山川、平原、森林、河流、海湾和建筑物等构成了地表特征形状,这些信息一般不随时间和气候的变化而改变,也难以伪装和隐蔽。利用这些地表特征信息进行的导航方式称为图像匹配导航。

预先将飞机经过的地域,通过大地测量、航空摄影、卫星摄影或已有的地形图等方法将地形数据(主要是地形位置和高度数据)制作成数据化地图,存储在飞机的计算机中,这种地图称为原图。飞机在飞越已经数字化的预定空域时,其上的探测设备再次对该区域进行测量(录取),取得实际的地表特征图像,将实时图与预先存储的原图进行比较,由此可以确定飞机实际飞行的地理位置与标准位置偏差,用以对飞机进行导航。

图像匹配导航可分为地形匹配导航和景象导航两种。地形匹配导航是以地形高度轮廓为匹配特征,通常用无线电高度表测量沿航迹的高度数据,与预先获得的航道上的区域地形数据比较,若不一致,表明偏离了预定的飞行航迹。这种方式是一维匹配导航,适合于山丘地形的飞行。景象匹配导航是以一定区域的地表特征,采用摄像等图像成像装置录取飞行轨迹周围或目标附近地区地貌,与存储在飞机上的原图比较,进行匹配导航。景象匹配属于二维匹配导航,可以确定飞机两个坐标的偏差,适于平坦地区导航。

5.3　飞机的其他系统

一、液压与气压传动系统

液压与气压传动系统是飞机液压系统和气压系统的统称,是机上管路和附件多、传动功率大、响应速度快、操控使用频繁的两个系统,通常是单独工作的。飞机操纵控制的动力源有机械、电力、液压和气压等类型,除某些小型飞机仍采用机械、电力及气压传动外,绝大多数现代飞机以液压传动和气压传动为主,且液压传动所占的比例越来越大。气压系统通常设置在作战飞机和早期小型飞机上,用于需要快速运动的传动部分,不太适合精确度要求较高的传动工作。

1. 液压系统

(1)基本原理。对于各种飞机的液压系统,尽管它们的设置特点不同、附件的具体结构不同,但是,系统的原理是相同的,都是用油液作为工作介质,通过动力附件(油泵)先将原动机(发动机或电动机)的机械能转换为油液的压力能,再通过导管和控制附件将压力能传到执行附件,最后由执行附件带动负载进行直线或回转运动,完成压力能到机械能的转换。基本液压系统回路如图 5-14 所示。

(2)特点。液压系统是利用液体能够在管路中流动和传递压力的特性进行工作的。它突出的优点是响应速度快、功率放大系数大、安装简便灵活、惯性小、控制速度范围宽、油液本身有润滑作用、运动机不易磨损,因而几十年来,在飞机上得到了快速的发展和广泛的应用。

(3)基本组成。飞机液压系统是由走斗(元件)通过管路及电路连接而成的。从系统角度看,飞机液压系统通常划分为供压部分和传动或操纵部分。供压部分:主要由油箱、液压泵、蓄压器、压力表、油滤和安全阀等组成,其功用是向传动或操纵部分输送具有一定压力和流量的油液;传动或操纵部分:主要由控制附件、作动筒、助力器等组成,其功用是利用供压部分的高压油执行具体的动作,如收放起落架、襟翼、减速板或操纵平尾、副翼等。从附件角度看,飞机液压附件按其作用通常分为动力附件、控制附件、执行附件和辅助附件。

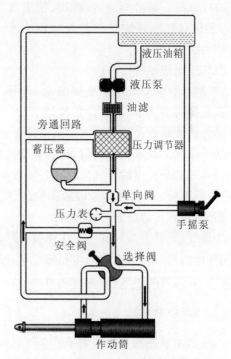

图 5-14　基本液压系统回路

1)动力附件。动力附件是将机械能转化为液压能的装置。如液压泵,它是系统的动力源,其功用是向系统提供具有一定压力和流量的油液。

2)控制附件。控制附件是控制调节系统压力、流量、和油液流动方向的装置。根据用途和工作特点不同,液压控制附件可以分为压力控制附件(溢流阀、安全阀、减压器)、方向控制附件

（单向阀、地面接头、开关、自封接头）和流量控制附件（节流器）三类。

3）执行附件。执行附件是将液压能转换为机械能的装置（它们在压力油的作用下，完成对外做功）。执行附件有作动筒（油缸）、液压马达。

4）辅助附件。起辅助作用并保护系统正常工作的装置。辅助附件包括油箱、油滤、蓄压器、压力表和导管等。

2.气压系统

（1）基本原理。气压系统又称冷气系统或压缩空气系统。不同飞机的气压系统虽各有特点，但又具有一定的共性。它们根据需要完成不同的工作，但都是用冷气作为工作介质，系统的原理也基本相同，都是利用压缩空气膨胀做功来完成各种传动动作。

（2）特点。气压系统与液压系统相比，其特点如下：

1）密度小、黏性小、压缩性大，因此系统质量轻、动作快，不易密封，传动动作终止时，机件会产生很大撞击。

2）冷气中含有水分，低温下易结冰，使附件、管路堵塞。

3）冷气没有润滑能力，在维护、使用过程中，必须对气压系统某些附件的运动部分定期加润滑油。

4）气压系统没有回路。

（3）基本组成。气压系统如图 5.15 所示。该系统可分为供气部分和传动部分。

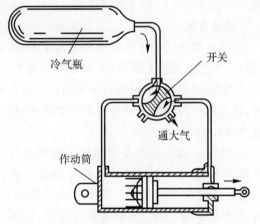

图 5.15　气压系统基本组成

供气部分用来制造和储存冷气。供气部分储存的冷气，通常是在飞机飞行前用地面冷气瓶充填。某些冷气消耗量大的飞机，还装有冷气泵，发动机工作时即可向系统补充冷气。传动部分可利用供气部分提供的冷气来完成各种传动动作，如机轮刹车、应急放起降架、放出和投掉减速伞、密封座舱、正常和应急收放弹舱门、喷射防冰液等工作，主要根据不同飞机的需要设置。传动部分包括：作动筒、开关等附件。

工作时，将开关扳到某一工作位置，冷气瓶的冷气经过开关进入作动筒一边的工作腔，推动活塞；作动筒的另一边的工作腔的空气，经开关上的放气孔放出。如果将开关扳到相反的位置，进气、放气情况相反，活塞被推向另一边。

二、飞机燃油系统

飞机燃油系统的主要功用是贮存飞机所需的燃油，并保证在一切可能的飞行姿态和工作条件下，按照要求的压力和流量连续、可靠地向发动机供油。燃油系统的功能包括加油、储油、供油、放油、通气和显示等。此外，燃油还可以用来冷却飞机上的其他设备和平衡飞机等。

燃油系统在组成和工作原理方面，与飞机上其他液体系统有不少共同点。但飞行中燃油大量消耗，因此，燃油系统又有其自身的特点。例如，油箱数目多，输入管路和通气管路的连接比较复杂；油箱往往难以全部装在飞机重心附近，在燃油消耗的过程中，飞机重心可能发生显著移动，对飞机的平衡会产生较大的影响；系统的总容量大，加注燃油所需的时间较长，等等。

此外,在清除燃油中的杂物和水分,保证系统密封性和生存力等方面,也显得格外重要。根据上述特点,现代飞机燃油系统除了装有油箱、油泵、油滤等基本附件外,还配置了合理的输油、通气管路,装设了自动控制用油顺序的装置、保证飞机平衡和连续供油的附件等。燃油系统的主要构造有:油箱、导管、燃油泵、燃油滤、控制活门及通气管等。有些飞机还装有压力加油设备和空中加油、空中应急放油设备。

1. 油箱及其附件

燃油主要储存在两类油箱中,一类是软织物膜或橡胶类的软油箱,另一类是利用飞机结构制成的整体结构油箱。

(1)软油箱。软油箱的强度和刚度取决于放置该油箱的飞机结构情况,可根据需要做成不同形状,充分利用机体内的空间,受震动的影响较小,中弹后留下弹孔较小。因造型方便、密封可靠、质量轻、便于安装,广泛用于机身油箱。油箱内装有硬铝材料制成的支撑框,以维持油箱形状,油箱壁由内层耐油橡胶和外层涂胶帆布胶合硫化而成,并装有用于连接附件的各种橡胶结合盘。一个油箱组上通常装有重力加油口、油量表传感器、压力加油开关、浮子活门、油泵和放油开关等附件。

(2)硬油箱。硬油箱通常用防腐能力较强的铝锰合金板件冲压焊接而成,内部有带孔的硬铝隔板,其内的隔板用来增大油箱的强度和刚度,并减弱油液晃动,硬油箱上也装有重力加油口、油量表传感器、压力加油开关、浮子活门、油泵、放油开关和组合阀等附件。其优点是提高油箱的刚度和强度,隔板可减弱飞机在加速或减速时油液在油箱内的振荡。目前,部分飞机的机翼和机身油箱仍在使用硬油箱。

(3)整体结构油箱。整体结构油箱本身就是飞机承力结构的一部分,利用机身、机翼或尾翼的结构元件直接制成,例如,机翼油箱由机翼前、中或后梁壁与两侧翼肋壁分隔成的机翼翼箱的内部空间形成,并做了防腐蚀和胶密封处理。实际上,整体结构油箱可看作是一种特殊的硬油箱。

(4)倒飞油箱。倒飞油箱的作用是某些军用机倒飞时油箱翻转过来,燃油离开箱底,此时倒飞油箱保证顺利地供油。战斗机的供油箱底部单独装有倒飞油箱(又称倒飞装置),可保证倒飞和负过载飞行时的正常供油,也有的飞机设置单独的蓄压油箱来保证负过载飞行时的供油。倒飞油箱一般由壳体、倒飞活门、重锤和板形单向阀等组成,供油箱的增压泵装在倒飞活门内。正过载飞行时,重锤将倒飞活门打开,燃油经板形单向阀进入倒飞油箱,再从倒飞活门下端的开口处流入增压泵而去往发动机。飞机产生负过载时,重锤将倒飞活门关闭,燃油从活门另一端进入增压泵,保证增压泵继续向发动机供油。

(5)外挂油箱。按挂点位置,外挂油箱有机身、翼下和翼梢三种,机身和翼下外挂油箱有不可投放油箱和可投放油箱,与飞机外形一体化设计的固定式外挂油箱称为保形油箱,可投放的外挂油箱称为副油箱,通常用铝合金焊接而成,油箱形状呈流线型,尾部有安定面,保证投放时不损坏飞机,广泛应用在作战飞机上。机身副油箱常通过挂弹架悬挂在机身通用挂梁上,机翼副油箱则吊挂在机翼挂梁上,进入战斗空域前抛掉。典型的机身副油箱由前段、中段、后段和尾段组成,前、后段通过对接圈与中段相连,或者与中段焊接在一起。前、后段下部各有一个放油塞。

(6)重力加油口盖。加油口盖由壳体、上口盖、下口盖、油滤、弹簧、带偏心手柄和密封装置等组成,上、下口盖通过杆连接在一起,通常采用快卸式。几乎所有的油箱上均装有重力加油口,用来实施重力加油,平时用加油口盖盖好。加油前,将带偏心手柄扳起,下口盖离开壳体凸缘,旋转手柄可将上、下口盖取出,进行加油。加油完毕,将加油口盖放入,旋转手柄使下口盖卡入壳体凸缘内。将手柄放倒,在偏心作用下,上、下口盖均与壳体压紧,起到密封作用。

2. 燃油泵

燃油泵用来将燃油增压后输往供油箱或供给发动机,沉浸在燃油中工作。向供油箱转输燃油的泵称为输油泵,直接向发动机供油的泵称为增压泵。增压泵又被称为低压泵,经其增压后的燃油对发动机燃油调节系统的高压泵提供一定的进口压力。除非在设计上能够依靠重力使燃油由供油箱流入发动机,否则供油箱中都要设置增压泵,以避免出现燃油供给不足现象。按结构形式,燃油泵有叶片泵(例如,电动泵、气动涡轮泵、液动涡轮泵、液压马达泵)、容积泵(与液压泵结构相似)和引射泵等。

3. 控制活门

控制活门的功用是控制油箱向发动机供油,主要有油箱选择活门、断流活门和交输活门等。

4. 导管

燃油系统的导管一般较粗,输油管路导管直径达到 120 mm 以上。导管通常都用硬铝或铝锰合金制成,某些部分为了更加可靠,也有用钢或铜材料制成的。燃油导管的内壁一般都做了防腐处理,外部涂成黄色,以此识别。在弯曲程度较大或需要活动的部位,常采用耐油橡皮或夹布橡皮制成的软导管。为了增大强度,软导管内还缠有钢丝。燃油导管的连接方式与液压系统的导管相似。

5. 空中加油和空中应急放油设备

(1)空中加油设备。某些飞机的燃油系统装有空中加油设备,飞行中可以由专门的加油飞机进行加油。空中加油不仅能增大飞机的航程,而且可以减小起飞时的载油量,以缩短起飞滑跑距离或增加其他载重。目前的空中加油设备有软管式,硬管式和混合式三种。

1)软管式空中加油设备。软管式空中加油设备,在加油飞机上一般包括供油箱、供油泵、供油开关、供油软管及其操纵机构等,在受油飞机上则包括受油机构、受油开关及受油导管等。此设备多用于某些轰炸机和大型飞机。

2)硬管式空中加油设备。硬管式空中加油设备,在受油飞机上有受油器、受油开关和导管等,在加油飞机上有油箱、供油泵、供油开关和供油硬管等。供油硬管由几节可伸缩的套管构成,上面装有可操纵的舵面,硬管的前端通过球形接头固定在机身下面,末端装有注油接头。

3)混合式空中加油设备。混合式空中加油设备,在加油飞机上有供油箱、供油泵、供油开关和绕在绞车上的供油软管等,软管末端装有锥形套(直径约 1 m)和注油接头;在受油飞机上则有受油开关、受油硬管等,受油硬管设在机头或机翼前端,长约 1 m,能够伸缩。空中加油时,加油飞机放出供油软管,受油飞机向加油飞机后方靠近,将受油硬管插入供油软管的锥形套中,加油完毕,加油飞机加速前进,将供油软管拉紧,当注油接头与受油硬管之间的拉力达到一定数值时,两者即自动脱开。

这种空中加油设备,操作比较简单,受油飞机和加油飞机上均不需要配备专门的加油人员;加油飞机和受油飞机可以在较大的飞行速度下接触;对于战斗机都适用,而且一架加油飞机可以同时向几架受油飞机加油,但是采用这种设备空中加油时,受油飞机可能受到加油飞机的螺旋桨滑流或喷气流的影响;低温情况下供油软管变硬,回收也较困难。

(2)空中应急放油设备。重型飞机的起飞质量比着陆质量大得多,如果起飞后即发生故障或由于其他原因而必须立即降落,飞机上的燃油消耗尚少,着陆质量就会大大超过规定值;这时,为了保证降落安全,就要在空中应急放油。又如降落时,发现某一边机翼油箱组的燃油尚未消耗,也应在空中应急放油,以免飞机失去平衡。某些飞机带着燃油作强迫着陆时,比较危险,也必须在空中应急放油。有的飞机带存有燃油的副油箱着陆,也很危险,如果将燃油在空中应急放掉,就可以带着副油箱安全着陆。由于上述种种原因,有些飞机装有空中应急放油设备。

三、环境控制系统

环境控制系统用来实现飞机气密舱(例如,座舱、客舱和货舱)、其他有环境控制需求的舱室(如设备舱)及设备(如雷达)的供气、通风、调温和调压等功能(战斗机主要是座舱和设备舱),使之在各种飞行条件下均具有良好的舱内环境参数,为机组人员、乘员和旅客创造正常的生活条件,确保舱内设备的正常工作和载运物资的安全。根据标准大气压力随高度的变化规律可知:11 km 以下,大气的绝对压力较大,气压随高度的增加而急剧下降;11 km 以上,气压随高度增加而下降的趋势较为平缓,但大气的绝对压力却较小。由此给飞行人员带来了低气压、缺氧及低温等问题,需要将座舱密封、供气增压来调节座舱内的压力、温度等参数,必要时还需供氧。

1.基本组成

环境控制系统主要由供气系统、座舱温度调节系统、座舱压力调节系统、设备舱冷却与增压系统等组成。

(1)供气系统。供气系统主要用来提供具有一定流量、压力和温度的空气到机上各用气部分,是一个综合增压供气源,又称引气系统或气源系统。供气除用于座舱调温和调压外,还有其他用途,例如,液压油箱或水箱增压、机翼前缘与发动机前缘的热空气防冰、发动机起动、航空电子设备的增压和冷却、座舱密封、机组人员的抗荷服供压、驱动液压泵和货舱加温等。

气源通常来自发动机引气系统,有中压和高压两级引气口,分别来自高压压气机的某两级。中低空高速飞行时,从中压级引气;高空低速飞行中中压级引气压力不足时,自动转为从高压级引气。这样既可保证发动机在各种工作状态下获得足够的空气流量和较高的供气压力,又可减少引气对发动机功率的损耗及对燃油消耗量的影响。少数飞机曾经或仍在使用的气源装置还有双凸轮转子式增压器、离心式增压器及涡轮增压器。

(2)座舱温度调节系统。由于发动机引气温度很高,不能直接进入座舱,需要进行降温、降压、脱水等处理,再由冷、热两路混合后供入座舱,因此冷却是主要工作,一般在空调组件内完成。座舱温度调节系统用来调节去往座舱的空气温度和流量,将座舱温度保持在给定值,包括制冷、温度控制和湿度控制等。

(3)座舱压力调节系统。座舱压力调节系统用来在飞行高度范围内自动调节座舱空气的绝对压力,使之按座舱压力制度变化,并限制压力变化率,以满足人体的生理要求。系统主要由座舱调压装置、释压和应急卸压装置、信号设备等组成。

(4)设备舱冷却与增压系统。现代飞机的航电及电子设备比较精密和先进,对设备舱和设备本身组件的环境参数提出了严格要求,包括冷却、通风和增压等。飞机环境控制系统必须为这些设备创造合适的工作条件,否则将不能使其正常工作,导致性能明显下降甚至失效。

1)设备舱冷却系统。设备舱冷却系统用来保证雷达舱、设备舱内电子设备工作的预定温度条件,根据冷却源的不同,分为空气冷却系统和液体冷却系统。

①空气冷却系统。空气冷却系统用来向有关设备舱输送冷却空气,以保证这些舱的给定温度。冷却空气来自供气系统,经空调组件调节后进入相应的设备舱。系统通常由单向阀、冲压口、地面供气接头、主管路、各组件供气管路和调节装置等组成,为保证每个电子设备需要的冷空气流量,供气管路上装有限流环。调节装置用来按规定分配进入座舱和设备舱的空气流量,根据供气管路的流量信号工作,优先保证任何时候进入座舱的空气流量为正常值。供气系统工作时,空气冷却系统同时开始工作,向各设备舱提供除湿后的空气温度和流量,再经各舱的支管进入电子设备内部,对电子设备进行强迫通风冷却。环境控制系统不能正常工作时,可利用冲压空气冷却座舱和电子设备。在地面发动机不工作时,由地面气源设备供气。

②液体冷却系统。大功率电子设备工作时,由于发热量大,单纯靠空气流动不能达到冷却目的,液体冷却系统(简称液冷系统)能够保证设备舱中这类设备(如火控雷达)工作的预定温度条件。典型的液冷系统由液冷泵、过滤器、温度信号器、压差信号器、膨胀箱、燃油-液体热交换器、地面检查板和自封接头等组成,为闭式循环系统,冷却介质为冷冻液。液冷泵用来在系统回路中形成冷冻液的循环;温度信号器在冷冻液温度高于规定值时,自动向雷达发出过热信号,地面检查板上的过热信号灯同时燃亮;压差信号器根据压差来间接感受流过雷达组件的冷冻液流量,如果流量低于某一值时,信号器接通,将信号送往雷达和检查板上的无流量信号灯;膨胀箱用来消除冷冻液流动产生的液压撞击,容纳受热膨胀的冷冻液;热交换器用燃油对冷冻液散热降温,燃油带走冷冻液的热量。

2)设备舱增压系统。增压系统用来为某些设备(如雷达)和液冷系统膨胀箱等增压,使其保持恒定压力,以保证它们的正常工作。典型的增压系统由抗荷单向阀、绝对压力减压器等组成。抗荷单向阀用于发动机停车或管路损坏时,防止抗荷服内的空气迅速泄漏,绝对压力减压器使进入雷达的增压压力保持恒定。

发动机引气在水分离器中脱水后比较干燥,并具有较低的温度和压力(由于未经涡轮冷却器彻底降温,故不是冷路),该增压空气经抗荷单向阀和绝对压力减压器后,进入雷达的发射机和反馈系统,飞行中能保持发射机和反馈系统内部的绝对压力不变。

2.工作原理

虽然各型飞机的供气、调温、调压等系统的具体实现方式不同,但环境控制系统整体的工作原理相似。

供气系统的空气通常来自发动机压气机、辅助动力装置、专门增压器或地面气源设备,温度调节系统将供气系统的热空气与经过制冷的冷空气混合,得到适当温度的空气对机舱进行增压和通风,压力调节系统则通过控制机舱向外的排气量来调节机舱压力。

战斗机的环境控制系统应简单、紧凑,有较高的自动化或半自动化程度。运输机由于机舱的空间大,需要的空气量也大,环境控制系统相对复杂,但要求其灵活、可控,以应对各种情况的发生。

环境控制系统还应具有对气密舱、设备舱进行地面通风的能力。

四、着陆系统

飞机着陆过程是整个飞行过程的关键部分之一,在飞机的着陆过程中尤其是在不佳天气

(雨、雾或低云)的时候,最容易发生飞行事故。为改善飞机着陆情况,飞机原来采用了仪表着陆系统,飞行员通过机场导航台的指挥,利用仪表着陆。之后,又出现了自动着陆系统。

1.飞机的仪表着陆

这种着陆设备利用机场上的无线电台和飞机上的着陆指示器配合工作来指导驾驶员做必要的操作使飞机安全着陆。

在飞机做仪表着陆时,驾驶员通过无线电设备同机场指挥塔台进行联系。当接到着陆命令后,就利用无线电罗盘把飞机引入航向等信号区,这是仪表着陆的第一阶段。

第二阶段又可分为下滑、拉平、平飞减速和着陆滑跑阶段,同普通着陆情况相似。

仪表着陆系统工作于长波波段,受场地影响较大,所提供的下滑角又不能改变,因此近代飞机开始采用微波着陆系统。它工作于 C 波段(500～5 250 MHz)和 Ku 波段(15 400～15 700 MHz),通过测量方位角、仰角和斜距确定飞机坐标并引导飞机着陆。

2.飞机的自动着陆

用仪表着陆虽然可以在气象不好或夜间着陆,但是仍然有很多困难。一是在着陆过程中,驾驶员要全神贯注地看着好几个仪表,又要观察驾驶舱外的情况,以防发生意外,同时还要手脚并用操纵三个操纵面和油门杆,因此非常紧张,偶尔不当心就会造成事故。二是地面建筑物和车辆等对无线电波的反射,可能使无线电波等信号区发生变化,越靠地面,变化越大。

采用自动着陆就可解决这些困难。它在机场上的无线电设备仍然是采用仪表着陆系统中的航向台和下滑台。在飞机上增添的设备有:一个可以精确地测量很小高度的灵敏无线电高度表,从几米到几十米都可以测量出来。另外再增加几只控制盒,使信号经过控制和计算后,把数据传给自动驾驶仪,使它工作,以代替驾驶员用手脚进行操纵。此外,还有发动机推力控制盒,对发动机油门进行自动调节。

自动着陆系统的主要好处有两点:一是提高飞机进场和着陆时的安全性,因为这时是最容易发生事故的,另一点是排除不良气象条件的干扰,使民航机的定期飞行更经常化、正规化,避免了遇到不良气候时飞机的换场着陆。

五、飞机电气系统

飞机电气系统是飞机供电系统和用电设备的总称,由供电、配电、用电三个子系统组成。供电系统又称电源系统,为飞机上各种用电设备提供电源。机上供电使用单线制,即使用一条导线供电,回路由金属机身作为地线,控制开关使用电子式或电磁式,使整个系统安全可靠,质量减轻,即便如此,一架大型飞机上导线重达上百千克;配电系统亦称飞机配电线路系统,包括导线组成的电网、各种配电器件及监控和检查仪表;用电系统包括电动机、仪表、照明系统、加热设备几类。电动机用来启动发动机,操纵控制面,为液压机构提供动力源。仪表用电是机上要求最高的电源,要求供压稳定,如专门保护设备和应急供电备用系统。照明系统包括机上各种照明设备,以满足机内操作和夜间航行时机外灯光的各种需要。加热设备主要用于防冰和厨房食品加温。加热用电占飞机总发电量的一半以上。随着飞机的发展,机上用电量与日俱增。电气系统对飞机性能和安全起着重要的作用。

1.电源系统

电源系统按其动力来源分为主电源、二次电源、辅助电源、备份电源和应急电源。

(1)主电源是由发动机驱动的发电机系统。主电源的电功率由发动机的机械功率转换而来,它在飞机正常飞行状态时提供全部电力。主电源系统决定了飞机供电系统的性质。

(2)二次电源是指由主电源通过电功率变换装置产生的其他性质的电功率。电功率变换装置称为二次电源设备,是为满足有些用电设备需求与主电源类型不同的电源而配置的。

(3)辅助电源通常是指辅助动力装置驱动的发电机系统。它相对于主电源是独立电源。

(4)备份电源通常由发动机驱动容量较小的交流或直流发电机,也可采用由液压马达驱动的发电机,是为满足供电可靠性要求而采用的。

(5)应急电源是指蓄电池或由冲压空气涡轮或液压马达驱动的发电机系统。应急电源独立于主电源。蓄电池既可作为应急电源,也可作为发动机和辅助动力装置在地面起动的电源。

2. 配电系统

采用分布式配电系统,通过应用总线及计算机控制技术,实现飞机电能的就近传输、分配、控制、保护和管理,具有容错供电和负载自动管理能力,包括一次配电系统和二次配电系统两部分。

(1)一次配电系统设置有四个交流配电盒、两个直流配电盒、一个外部辅助电源控制盒、一个应急电源控制盒、两个蓄电池控制盒及一个地面维护配电盒,分别向二次配电系统中的配电装置提供电力,通过配电保护控制器件向大功率负载直接供电;由四台供电控制管理计算机分别完成一次配电系统各个配电盒的监控,实现一次配电负载的供电自动管理。

(2)二次配电系统按照飞机区域设置多个二次配电装置,每个二次配电装置分别根据所配电负载的用电类型和要求,内部设置有几种形式的汇流条,这些汇流条分别从一次配电系统中各个相应的配电盒获取电力,通过配电保护控制器件向就近区域的二次配电负载供电。

3. 照明系统

照明系统由货舱照明、辅助舱照明、外部照明和应急撤离照明等组成。

(1)货舱照明:包括一般照明、局部照明及维修照明。

1)一般照明包括主照明和值班照明。主照明采用红、白光两种照明体制,一般情况下使用白光照明,夜间空投空降时使用红光照明。主照明由沿左、右两侧舱顶部对称安装的两排白色货舱顶灯和两排红色舱顶灯提供,货舱顶灯光线连续可调。值班照明采用白光体制,由沿左、右两侧舱顶部对称安装的两排白色舱顶灯提供,光线连续可调。在登机门处设置白色舱灯,为机组人员登机提供照明。

2)局部照明包括货物操作、工作、维护、生活和休息区等局部区域的照明。针对舱内货物系留操作,在货舱两侧座椅下方安装系留点照明灯(白光),对货舱地板上的货物系留点提供局部照明。在后部大货舱门位置,沿着左右两排白色货舱顶灯向后直线延伸到大货舱门(货桥)上方即为装载区照明,采用与白色货舱顶灯同样的灯具,用于在装卸货作业时对货桥及货物提供泛光照明。在货运员操纵台、医疗桌、楼梯、盥洗室、厨房和休息室等处设置局部照明灯。

3)维修照明。在货舱地板下的行李舱内设置维修用照明灯;在货舱前、后设置手提灯,用于设备检查和维护的照明。

(2)辅助舱照明。除了驾驶舱和货舱以外的其他舱位统称为辅助舱,主要包括货舱地板下的行李舱、左侧登机门旁边的救生设备舱、APU舱、各起落架舱、空调设备舱、液压设备舱、尾舱、垂直安定面检查通道、电子设备舱和附件舱等。根据各辅助舱的空间环境和设备布置情况,安装足够数量的舱顶灯,以提供设备检查和维护照明,必要时还设置手提工作灯插座。

(3)外部照明包括着陆滑行灯系统、航行灯、防撞灯系统、编队灯、观察灯和装载区域照明灯等。外部照明系统具有夜视兼容"友好"模式,必要时可采用"友好""隐蔽"双模式。

1)着陆滑行灯系统在飞机着陆、起飞和滑行时对跑道以及滑行道提供照明。2 个可收放式的着陆滑行灯设置在机身前部左、右两侧,分别用于着陆照明和滑行照明。2 个可收放式的着陆灯设置在左、右翼尖后部,用于着陆照明,翼尖着陆灯应设有闪电防护装置。2 个跑道滑出口灯设置在短舱前方机身的左、右两侧,与蒙皮平齐,用于转弯时对滑行道照明。着陆滑行灯系统包括着陆灯、滑行灯和转弯灯。

2)航行灯系统是飞机在昼夜飞行时,显示飞机外部轮廓、在空中的位置及运动方向的灯光信号装置。航行灯和翼尖白色频闪灯为组合灯具,灯光连续可调。左翼尖前部为红色航行灯,右翼尖前部为绿色航行灯,每个翼尖后部为白色尾灯。

3)防撞灯是飞机在昼间和夜间飞行时标示飞机位置的灯光标志,用以提高飞行的安全性。在飞机上设置两套防撞灯,一套为红色防撞灯标,分别安装在垂直安定面上部和机身下部;另一套为白色高光强频闪灯,分别安装在左、右翼尖前部和后部的航行灯组合灯具内。

4)观察灯系统为发动机、机翼、尾翼提供观察用照明,以使空勤人员能看到这些部位是否损坏、结冰情况和进行发动机工作情况检查。观察灯光源为白炽灯。在机身左、右侧均设置 2 个观察灯,一个设置在机身前部,向后照亮发动机及机翼前缘,另一个设置在主起落架舱整流罩内,向前照亮发动机和机翼后部。在左侧主起落架舱整流罩内设置一个观察灯,用于向后上方照亮尾翼(主要是水平安定面)。

5)编队灯系统作用是向编队飞行中附近飞机的驾驶员提供关于长机姿态和位置的明确目视方位信息。必要时,编队照明灯可采用双模式灯具。编队灯系统有友好模式和隐蔽模式两种工作状态。

6)装载区域照明灯功能是为飞机后部装载区域(坡桥周围半径约 30 m 的范围内)提供泛光照明。飞机上设置 4 个固定式装载区域照明灯,分别设置在左、右水平安定面内部(各两个),向下对装载区域进行照明。

(4)应急撤离照明。货舱应急撤离照明包括顶部左右侧的一般应急撤离照明灯、左右侧壁座椅下的撤离通道照明灯、休息舱/盥洗室/救生设备舱的应急撤离舱顶灯、每个出口/应急出口的出口位置标示灯、每个出口/应急出口的机外应急灯。设置应急撤离专用蓄电池,在整个飞机断电时可保证应急撤离照明系统工作至少 10 min。

六、飞机仪表系统

航空仪表是飞机上全部仪表的总称。它的种类较多,分别用来测量(或计算)飞机在运动状态的各种飞行参数,以及飞机发动机和其他一些设备的工作状态参数。

随着航空事业的发展,飞机的飞行速度、飞行高度和气象标准的提高,使飞机自动化程度越来越高,现代的仪表除了为飞行员提供驾驶飞机的目视显示数据外,还为各种导航系统、自动飞行控制系统和飞行数据记录器等提供输入数据。

航空仪表主要分布在仪表板上,其他有的也分布在气瓶和操纵台上等。单人操作飞机仪表板:左侧的仪表为驾驶导航仪表,右侧为发动机仪表,中央为辅助仪表。双人操作飞机仪表板:左、右两侧为驾驶导航仪表,中央为发动机仪表及辅助仪表。飞机仪表示意图如图 5.16 所示。

航空仪表按功用划分,可分为三类:驾驶导航仪表、发动机仪表、辅助仪表;航空仪表按工作原理,可分为三类:测量仪表、计算仪表、调节仪表。

(1)驾驶导航仪表是用来反映或调节飞机运动状态的仪表。包括大气数据仪表:高度、空速度、马赫数、升降速度、地平表、磁罗盘、陀螺半罗盘、陀螺磁罗盘、航向姿态系统、惯性导航系统和自动飞行控制系统等。

(2)发动机仪表是用来检查或调节飞机动力装置的仪表。包括燃油(滑油)压力表、推力表、温度表、转速表、油量表和振动指示器等。

(3)辅助仪表是用来测量和显示飞机某些辅助系统和部件的工作状态的仪表。包括加速度表、座舱高度压差表、航空时钟、液压压力表、刹车压力表、氧气压力表和氧气示流器等。

图 5.16 飞机仪表示意图

七、飞机无线电系统

无线电设备是现代飞机必须具备的装置,对驾驶和导航有着极其重要的作用。机载无线电设备一般包括无线电通信设备和无线电导航设备。

1.无线电通信设备

无线电通信设备由发射机、接收机、发射天线、接收天线、话筒、耳机或扬声器等基本部分组成,如图 5.17 所示。机外通信系统包括高频通信系统、甚高频通信系统、选择呼叫系统、应急呼叫系统。

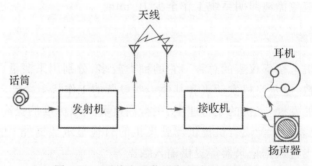

图 5.17 无线电通信设备基本组成部分

2.无线电导航设备

无线电导航是借助于运动体上的电子设备来接收和处理无线电波而获得导航参量的一种导航方法。航空无线电导航的过程,就是通过无线电波的发射和接收,测量飞机相对于导航台的方向、距离等导航参量的过程。

八、飞机雷达系统

雷达设备是利用无线电波发现目标并测定其位置的设备。"雷达"通常指以脉冲技术进行工作的无线电系统。这种系统的无线电脉冲由发射机发射,若所发射的脉冲由具有反射特性的物体反射回接收机,则称为一次雷达;若所发射的脉冲触发远处的发射机,使其将应答脉冲发回原处,则称为二次雷达(Secondary Surveillance Radar,SSR)。

一次监视雷达(简称一次雷达)供地面雷达管制员对飞行中的航空器进行跟踪监视。一次监视雷达系统由地面发射机向空中发射无线电脉冲信号,其中部分信号被目标反射回来并由雷达系统的地面接收机接收,经处理后在屏幕上显示一个亮点及其高度、速度和航向。

二次雷达是空中交通管制雷达信标系统(Air Traffic Control Radar Beacon System,ATCRBS)的一个国际通用的术语。二次雷达设备是对空实施调度、指挥,确保飞行安全的现代航空交通管制系统中的重要组成部分。二次雷达与一次雷达不同的是除了地面设备外,飞机上必须装有雷达应答机配合工作。

九、飞机高空防护与救生系统

1. 高空设备

高空设备主要解决低压、缺氧、低温等对人体的影响问题,通常包括氧气设备和气密座舱两部分。

(1)氧气设备。当高度达到 4 000 m 以上时,由于氧气压力降低到升力需要的最小允许值,这时飞机上的人员会发生缺氧症(如困倦、头晕、心脏跳动减弱等)。在 7 000 m 高空处,人员无防护设备暴露 4~5 min 即会发生意识丧失。氧气设备用以增加吸气中的氧浓度,以便在周围大气压力降低时,使吸入气体中保持必需的氧气分压力。

普通飞机氧气设备采用高压氧气、液氧或化学氧作为气源,一般由氧气瓶、减压器、氧气仪表和氧气面罩等组成。当飞机上升到 4 000 m 以上,需要使用氧气时,可打开氧气使用开关,高压氧气经减压器减压后通过调节器进入氧气面罩。调节器前装有应急供氧开关,当飞行人员感到氧气不足或调节器的进气阀门不通畅时,可以打开应急供氧开关,使经过减压器后的氧气由另一条管路直接从喷嘴进入调节器。显而易见,采用这种设备,飞机的最大航程将受所携带的氧气量的限制。自 20 世纪 80 年代开始,大多数飞机上采用分子筛的吸附/解吸作用从周围大气中提取呼吸用氧的技术,使飞机不受携氧数量的限制。

飞行人员高空跳伞时,由降落伞氧气设备供给氧气。降落伞氧气设备放在伞包内,通过转换开关与飞机氧气设备的管路连接。跳伞时,降落伞氧气设备与调节器出口的导管脱离,转为由降落伞氧气设备向面罩输氧。普通氧气设备只能在 12 000 m 高度以下保障飞机上人员的安全。飞行高度升到 12 000 m 以上,大气压力已经很低,普通氧气设备即使供给纯氧,飞行人员肺泡内氧气分压力也难以达到最小值。此时,必须采用能增大人体外部气压的气密座舱或密闭飞行衣(代偿服)。

(2)气密座舱。气密座舱用来增大座舱压力,以保证机上人员体内具有必需的氧气分压,避免机上人员由于周围气压过低而发生高空病(关节痛、胃痛等)。此外,气密座舱还便于加温和冷却,使座舱保持适宜于人体的温度。

气密座舱利用空气增压装置向座舱输入增压空气,使座舱增压。压力调节装置用来调节座舱压力,使之按一定规律随高度而改变,以保持座舱内外一定的压力差,避免机舱结构受力过大,并防止万一失密使压力降低太多。温度调节装置能自动控制流向加温装置和冷却装置的空气流量的比例,以保持适当的座舱温度。供气量调节装置用来控制输入座舱的增压空气的流量,以保证座舱压力、温度调节的准确性。有的大型飞机还装有湿度调节装置,能向座舱输送水蒸气,使座舱内的空气湿度适当。

(3)高过载防护设备。战斗机在做机动飞行时产生的正过载(惯性力方向从头到脚,眼球向下移动)可达8~9,超过了飞行员忍受能力(一般过载可为4.5~5)。穿戴对腹部施加抗压力的抗过载裤,可提高耐过载1.5~2.0。如进一步提高飞机机动性,则需从提高飞行员选拔标准和体能训练,同时采用后倾座椅,再加上代偿加压呼吸和抗荷裤等综合措施来解决。

2.防冰设备

在云层和降雨区中,有些水滴虽然温度低于0℃,只要没有强烈的扰动,仍不会结冰,这种水滴叫"过冷水滴"。当过冷水滴受到飞机的扰动时,就会在机翼和尾翼前缘,或在螺旋桨前缘、进气道前缘以及驾驶舱风挡玻璃上结冰,严重时会使飞行发生危险。为此,在易于结冰的部位应安装防冰设备。飞机防冰设备主要有三类:一是利用热空气设备来防冰;二是用冰点很低的防冻液(多为酒精和甘油的混合物),喷在易于结冰的部位来防冰,或把冰溶掉;三是用电能来防冰,在易于结冰部位,如螺旋桨前缘、风挡玻璃上粘贴电阻丝,电流通过电阻丝时发出热量来把冰融化掉。此外,还有少数飞机上使用机械式防冰装置,即在机翼、尾翼前缘加装有冷气通道的双层的富有弹性的橡皮带,结冰时周期性地通入冷气,使橡皮带交替膨胀和收缩,从而使机翼、尾翼上的结冰开裂而脱落。

现代大中型客机均用热空气对机翼、尾翼前缘进行防冰。热空气来源于涡轮喷气发动机的压气机。只有部位较小的如空速管、风挡玻璃等才用电加热防冰。

3.救生设备

(1)弹射救生设备。当飞机失事或在战争中被击坏时,拯救飞行人员便是一项极为重要的任务。在高速飞机上,飞行速度较大,飞行人员被迫跳伞时会遇到高速气流的很大阻力,靠体力爬出座舱跳伞很困难,即使爬出也会被高速气流吹到尾翼上,与尾翼相撞而造成伤亡,所以在高速飞机上,弹射座椅跳伞装置得到广泛应用。

弹射座椅一般由抛盖装置、座椅弹射装置、座椅自动解脱装置和自动开伞器等部分组成。当飞行人员决定跳伞时,先操纵抛盖装置,把座椅上的活动盖抛掉;然后击发座椅弹射弹,火药燃爆产生高压气体,把座椅连同飞行员一起从座椅弹射出去。当座椅弹出一定时间后,自动解脱装置解开座椅上的安全带,飞行人员即可与座椅分离,带着伞包下降。下降到一定高度时,由自动开伞器打开降落伞,飞行人员就能安全着陆。图5.18即为弹射跳伞逃生。

飞机经常在海洋上空飞行,为了保证跳伞降落后的安全性,飞行人员应穿救生衣或气囊背心,必要时伞包内还应带有橡皮救生船,以及应急用品如电台、信号弹、食品等。

(2)海上救生设备。在海洋上空做长途飞行,飞机上还应有海上救生设备,以便飞机在海上发生事故作强迫降落时使用。海上救生设备包括个人穿的救生衣和集体用的救生艇。

供个人穿的救生衣自带充气小瓶,以便在使用时向救生衣充气,还附有哨子、电池和灯泡,作为呼救和夜间被救者的标志。救生艇能容纳十多人至二十多人。艇上有食品,如压缩饼干和糖、海水过滤器、应急电台等。

图 5.18　弹射跳伞逃生

(3)特种飞行衣。在高空飞行时,气密座舱因故障或战斗中被击坏而突然失密时,座舱内就会突然减压,即爆炸减压。爆炸减压对人体危害很大,会使飞行员失去知觉甚至死亡。因此,为解决这一问题而设计出了特殊的飞行服,这种飞行服可以在座舱失密减压时,能立即充上一定压力的气体,起到一个小气密舱的作用。这种特殊的飞行服叫高空补偿服或代偿服。

十、防火、灭火系统

1.防火系统

此系统的用途是防止油箱在中弹时,燃油挥发出来的气体起火燃烧。

其工作原理是:将不自燃也不助燃的气体充入箱内燃油面上的空间,把燃油与空气隔开,以防止燃烧。

防火系统通常包括防火瓶、气滤、减压器和节流器等构件。防火瓶装有液态的二氧化碳,全部变成气体后,可充满油箱的容积。使用时接通防火电门,使防火瓶与油箱连通,此时气压降低,液态二氧化碳迅速变成气体,并沿导管经过气滤、减压器和节流器进入油箱上面的空间。飞行中燃油不断被消耗,二氧化碳也不断充入,使其保持一定浓度,起到防火作用。

2.灭火系统

灭火设备是飞机上的重要安全设备,在飞行中或在地面试车时发生火灾时发生作用。飞机上容易发生火灾的部位有:发动机及其吊舱、燃油箱,以及机身内的客舱和电气设备舱等。

灭火设备通常包括灭火瓶、减压器、灭火导管、火警感温器和火警信号系统。灭火瓶装有灭火剂。灭火剂为液态二氧化碳或溴化乙烷和加压二氧化碳。较新的则采用溴化亚甲基和溴化乙烷混合液,其灭火性能比二氧化碳大得多,而且在低温下喷射不会结冰。减压器用于减小灭火剂在灭火导管中的压力。火警感温器实际上是一个热电偶,当感温器周围温度增长速度为 2℃/s,温度高达 150～200℃时,热电偶产生足够大的温差电动势,输出控制信号,使火警信号系统工作,喇叭响,失火信号灯亮;灭火工作自动进行。有的飞机上还有惯性电门,当飞机迫降时,惯性电门工作,将所有灭火瓶上的电磁活门组都打开,所有灭火瓶工作。

另外,在机舱内还装有手提灭火瓶,用来扑灭机舱内的火灾。在现代旅客机上还装有烟雾探测系统,它用来探测地板下的前设备舱、前货舱和后货舱内有无烟火。当舱内发生初期烟火时，就能发出警告，驾驶员通过目视指示器就能判断出哪个舱位有烟火。

十一、近地警告系统

近地警告系统是在起飞或接近着陆阶段，且无线电高度低于 750 m 时才起作用。在上述条件下，根据飞机的飞行状态和地形条件，如果接近地面时出现不安全的情况，近地警告系统就会在驾驶舱内发出目视和音响两种报警信号以提醒飞行员采取有效措施，改出当前飞行状态。近地警告系统还具有风切变警告的能力，当飞机遇到风切变情况时，它能发出风切变警告，及时提醒飞行员从风切变中解脱出来。

近地警告系统的核心是近地警告计算机，它既不像无线电导航系统那样依靠地面导航台才能完成任务，也不像惯性导航系统那样仅依靠自身就能完成任务。它需要从飞机的其他系统接收飞机实际飞行状态的数据，如无线电高度、下降速度、襟翼位置、起落架位置和下滑道偏离情况等信号。计算机将存储的极限数据与飞机实际状态的数据相比较，如果实际状态超越了某种警告方式的极限，则输出相应的音响控制信号到驾驶舱中的警告扬声器，使之发出与警告方式相关的音响警告，并输出相应的目视控制信号到相应的指示灯发出灯光报警，有些还会传输到主飞行显示器上显示有关信息。如果将近地警告系统与自动驾驶系统联合，可使飞行器在进入危险状态时自动改出。图 5.19 表示了近地警告系统与其他机载系统的关系。

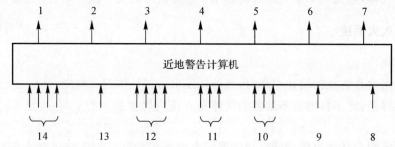

1—警告电子系统，控制主警告灯、语音信号放大； 2—发动机指示和机组报警系统，显示系统故障信息；

3—故障概要显示(中央维护计算机)； 4—电子姿态指示器或主飞行显示器，显示警告信息；

5—起落架手柄位置输入； 6—襟翼位置输入； 7—电源； 8—失速信号(来自失速警告计算机)；

9—测试指令(中央维护计算机)； 10—经纬度和磁航迹(飞行管理计算机)；

11—航道偏离(仪表着陆系统或微波着陆系统)； 12—磁航向、经纬度、惯性垂直速度(惯性基准系统)；

13—无线电高度输入； 14—大气数据计算机

图 5.19 近地警告系统与其他机载系统的关系

应当指出，在某些情况下近地警告系统是不能提供警告的，如飞机飞向垂直陡峭的地形或建筑物，以及慢慢下降至未经平整过的地面时等情况。

十二、航空军械系统

军用机作战效能的大小，除了飞行性能具有重要意义外，它所使用的航空军械也起很大的作用。航空军械主要包括攻击武器和防御武器两类。攻击型航空军械主要有射击军械和轰炸军械，防御军械则是指飞机装甲。

1. 射击军械

这类军械的主要用途是攻击空中或地面敌方目标。射击军械主要包括机枪、机炮照相枪以及机载火箭和导弹。

2.轰炸军械

这些军械的用途主要是摧毁敌方地面或水上的军事设施和武器。轰炸军械包括炸弹、特种弹以及水雷、鱼雷等。此外还包括核弹——原子弹和氢弹。

3.飞机装甲

飞机装甲相当于古代战争中的"盾"。在作战飞机上安装装甲可保护空勤人员,提高飞机的生存力,并使驾驶员能更安全地接近敌方目标近距离作战。因此,现代作战飞机,如歼击机、强击机和轰炸机上多有强固的装甲。

十三、照相系统

飞机照相系统由航空照相机、照相舱门及照相操纵机构组成。航空照相机有航甲 13-40 相机(昼间 13 型 40 mm 焦距航空照相机)和航甲 12-75 相机(昼间 12 型 75 mm 焦距航空照相机)两种型号。

1.航甲 13-40 相机

航甲 13-40 相机是一种由操纵器远距操纵的完全自动化的昼间中型航空照相机。用以进行侦察、航测、检查轰炸效果以及照相投弹,对面状、点状等各种目标进行垂直或倾斜摄影。该相机适宜中空照相,其照相最大高度可到 15 000 m,最小高度因不同航速而有所差别,一般在 200 m 左右。

2.航甲 12-75 相机

航甲 12-75 相机是由操纵器远距离操纵,带光学像移补偿装置的昼间航空照相机,适用于在中高空进行侦察照相和投弹效果检查照相,对面状、点状等各种目标进行垂直或倾斜摄影。

十四、电子对抗系统

电子对抗系统是为了完成特定的电子对抗(为削弱、破坏敌方电子设备的使用效能和保障己方电子设备正常发挥效能而采取的综合措施)任务,由若干不同功能的电子对抗设备和通信设备组成的统一协调的电子系统。

电子对抗系统一般由电子支援侦察分系统(如雷达告警、红外告警、紫外告警等告警设备)、无源干扰分系统(如箔条弹/红外弹投放设备)、有源干扰分系统(如电子干扰吊舱)等组成。以上各分系统既可单独显示、单独控制,也可组合交联工作,还可以通过 GJB289A 总线进行综合显示及控制。

课 外 阅 读

COMAC919

C919,全称 COMAC919,COMAC 是 C919 的主制造商中国商飞公司的英文名称简写,"C"即是"COMAC"的第一个字母,也是中国的英文名称"CHINA"的第一个字母,体现了大型客机是国家的意志、人民的期望。C919 飞机是我国自主研制的"三个大飞机"(运-20、AG600 和 C919)之一,是我国首款完全按照国际先进适航标准研制的单通道大型干线客机,具有我国完全的自主知识产权。其最大航程超过 5 500 km,性能与国际新一代的主流单通道客机相当,于 2017 年 5 月 5 日成功首飞。

1.设计技术

(1)采用先进气动布局和新一代超临界机翼等先进气动力设计技术,达到比现役同类飞机更好的巡航气动效率,并与十年后市场中的竞争机具有相当的巡航气动效率。

(2)采用先进的发动机以降低油耗、噪声和排放。

(3)采用先进的结构设计技术和较大比例的先进金属材料和复合材料,减轻飞机的结构质量。

(4)采用先进的电传操纵和主动控制技术,提高飞机综合性能,改善人为因素和舒适性。

(5)采用先进的综合航电技术,减轻飞行员负担、提高导航性能、改善人机界面。

(6)采用先进客舱综合设计技术,提高客舱舒适性。

(7)采用先进的维修理论、技术和方法,降低维修成本。

2.设计特点

C919 客机属中短途商用机,实际总长 38 m,翼展 35.8 m,高度 12 m,其基本型布局为 168 座。标准航程为 4 075 km,最大航程为 5 555 km,经济寿命达 9 万飞行小时。

在使用材料上,C919 采用大量的先进复合材料、先进的铝锂合金等,其中复合材料使用量将达到 20%,再通过飞机内部结构的细节设计,把飞机质量往下压缩,另外,C919 将会使用占全机结构质量 20%~30%的国产铝合金、钛合金及钢等材料,充分体现了 C919 大型客机带动国内基础工业的能力与未来趋势。同时,由于大量采用复合材料,较国外同类型飞机 80 分贝的机舱噪声,C919 机舱内噪声可望降到 60 分贝以下。

在减排方面,C919 是一款绿色排放、适应环保要求的先进飞机,通过环保的设计理念,有望将飞机碳排放量较同类飞机降低 50%。

舒适性是 C919 机舱设计的首要目标。机舱座位布局将采用单通道,两边各三座,其中中间的座位空间将加宽,有效地缓解以往坐中间座位乘客的拥挤感。据官方资料表示,C919 采用先进的环控、照明设计,提供给旅客更大观察窗,更好的客舱空间,提供给旅客更好的舒适性;同时降低剖面周长 0.326%,降低剖面面积 0.711%,机身结构质量降低 26.7 kg。

C919 采用四面式风挡。该项技术是国际上先进的工艺技术,干线客机中只有最新的波音 787 采用,它的风挡面积大,视野开阔,由于开口相对少,简化了机身加工工业,减少了飞机头部气动阻力。但是工艺难度相对较大,机头需要重新吹风,优化风挡位置和安装角,同时也有风挡玻璃面积相对较大,制造工艺复杂,成本较高等缺点。同时该设计对机头受力和风挡间承力支柱强度提出了更高要求,属于国际上比较先进的设计。

C919 采用了 5 000 PSI(磅/平方英寸)压力的液压系统,与一般民用飞机采用 3 000 PSI (磅/平方英寸)压力的液压系统相比,前者可提供更大的动力。压力的增加意味着可使用较小的管道和液压部件传输动力,减轻了质量。

C919 除了装有起落架之外,还能储存燃油,加起来共能容纳 186 386 升燃油。C919 采用了双侧杆正杆飞行控制系统,其特色在于采用两种不同构型的 4 个独立主飞行控制系统。其中包括两个常规液压动作系统和两个电-液动作系统。C919 采用电-液动作系统使其在动力资源上具备更大的灵活性,增加了冗余性,提高了安全性能。

C919 飞机类型属于"中短程双发窄体民用运输机"(见图 5-20),在中国飞机史上自然是大飞机,但在当代世界客机史上属于中型客机(大型客机是远程宽体及载客 300 人左右)。C919 还只是单通道飞机,在如今飞机越造越大,尤其是空中客车 A380(载客 550 人)那样的巨无霸问世后,严格意义上,一般双通道、载客 300 人左右的飞机才被称为"大客机"。CR929(远程宽体客机)将是(当前国际航空界)真正意义上的"大客机"。CR929 中俄远程宽体客机采用双通道客舱布局,基本型航程为 12 000 km,座级 280 座(当代国际大型客机的下限)。

图 5 - 20　COMAC919

思 考 题

1. 简述飞行操纵系统的基本要求及分类。

2. 简述自动驾驶仪功用、组成及工作过程。

3. 操纵系统摩擦力过大的原因是什么?

4. 简述飞机燃油系统的主要功用。

5. 试述油箱及其附件功用。

6. 简述环境控制系统功用及基本组成。

7. 飞机电气系统由哪几个子系统组成?

8. 机载无线电设备一般包括什么?

9. 二次雷达与一次雷达的主要区别及各自功用分别是什么?

10. 飞机上的防火、灭火系统分别包含哪些构造? 如何实现作用?

11. 说明近地警告系统的工作原理。

12. 飞机防护和救生设备包括哪些?

13. 航空军械主要包括什么? 其各自的作用分别是什么?

14. 飞机照相系统一般由什么组成?

15. 什么是电子对抗系统?

16. 电子对抗系统一般由什么组成?

第6章 飞机生产概述

内容提示

本章主要讲述新飞机研制、生产的几个阶段,飞机制造的大致过程,飞机制造保证互换性和协调性的工作方法,批生产中的质量和节约问题,等等。

教学要求

(1)了解新飞机研制、生产的几个阶段。

(2)知道飞机制造的大致过程。

(3)理解飞机制造保证互换性和协调性的工作方法。

(4)理解批生产中的质量和节约问题。

内容框架图

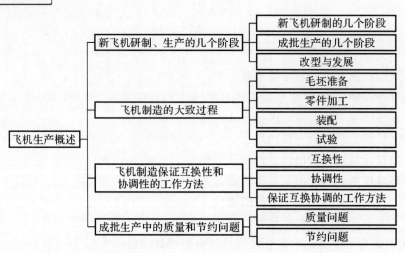

6.1 新飞机研制、生产的几个阶段

一、新飞机研制的几个阶段

一种全新飞机的投入使用,须经过拟订技术要求、飞机设计过程、飞机制造过程、飞机的试飞和定型过程这四个阶段。

1.拟订技术要求

通常可由飞机设计单位和订货单位协商后共同拟订出新飞机的基本技术要求或使用技术

要求,技术要求确定了飞机的主要性能指标、主要使用条件和机载设备等。设计单位必须保证新飞机能达到这些技术要求,订货单位则根据这些要求来验收新飞机。因此,飞机的技术要求是飞机设计的基本依据。

2. 飞机设计过程

飞机设计按技术要求的不同,可以分为两种类型。一种是改型设计,一种是全新设计。不管是哪一种设计,一般都分为两大部分:总体设计和结构设计。

(1)总体设计。总体设计的主要工作是确定全机主要参数,即全机质量及发动机推力 P 和翼载 G/S(S 为机翼面积);确定飞机的基本外形,如机翼、尾翼平面形状、大致尺寸和气动布局;选择发动机。然后进行飞行性能的初步估算,如满足要求,则画出飞机的三视图确定结构形式和主要受力构件的布置,并给出飞机各部件的质量控制指标。

(2)结构设计。在总体设计的基础上,进行飞机各部件结构的初步设计和全机结构的强度计算,完成零构件的详细设计和细节设计,完成结构的全部零构件图纸和部件、组件安装图。具体的设计过程如下:

1)草图设计。设计单位根据改型设计任务书(技术要求)确定飞机的总体外形、部件安排、结构方案,之后根据飞机上的设计分离面将任务细分,进行局部设计。不管是局部设计还是整体设计,都要先进行局部和全机草图的绘制,最后要画出飞机总图。根据外形尺寸进行空气动力计算和风洞试验,之后确定各部件的理论外形和主要结构元件所在位置。

2)技术设计。这一阶段的设计工作主要是设计部件的详细结构,以及结构与结构之间的连接形式。在进行这项工作的过程中,必须要有飞机使用部门的工艺人员参与,确定结构设计的可实施性,要保证设计出的飞机结构能够满足制造厂的制造和装配能力,并要使飞机的制造过程简单、节约原材料,然后根据结构形式及连接形式进行强度计算。

3)工作设计。绘制出零组件图,编写部件、组合件、重要零件的生产和验收技术条件、制造要求。在进行工作设计的过程中,飞机生产部门的相关工艺人员要参与飞机中重要结构部分的讨论。就设计要求的重要尺寸、形状、公差、成品件、附件的协调性、制造工艺性、原材料及毛坯的选择与设计共同协商,这样可以提高产品的工艺性,使之尽量符合工厂的生产实际。通过这个过程,既可以使设计出的图纸与实际生产相一致,又可以使制造部门的工艺人员熟悉产品图纸和设计技术要求,从而能够提前进行工艺准备工作,大大加快新飞机研制的进程。

3. 飞机制造过程

(1)制造试验机。试验飞机至少应生产两架,一架供静力试验用,另一架供飞行试验用。随着科学技术的发展以及飞机的实际要求,需要测量的数据和要求越来越多,而各种测试仪器的发展和精度的提高,又给静、动力试验提供了条件。若用一架飞机进行飞行试验,则需很长时间。因此,现在都采用多架飞机,分别进行各种不同的飞行试验,以提供整套数据,并缩短试验时间,以利新机尽快投入生产。

除了整机试验外,还有对专门要求的部位进行试验,如弹射救生系统试验、高空高速飞机的座舱气密性试验、确定飞机寿命的疲劳试验,武器射击的火控试验、结构和操纵比较复杂部位的局部强度试验等。这些试验都是在生产过程中在组、部件上进行的。

制造试验机的工作可以在设计部门中专设的试制厂内进行,也可以在成批生产的工厂内进行。由于此时产品图纸尚未定型,通过试制和试验可能会有较大和较多的更改,一切均属试验性质,因此,试制中应采取最简单的生产方法,尽量简化工艺文件,减少专用工艺装备的数量,最大限度地缩短制造周期。

(2)静力试验。全机的静力试验是把整机放置在试验台上并加上外载荷进行。静力试验(Static test)又叫静力测试。试验观察和研究飞机结构或构件在静载荷作用下的强度、刚度以及应力、变形分布情况,是验证飞行器结构强度和静力分析正确性的重要手段。全尺寸结构静力试验的加载系统比较复杂,静力试验采用电子计算机控制的电动液压伺服系统自动闭合回路协调加载系统,有上百个加载器、几百个加载点、几百个测量通道、几千个应变片,并用电子计算机进行数据采集和处理。

静力试验的常规程序是:先进行预加载荷试验,用 20%~30%使用载荷拉紧试件,消除间隙,随即卸载;然后逐级加载至使用载荷。结构变形不应妨碍飞行器正常工作,并在卸载后无显著残余变形(例如残余挠度不超过在使用载荷下总挠度的 5%,残余应变不超过 0.2%)。当再次加载到使用载荷后,继续对应变、挠度进行监控测量,逐级加载至设计载荷,要求保持一段时间(如不少于 3 s),结构不破坏。最后选各种设计情况中最严重的一种进行破坏试验,确定结构剩余强度系数。在某些验证试验中,也可能仅加载到使用载荷或验证载荷。

4.飞机的试飞和定型过程

(1)试飞试验。在各种试验基本完成后,就要进行试飞试验。试飞试验包括对飞机进行地面试验和飞行试验两方面的内容。

地面试验的内容有:

1)装机成品、设备和系统的试验、通电检查。这部分的检查内容主要包括:座舱气密性、阻力伞系统、操纵系统、燃油系统、动力装置系统、起飞着陆装置、液压系统、电源系统、弹射救生系统、照明系统、环控系统、仪表系统、氧气及个人装备、飞行控制系统和综合航电火控系统等。

2)称重。主要进行全机称重,测量重心,调整重心。

飞行试验的内容有:

1)地面滑行、滑跑。

2)各个系统检查。

3)机载设备的检查。

4)性能、操稳特性检查。

5)自动导航、输油顺序及转场能力检查。

首先由飞机制造厂试飞,试飞的任务是检查新飞机在飞行中的操纵性和稳定性,确定飞行性能数据,并与设计计算的数据相比较;检查各种机构、系统及设备的工作情况,还要检查发动机的工作情况。待制造厂试飞合格后,由使用飞机的一方委托专设的试飞机构进行验收试飞,其主要任务是检查工厂试飞的结果(也可由制造厂委托,由试飞机构进行全面试飞试验)。最后由试飞机构和试飞员对新飞机做出全面的评价。

(2)设计定型。在上述各种试验全部结束后,根据试验机研制、试验及试飞试验中发现的问题,对图纸、技术条件进行更改、补充和订正,然后写出总结,其中包括尚未解决的问题以及纠正措施,限期解决;连同各种试验结论报告一起,向有关部门申请对新机进行"设计定型",鉴定合格后,制造厂就可按定型后的设计图纸,转入工艺性试制。

二、成批生产的几个阶段

1. 工艺性试制——零批生产

当试验飞机鉴定合格,证明符合设计要求时,便可按照定型后的设计图纸,进行小批量的新机生产,这就是"零"批生产,目的主要是考验工艺质量。这时所用的工艺装备不能太多,只生产能保证产品质量和按正常的工艺方法进行飞机制造所必不可少的工艺装备。指导生产的工艺规程或装配指令是按正常生产而编制的。"零"批生产的架份,视具体情况多少不等,但不得少于 3 架。同样应做静力试验及全面的飞行试验,其目的是鉴定整个工艺技术质量和工人的工作质量。

2. 小批生产

"零"批生产结束后,要对零组件及工艺装备、专用刀具量具、工艺规程及其他各种技术文件进行鉴定,凡不合格者要列出措施,限期完成。这个过程需要反复进行,直至全部鉴定合格为止。而这些问题又必须通过生产来逐步解决,因此小批量的生产过程一般需要 4~5 批。在这个过程中要适当地增加工艺装备,采用一些新工艺,改变一些工艺方法。这样一方面可以保证全面鉴定合格,另一方面要为大批量的成批生产准备物质和技术条件。

3. 工艺定型

通过 4~5 批的多批次、小批量生产,飞机的零组件、部件、装配用的工艺装备、专用刀具、量具、原始记录、各项工艺技术文件均达到鉴定合格后,飞机制造厂写出总结,同时对尚存在的少量问题列出专题措施,并限期解决。在上述工作的基础上,飞机制造厂申请上级相关部门进行鉴定,鉴定合格后,制造厂就完成了新机的工艺定型工作。

4. 成批生产

在小批量生产和工艺定型的基础上,制造厂可根据订货方要求的数量,并结合本厂的配套(包括人力、物力、原材料、工艺装备和各种设备等)能力,较大地增加每批的数量(架份),使制造厂形成毛坯、零件制造、装配以及试飞的流水线,能够不间断地生产出产品。这就是成批生产阶段,此时可根据实际产量的需要,适当地增加工艺装备。

三、改型与发展

一种新飞机在试飞合格并定型投入成批生产后,还有一个逐步发展和完善的过程。这是因为新技术不断地出现,如动力装置的改进、电子设备的不断完善、新型航空军械的出现。为适应飞机使用部门的需要,设计部门就会根据具体要求,对飞机的某些部位进行改进,所以便出现了改型机。例如某型机,在原型机的基础上改型为 A 型,改进的其中一项内容是在水平尾翼部位采用了一些先进的材料,减轻了飞机质量,增加了机翼的强度。

6.2　飞机制造的大致过程

飞机的整个制造过程和一般机器的制造过程相同,可以划分为毛坯准备、零件加工、装配和试验四个阶段。

一、毛坯准备

制造飞机零件所用的毛坯种类主要有铸件、锻件、板料、管料、型材、杆料和非金属材料等,种类繁多。在毛坯准备阶段,有一部分材料是直接由外厂供应,并且这些材料已经具有了一定的使用性能,并已检验合格,交付使用,但尚未制造完工成为成品,仍需进一步加工的中间产品,这一部分材料就称为半成品。飞机制造厂设置的铸造、锻造、挤压车间,负责重要零件毛坯的制造。

二、零件加工

飞机零件的加工方法,要根据所用的毛坯种类和零件本身的要求来确定。共归纳为以下几种:

1. 冷冲压加工

飞机生产中,钣金零件广泛采用冷冲压的方法制造。冷冲压就是把板料、型材、管料等毛料,利用材料的塑性,用冷压的方法,成形各种零件。这个过程主要包括下料→成形→热处理→校修→表面保护这几个环节。

(1)下料:下料是指用剪切、铣切、冲切、锯割或氧气切割的办法将原材料按需要切成毛料。

(2)成形:成形是指利用金属的塑性,采用弯曲、翻边、压延、局部成形或胀形这些方法,在金属材料的变形极限内将材料加工成符合模具或样板(工艺装备)要求的形状的零件。

(3)热处理:热处理就是将金属或合金采用适当的方式进行加热、保温和冷却,以获得所需要的组织结构与性能的工艺。

(4)校修:校修是将钣金零件在加工过程中产生的不同程度的变形消除掉,达到零件的质量要求的操作。

(5)表面保护:表面保护是在成形之后的零件外表面加以保护(涂漆等),防止在使用过程中零件表面被腐蚀的一种工艺方法。

2. 机械加工

机械加工是用切削的方法逐步改变毛坯(铸件、锻件、型材、焊接件和冷冲压件等)的形状、尺寸和表面质量,使之成为合格的零件的方法。从毛坯或半成品表面不断切除材料是机械加工的主要特征。通常采用的机床有车床、铣床、刨床、钻床、镗床、磨床以及有以上这些机床功能的数控机床。

3. 非金属零件加工

非金属零件加工是指用非金属材料加工成飞机零件的过程,如塑料、橡胶零件的压制,复合材料、有机玻璃的成形等。

4. 特种加工

特种加工亦称"非传统加工"或"现代加工方法",泛指用电能、热能、光能、电化学能、化学能和声能及特殊机械能等能量达到去除或增加材料的加工方法,从而实现材料被去除、变形、改变性能或被镀覆等。不论飞机、导弹,还是其他作战平台都要求降低结构质量,提高飞行速度,增大航程,降低燃油消耗,达到战斗性能高、结构寿命长、经济可承受性好的目的。为此,上述武器系统和作战平台都要求采用整体结构、轻量化结构、先进冷却结构等新型结构,以及钛合金、复合材料、粉末材料和金属间化合物等新材料。特种加工技术可以解决用常规加工方法无法实现的加工难题。

三、装配

飞机装配是将飞机零件按产品图样和设计条件的要求,以一定装配顺序和方法逐步装配成整架飞机的过程。

飞机的装配过程包括组合件的装配、分部件的装配、部件的装配和整机的装配四个阶段。

1. 组合件的装配

由两个和两个以上零件装配而成，或者由数个组合件装配而成的装配件称为组合件，这个装配过程就称为组合件的装配。组合件按其结构和外形特点分为三种：平面型组合件、壁板型组合件和立体型组合件。

2. 分部件的装配

把一定数量的零件、组合件装配在一起，构成一个独立、完整并具有一定功能的装配件，这个装配过程称为分部件的装配。如某机型机身分为前机身、后机身，机翼分为中央翼、中外翼、外翼、副翼和襟翼等。

3. 部件的装配

把一定数量的零件、组合件、分部件装配在一起，组成具有独立的功能和完整的结构的过程称为部件的装配，如前机身、后机身、机翼和尾翼等。

4. 整机的装配

将装配后经检验合格的部件移交给总装车间，由总装车间将部件装配成整架飞机。同时将发动机、仪表、特种设备等装于飞机壳体内，就完成了安装工作。装配好的飞机在总装车间要进行全面的试验和测量，如液压系统工作试验、全机通电、水平测量和搭铁电阻测量等。在安装调试全部合格后移交试飞站。

四、试验

试飞站在总装厂接收飞机时，要对飞机的原始文件（飞机发动机履历本和特种设备的合格证）的填写情况进行检查，然后进行飞机的外观检查，合格后正式接收飞机，并将飞机牵引回试飞站进行试飞前的准备和飞行试验。

1. 地面试验

地面试验是在地面对飞机各系统进行全面检查和试验，有起落架收放、发动机试车、特设部分校正偏差等试验。

2. 飞行前的准备和飞行试验

在地面各系统检查试验合格的基础上，进行试飞前的准备工作。加足燃料和油料，充足冷气、氧气，安装上试飞试验仪器，进行试飞试验。成批生产的飞机，试飞第一次起落主要是检查飞机的稳定性和操纵性、发动机的工作情况等。第二次起落主要是检查飞机的飞行性能及各系统的工作情况。

3. 交付产品

按试飞大纲试飞结束的飞机，在将试飞发现的所有故障排除后，由订货方签字验收，然后将飞机送喷漆车间喷表面漆和标志。

飞机交付有两种形式，一种是将飞机分解后油封装箱运输，另一种是由接收单位派驾驶员作转场飞行。随同产品同时交付的还有随机工具和部分必要的地面设备以及一些随机备件。

6.3 飞机制造保证互换性和协调性的工作方法

一、互换性

互换性能的好坏是成批生产的飞机性能优劣的主要标志之一。

飞机的互换性即其部件、组合件或零件等不经任何修配或稍加修配即可安装到同一型号的其他飞机上的性能。互换性按互换程度分为完全互换和不完全互换（替换），按互换性质分为生产互换和使用互换。

在生产过程中，由于各车间生产出的产品（互换部件）能够满足互换的要求，所以在总装配车间的安装修配工时可以大大缩短。因此，可以使整个生产周期也缩短。另外，具有互换性能的飞机出厂后，无论是定期检修或翻修都可节省许多工时，特别是外场修理工时的缩短，对于军用飞机能否及时歼灭敌人显得尤为重要，所以互换性在航空工业中是占有极其重要地位的。

二、协调性

协调性是指两个互相有联系的对象（包括产品间、产品与工装间、工装与工装间），在相同的技术条件（如温度等）下，其相应的几何尺寸与形状的一致性。

协调的内容由三部分构成：结构件（产品）之间的协调、结构件与工艺装备之间的协调、工艺装备之间的协调。

在飞机生产中经常会遇到协调问题。例如机翼与机身对接时，连接螺栓插不进对接接头的螺栓孔，或者螺栓虽然可以插进去，但是对接后机翼的空间角度（安装角、上反角等）不符合技术要求。这种现象就是协调问题，如果能很好地保证机体结构的协调性，飞机的装配质量将会有很大的提高，同时也能缩短飞机的生产周期。

在飞机制造中，互换是对一种产品而言，协调是对两种或两种以上不同产品和制造该产品用的工艺装备而言的。

三、保证互换协调的工作方法

互换协调技术分为两种不同性质的体系。

1. 传统互换协调技术体系

它是以模线、样板、标准量规、标准样件为协调手段，采用模拟量尺寸传递模式，以关联制造为原则的传统互换协调技术体系。

（1）模线样板工作法。

1）模线是按1∶1的尺寸在专门的图板上准确地画出飞机的真实外形与结构形状。样板是根据模线加工出具有工件真实外形的平板，是加工和检验各种工艺装备及测量工件外形的量具。

2）模线样板工作法的原理是首先根据飞机图纸制出真实形状的标准，其次按标准制造各种工艺装备，最后再按工艺装配制出工件。

3）模线样板工作法包括模线和样板两部分内容。首先按飞机部件的理论图以1∶1的尺寸画出理论模线，包括飞机的理论外形及部件的主要结构轴线。然后根据理论模线绘制出结构模线，结构模线包括任一截面上全部零件的外形线。接着根据结构模线加工成基本样板，根据基本样板制作生产样板。最后根据生产样板制造工艺装备,根据工艺装备就可以生产出产品。

这种方法可以保证刚度小、形状复杂和外形尺寸大的产品的互换性。

(2)标准样件样板工作法。这种方法的实质是制造并利用部件表面标准样件和反标准样件作为唯一依据,用来制造并协调零件工装和装配工装的外形和交点。采用标准样件制造零件和装配工装时,其外形多采用非金属材料进行塑造,这样移形精度很高,保证了零件和装配的协调互换。

2. 数字化协调技术体系

它是以电子计算机、数控技术和图样上尺寸及公差为基础,通过数控机床、工量具的协调,即以数字量尺寸传递为模式,以独立制造为原则,通过数模以及产品的数字化信息进行数字化协调的技术。

数字化协调技术也可称数字化标准工艺装备协调方法,是一种先进的基于数字化标准工装定义的协调互换技术,保证生产用工艺装备之间、生产工艺装备与产品之间、产品部件与组件之间的尺寸和形状的协调互换。

数字量传递协调路线如下:

(1)飞机大型结构件(与飞机外形及定位相关),如框、梁、长桁、肋、接头等用数控机床进行加工。

(2)在飞机坐标系下,工装设计人员以产品工程数模为原始依据,进行工装的数字化设计,并且在工装与产品定位相关的零件上用数控机床加工出所有的定位元素。

(3)工装在装配时,利用数字标工(数据)协调,采用激光自动跟踪测量系统测量,通过坐标系拟合,定位出零件的安装位置,满足安装基准的空间坐标及精度要求。

(4)飞机钣金件模具数字化设计及用数控机床进行加工以及钣金零件数控加工。

利用数字标工达到装配过程协调以数字量传递,简化和减少了实物工装,并且使用数字测量技术保证了装配质量。

6.4　成批生产中的质量和节约问题

一、质量问题

在成批生产中,飞机的质量问题是一个应该特别重视的问题。

下面介绍一些经常容易出现的质量问题。

1. 飞行性能上出现的问题

由于飞机的外形复杂、尺寸大、刚度小、装配环节多,总装后的飞机往往出现种种不正常的现象,如坡度、侧滑、摆头、操纵过重或过轻、振动等。以上缺陷一般可以在试飞过程中经过局部的修正而消除。如果严格控制装配质量,是可以预防这些不正常现象的产生的。

2. 生产中疏忽大意可能产生的问题

(1)多余物。所有遗留在飞机组合件、附件、成品、部件及整机中与产品规定技术状态无关的外来物和碎屑、尘埃、污垢等外来介质所构成危及飞行安全的隐患,这些物质被称为多余物。在飞机装配过程中必须彻底清除多余物,以消除多余物带来的危害。例如因燃油系统管道堵塞,而使发动机空中停车;在工作时忘记带走工具,发动机地面试车时工具被吸入而打坏发动机;操纵系统被卡死,而无法收放起落架;等等。

多余物的控制过程分为三类：

1）设计过程多余物控制：在工艺评审和工艺性审查阶段，主管工艺人员对工程结构布局中不便于多余物清理的部位，应提醒设计增加专门的观测孔或检修窗口，并将多余物预防作为评审、审查的内容之一。

2）工艺过程多余物控制：在部件（组合件）装配工艺文件和装配指令中，除了要规定清除毛刺、尖角、碎屑以及锈斑和脱落的漆层等工序和要求外，必须安排多余物检查和排除工序。

3）生产现场多余物控制：从事装配或辅助生产作业的场所，必须保证工作区整洁，及时清除碎屑和修整后的废弃物，并设置多余物回收箱。装配安装人员必须按规定着装，不得携带任何与工作无关的物品，并在完成操作后及时清理遗留在产品内的所有多余物。

（2）违反操作规程。操作规程是直接用于生产的工艺文件，而工艺文件是工厂技术和生产活动的技术基础，是工厂生产技术工作的法规，工艺文件对完成生产任务、确保产品质量、提高经济效益、促进技术发展都起着关键性的作用。例如：机翼整体油箱的铆接采用的是密封铆接，如果密封表面没有按操作规程要求进行严格的清洗，导致密封效果降低，那么就可能造成油箱漏油的事故；如果机体中的电缆不按规定要求连接和敷设，就可能出现无线电中断或用电设备停止工作等情况，从而发生事故；对于飞行速度高的飞机，必须严格控制和检查其气动力外形，否则在飞行过程中就可能影响飞机的飞行性能。

（3）不注意安全。在飞机制造过程中的各种机床设备、工艺装备、各类工具都有配套的使用说明书，应该严格按照说明书的要求操作，否则容易出现各种事故。如飞机起吊应检查起重设备和工具，不检查便使用就可能发生事故，既可能造成人员的伤害，也可能损坏产品。

（4）严格技术文件的更改制度。当设计文件（图纸、技术条件）发生了更改，那么相应的工艺文件也要进行更改，否则造成的后果就是产品和图纸不一致，从而无法满足飞机的技术要求。

3. 互换性方面的问题

飞机的各个零组件、部件必须协调互换，这样才能保证产品质量，减少工装，降低成本，提高效率。生产中不协调的现象经常出现，原因大致为：飞机图纸本身有错误，模线样板不精确，工艺装备设计制造质量低，制造依据不统一，零件加工疏忽，装配位置偏差，检验控制不严格等。只有避免了以上情况，才能更好地确保飞机制造过程中的互换与协调。

二、节约问题

一切的节约问题可以归纳为人力、物力和财力的节约，所以必须开发技术，节约原材料，提高劳动生产率，降低成本。

（1）技术开发：这是一项根本性的、综合性的措施。

从飞机制造开始，工艺总方案制订合理，协调方法和工装选用适当，可大量节约人力、财力和物力。引进新技术，解决制造中的关键问题，对保证新机的质量及缩短生产周期都很重要。

（2）节约原材料：国外飞机生产费用中原材料消耗占40%，而国内原材料和辅助材料的消耗高达80%，由此可以看出节约原材料的重要性。制造飞机所用的材料价格高、供应少，因此，节约原材料不仅具有经济意义，更具有战略意义。在制造过程中要充分利用材料，以便制造出更多的产品。

（3）技术革新：进行技术革新，改进管理水平，使工厂从毛坯生产到零件制造、装配、总装、试飞形成有序的流水线,使工程技术人员和工人都能充分发挥工作效率,并逐步实现机械化和自动化,以提高劳动生产率。

课 外 阅 读

某型号现代飞机机翼的生产制造流程如图 6.1 所示。

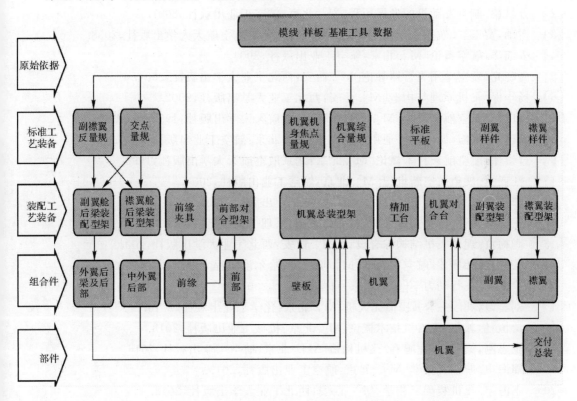

图 6.1 某型号现代飞机机翼的生产制造流程

思 考 题

1. 一种新飞机的投入一般要经过哪些阶段?
2. 简述拟定飞机的技术要求的内容及作用。
3. 飞机的成批生产包括哪几个阶段?
4. 飞机的制造过程包括哪几个阶段?
5. 飞机的装配过程包括哪几个阶段?
6. 保证飞机互换协调的工作方法有哪些?
7. 多余物的定义是什么?
8. 在飞机制造过程中应如何控制多余物?

参 考 文 献

[1] 《空军装备系列丛书》编审委员会.航空发动机[M].北京:航空工业出版社,2008.

[2] 方昌德.航空发动机的发展历程[M].北京:航空工业出版社,2007.

[3] 谢础,贾玉红.航空航天技术概论[M].北京:北京航空航天大学出版社,2008.

[4] 王细洋.航空概论[M].北京:航空工业出版社,2004.

[5] 高晓光.航空军用飞行器导论[M].西安:西北工业大学出版社,2004.

[6] 杨华保.飞机原理与构造[M].西安:西北工业大学出版社,2002.

[7] 何庆芝.航空航天概论[M].北京:北京航空航天大学出版社,1997.

[8] 耿建华,王霞,谢钧,等.通用航空概论[M].北京:航空工业出版社,2007.

[9] 过崇伟.航空航天技术概论[M].北京:北京航空航天大学出版社,1992.

[10] 汪亚卫.展望航空新世纪[M].北京:航空工业出版社,2007.

[11] 李业惠.飞机发展历程[M].北京:航空工业出版社,2007.

[12] 王春利.航空航天推进系统[M].北京:北京理工大学出版社,2004.

[13] 陶梅贞.现代飞机结构综合设计[M].西安:西北工业大学出版社,2001.

[14] 张耀良,韩广才.航空材料学[M].哈尔滨:哈尔滨工程大学出版社,2002.

[15] 徐明友.飞行动力学[M].北京:科学出版社,2003.

[16] 刘宾,籍莉.一本书搞懂无人机[M].北京:化学工业出版社,2018.

[17] 贾恒旦,郭彪.无人机技术概论[M].北京:机械工业出版社,2018.

[18] 王志刚,梁颖春,鹿鸣春.飞机构造[M].北京:航空工业出版社,2016.

[19] 周海申.航空气象学[M].北京:航空工业出版社,2019.

[20] 王海宇.飞机装配工艺学[M].西安:西北工业大学出版社,2012.

[21] 薛红前.飞机装配工艺学[M].西安:西北工业大学出版社,2015.

[22] 徐峰悦.飞机装配工艺[M].北京:北京航空航天大学出版社,2021.

[23] 王远达.飞机结构与系统[M].北京:航空工业出版社,2019.

[24] 刘大响,陈光.航空发动机飞机的心脏[M].北京:航空工业出版社,2015.